É ASSIM QUE
APRENDEMOS

Por que o cérebro funciona melhor do que qualquer máquina (ainda…)

CB040613

Proibida a reprodução total ou parcial em qualquer mídia
sem a autorização escrita da editora.
Os infratores estão sujeitos às penas da lei.

A Editora não é responsável pelo conteúdo deste livro.
O Autor conhece os fatos narrados, pelos quais é responsável,
assim como se responsabiliza pelos juízos emitidos.

Consulte nosso catálogo completo e últimos lançamentos em **www.editoracontexto.com.br**.

STANISLAS DEHAENE

É ASSIM _QUE_ APRENDEMOS

Por que o cérebro
funciona melhor
do que qualquer
máquina (ainda…)

Tradução
Rodolfo Ilari

editora**contexto**

Copyright © 2020 by Stanislas Dehaene. All rights reserved.

Direitos de publicação no Brasil adquiridos pela
Editora Contexto (Editora Pinsky Ltda.)

Capa
Alba Mancini

Diagramação
Gustavo S. Vilas Boas

Revisão de tradução
Beatriz Ilari
Mirna Pinsky

Revisão
Lilian Aquino

Dados Internacionais de Catalogação na Publicação (CIP)

Dehaene, Stanislas
É assim que aprendemos : por que o cérebro funciona melhor
do que qualquer máquina (ainda...) / Stanislas Dehaene;
tradução de Rodolfo Ilari. – São Paulo : Contexto, 2022.
368 p. : il.

ISBN 978-65-5541-165-2
Título original: How We Learn: Why Brains Learn Better
Than Any Machine...for Now

1. Psicologia da aprendizagem 2. Psicologia cognitiva
3. Neuroplasticidade I. Título II. Ilari, Rodolfo

22-1810   CDD 153.1

Angélica Ilacqua – Bibliotecária – CRB-8/7057

Índice para catálogo sistemático:
1. Psicologia da aprendizagem

2022

Editora Contexto
Diretor editorial: *Jaime Pinsky*

Rua Dr. José Elias, 520 – Alto da Lapa
05083-030 – São Paulo – SP
PABX: (11) 3832 5838
contato@editoracontexto.com.br
www.editoracontexto.com.br

Comece fazendo um estudo mais cuidadoso de seus alunos, porque é claro que você não sabe nada deles.

Jean-Jacques Rousseau,
Emílio ou Da educação (1762)

É um fato estranho e surpreendente: conhecemos os menores detalhes do corpo humano, catalogamos cada animal do planeta, descrevemos e batizamos cada fio de capim, mas abandonamos as técnicas psicológicas ao seu empirismo por séculos, como se elas fossem menos importantes que as do curandeiro, do criador de animais ou do fazendeiro.

Jean Piaget, "A pedagogia moderna" (1949)

Se não soubermos como aprendemos, como saberemos ensinar?

L. Rafael Reif, reitor do MIT
(23 de março de 2017)

*Para Aurore, que nasceu este ano,
e para todos aqueles que já foram bebês*

Sumário

Introdução

Em setembro de 2009, uma criança extraordinária me obrigou a rever radicalmente minhas ideias sobre aprendizado. Eu estava visitando o hospital Sara Kubitscheck de Brasília, um centro de reabilitação neurológica de formas arquitetônicas brancas, inspiradas em Oscar Niemeyer, com o qual meu laboratório colaborou por quase dez anos. A diretora, Lúcia Braga, pediu que eu fosse ver um de seus pacientes, Felipe, um rapazinho de apenas 7 anos, que tinha passado mais da metade da vida em uma cama de hospital. Ela me explicou que, aos 4 anos, Felipe tinha sido baleado na rua – um tipo de acontecimento que, infelizmente, não é raro no Brasil. A bala perdida tinha cortado sua medula espinhal, deixando-o quase completamente paralisado (tetraparético). Também tinha destruído as áreas de visão no seu cérebro: era totalmente cego. Para permitir que respirasse, uma abertura tinha sido feita na traqueia, na base do pescoço. E, por três anos, tinha vivido num quarto de hospital, trancado no caixão de seu corpo inerte.

No corredor que levava a seu quarto, lembro que eu me preparava para ter que encarar uma criança destroçada. Mas não foi o que vi: encontro Felipe, um garoto adorável como qualquer garoto de 7 anos – falante, cheio de vida e curioso a propósito de tudo. Fala correntemente com um vocabulário rico e me faz perguntas capciosas sobre palavras francesas. Fico sabendo que sempre teve paixão por línguas e nunca perdeu a oportunidade de enriquecer seu vocabulário em três línguas (fala português, inglês e espanhol). Embora cego e confinado ao leito, foge pela imaginação, escrevendo suas próprias narrativas, e a equipe do hospital o tem encorajado nesse caminho. Em poucos meses, aprendeu a ditar histórias para um acompanhante, e depois a escrevê-las ele próprio, usando um teclado especial e uma placa de som. Os pediatras e os terapeutas da fala se revezam ao lado de sua cama, transformando seus escritos em livros reais e tácteis, com ilustrações em relevo que ele explora orgulhosamente, usando o pouco do sentido do tato que lhe resta. Suas histórias falam de heróis e heroínas, montanhas e lagos que ele nunca verá, mas com os quais sonha como qualquer outra criança.

Esse encontro com Felipe mexeu profundamente comigo, e também me convenceu de que eu deveria olhar mais de perto para algo que é provavelmente o maior talento de nosso cérebro: a capacidade de aprender. Ali estava uma criança cuja existência coloca um desafio à neurociência. Como é que as faculdades cognitivas de nosso cérebro resistem a um transtorno tão radical de sua circunstância? Por que Felipe e eu éramos capazes de compartilhar os mesmos pensamentos, apesar de experiências sensoriais pessoais tão extraordinariamente diferentes? Como se explica que diferentes cérebros humanos possam convergir para os mesmos conceitos, quase independentemente de como e quando os aprendem?

Muitos neurocientistas são empiristas: seguindo o filósofo iluminista inglês John Locke (1632-1704), presumem que o cérebro simplesmente retira seu conhecimento do ambiente. Nessa visão, a principal propriedade dos circuitos corticais é sua plasticidade, sua capacidade de se adaptar aos *inputs* que vêm do exterior. E, de fato, as células nervosas possuem uma capacidade notável para ajustar as sinapses aos sinais que recebem. Contudo, se essa fosse a principal força do cérebro, meu pequeno Felipe, privado de *inputs* visuais e motores, ter-se-ia tornado uma pessoa profundamente limitada. Qual foi o milagre que lhe permitiu desenvolver capacidades cognitivas perfeitamente normais?

O caso de Felipe não é de maneira nenhuma único. Todos conhecem as histórias de Hellen Keller (1880-1968) e de Marie Heurtin (1885-1921), ambas cegas e surdas de nascença, as quais, depois de anos de um isolamento estafante, aprenderam a linguagem de sinais e acabaram por tornar-se pensadoras e escritoras brilhantes.[1]

Ao longo destas páginas cruzaremos com muitas outras histórias de vida que, espero, mudarão radicalmente os pontos de vista dos leitores. Uma delas é a de Emmanuel Giroux, que foi cego desde a idade de 11 anos, mas se tornou um matemático de primeira qualidade. Parafraseando a raposinha do *Pequeno Príncipe* (1943), de Saint-Exupéry, Giroux afirma com convicção: "Em geometria, o essencial é invisível aos olhos. É só com a mente que se consegue enxergar direito". Como é que esse homem cego consegue navegar à vontade nos espaços abstratos da geometria algébrica, manipulando planos, esferas e volumes sem sequer vê-los? Descobriremos que ele usa os mesmos circuitos neurais que os outros matemáticos, mas que seu córtex visual, longe de permanecer inativo, se readaptou de fato para a matemática.

Também apresentarei a vocês Nico, um jovem pintor que, ao visitar o Museu Marmottan em Paris, conseguiu fazer uma ótima cópia da famosa pintura de Monet conhecida como *Impressão, Nascer do sol* (ver Figura 1 do encarte em cores). O que há de tão excepcional nisso? Nada, além do fato de que o fez usando um único hemisfério de seu cérebro, o esquerdo – a parte direita foi quase toda removida quando ele tinha 3 anos! O cérebro de Nico aprendeu a espremer todos os seus talentos em meio cérebro: fala, escrita e leitura, como de hábito, mas também desenho e pintura, consideradas geralmente como funções do hemisfério direito, e também informática, e mesmo esgrima em cadeira de rodas, um esporte no qual chegou a campeão espanhol. Esqueça tudo que lhe contaram sobre os papéis respectivos dos hemisférios, porque a vida de Nico prova que qualquer um pode tornar-se um artista criativo e talentoso, mesmo não tendo o hemisfério direito! A plasticidade cerebral parece realizar milagres.

Visitaremos também os famigerados orfanatos de Bucareste, onde crianças eram deixadas desde o nascimento em uma situação de quase abandono – e ainda assim, anos mais tarde, algumas delas, adotadas antes da idade de 1 ou 2 anos, tiveram experiências escolares quase normais.

Todos esses exemplos ilustram a extraordinária resiliência do cérebro humano: nem mesmo grandes traumas como a cegueira, a perda de um hemisfério ou o isolamento social conseguem apagar a chama do aprendizado. A língua, a leitura, a matemática, a criação artística: todos esses talentos únicos da espécie humana, que nenhum outro primata possui, conseguem resistir a lesões profundas, como a remoção de um hemisfério, ou a perda da visão e das habilidades motoras. Aprender é um princípio vital, e o cérebro humano é capaz de uma plasticidade enorme – de modificar-se, de adaptar-se. Mas descobriremos também contraexemplos impressionantes, nos quais o aprendizado parece congelar-se e ficar impotente. Considere-se a alexia total, a incapacidade de ler uma só palavra. Estudei pessoalmente vários adultos que tinham tido um pequeno derrame, limitado a uma área cerebral minúscula, tornando-se incapazes de decifrar palavras tão singelas como "cão" ou "tapete". Lembro-me de uma mulher brilhante, fluente em três línguas, fiel leitora do jornal francês *Le Monde*, que caiu numa tristeza profunda porque depois de seu acidente cerebral cada página da imprensa diária lhe parecia hebraico. Sua determinação em reaprender foi pelo menos tão forte quanto fora seu derrame. Contudo, depois de dois anos de insistência, seu nível de leitura ainda não ultrapassava o do jardim de infância: levava vários segundos para ler uma única palavra, letra após letra, e ainda tropeçava entre as palavras. Por que ela não conseguia aprender? E por que algumas crianças que sofrem de dislexia, discalculia ou dispraxia apresentam uma impossibilidade parecida de adquirir a leitura, o cálculo ou a escrita, enquanto outras surfam ligeiras por esses campos afora?

A plasticidade do cérebro chega a parecer temperamental: às vezes supera dificuldades enormes, outras vezes deixa com incapacidades debilitantes crianças e adultos altamente motivados e inteligentes. Dependeria ela de circuitos específicos? Esses circuitos perdem sua plasticidade ao longo dos anos? A plasticidade pode ser recuperada? Quais são as regras que a governam? Como pode o cérebro ser tão eficiente desde o nascimento e durante a juventude da criança? Que algoritmos permitem a nossos circuitos cerebrais formar uma representação do mundo? Entender esses algoritmos nos ajudaria a aprender melhor e mais rapidamente? Podemos nos inspirar neles para construir máquinas mais eficientes, inteligências artificiais que, no limite, nos imitariam ou, quem sabe, nos ultrapassariam? São essas algumas das perguntas que este livro tenta responder, de modo multidisciplinar, apoiando-se em descobertas recentes da ciência cognitiva e da neurociência, mas também da inteligência artificial e da ciência da educação.

POR QUE APRENDER?

Antes de mais nada, por que temos que aprender? A própria existência da capacidade de aprender coloca questões. Não seria melhor se nossas crianças soubessem imediatamente falar e pensar, desde o primeiro dia, como a deusa Atena que, de acordo com a lenda, saiu para o mundo do crânio de Zeus, já adulta e armada, soltando seu grito de guerra? Por que não nascemos com os circuitos pré-instalados, com software pré-programado tendo já disponíveis os conhecimentos necessários para nossa sobrevivência? Na luta pela vida darwiniana, um animal que nascesse maduro, com mais conhecimento do que os outros, acabaria vencendo e espalhando seus genes. Por que a evolução inventou o aprendizado?

Minha resposta é simples: uma pré-programação completa do cérebro não é nem possível nem desejável. Realmente impossível? Sim, porque se nosso DNA tivesse que especificar todos os pormenores de nosso conhecimento, ele simplesmente não teria a capacidade de armazenamento necessária. Nossos 23 cromossomos contêm 3 bilhões de pares das "letras" A, C, G, T – as moléculas adenina, citosina, guanina e timina. Quanta informação isso representa? A informação é medida em bits, uma decisão binária, 0 ou 1. Como cada uma das quatro letras do genoma codifica para dois bits (podemos codificá-las como 00, 01, 10 e 11), segue-se que nosso DNA contém um total de 6 bilhões de bits. Lembre-se, porém, que nos computadores de hoje, contamos em bytes, que são sequências de oito bits. O genoma humano pode, portanto, ser reduzido a cerca de 750 megabytes – o conteúdo de um CD-Rom antigo, ou de um pen-drive USB dos pequenos! E esse cálculo básico nem sequer leva em conta as inúmeras redundâncias que abundam em nosso DNA.

A partir desse modesto conjunto de informações, herdadas de milhões de anos de evolução, nosso genoma, inicialmente confinado a um único óvulo fertilizado, dá conta de configurar o plano do corpo inteiro – cada molécula de cada célula presente em nosso fígado, em nossos rins, em nossos músculos e, claro, em nosso cérebro: 86 bilhões de neurônios, mil trilhões de conexões... Como poderia nosso genoma especificar cada um deles? Supondo que cada uma de nossas conexões nervosas codifica um único bit, o que é certamente uma avaliação subestimada, a capacidade de nosso cérebro está na faixa de 100 terabytes (cerca de 10^{15} bits), ou seja, 100 mil vezes mais do que a informação presente em nosso genoma. E assim esbarramos em um paradoxo: o fantástico edifício que é nosso cérebro contém 100 mil vezes mais detalhes do que os projetos arquitetônicos usados para construí-lo! Vejo para isso uma única explicação: o quadro estrutural do edifício é construído seguindo as diretrizes do arquiteto (nosso genoma); mas os detalhes ficam por conta do gerente de projeto, que pode adaptar os esquemas ao terreno (ao ambiente). Antecipar as ligações de um cérebro humano em todos os detalhes seria estritamente impossível, e é por isso que é necessário aprender, para suplementar o trabalho dos genes.

Esta simples contabilidade não consegue explicar por que a aprendizagem é tão universalmente presente no mundo animal. Até mesmo certos organismos simples, desprovidos de córtex, como as minhocas, as moscas das frutas e os pepinos do mar aprendem muitos de seus comportamentos. Veja-se a pequena minhoca chamada "nematódeo" ou *C. elegans*. Nos últimos 20 anos, esse animal de um milímetro se tornou uma estrela dos laboratórios, em parte porque sua arquitetura obedece a um forte determinismo genético e pode ser analisada descendo até os mínimos detalhes. A maioria dos espécimes individuais têm exatamente 959 células, incluindo 302 neurônios cujas conexões são inteiramente conhecidas e reproduzíveis. E, no entanto, ela aprende.[2] No começo, os pesquisadores a consideravam uma espécie de robô que só sabia nadar para frente e para trás, mas logo perceberam que ela possui pelo menos duas formas de aprendizado: a habituação e a associação. A habituação diz respeito à capacidade de um organismo adaptar-se à presença seguida de um estímulo (por exemplo, a presença de uma certa molécula na água em que o animal vive), acabando por não mais responder a ele. Por outro lado, a associação consiste em descobrir e lembrar quais aspectos do ambiente anunciam fontes de comida ou perigo. A minhoca nematódeo é campeã em associação: pode lembrar, por exemplo, que gostos, cheiros ou níveis da temperatura estavam previamente associados com comida (bactérias) ou com uma molécula repelente (o cheiro do alho) e usa essa informação para escolher bons percursos em seu ambiente.

Com um número tão pequeno de neurônios, o comportamento da minhoca poderia ser inteiramente pré-programado. Mas não é. Isso porque é altamente vantajoso, na verdade, indispensável para sua sobrevivência, adaptar-se ao ambiente específico em que nasceu. Mesmo dois organismos geneticamente idênticos não encontrarão necessariamente o mesmo ecossistema. No caso do nematódeo, a capacidade de ajustar rapidamente seu comportamento à densidade, temperatura e química do lugar em que está permite que esse ajuste seja mais eficiente. De forma geral, qualquer animal precisa adaptar-se rapidamente às imprevisíveis condições de sua existência. A seleção natural, o algoritmo admiravelmente eficiente de Darwin, com certeza é capaz de adaptar cada organismo a seu nicho ecológico, mas o faz num ritmo muito lento. Gerações inteiras precisam morrer por falta de adaptação adequada antes que uma mutação favorável consiga aumentar a chance de sobrevivência da espécie. Ao contrário disso, a capacidade de aprender age muito mais rápido – pode mudar um comportamento no espaço de alguns minutos, o que é a quintessência do aprendizado: ser capaz de adaptar-se o mais rapidamente possível a condições impossíveis de prever.

Foi por isso que o aprendizado evoluiu. Ao longo do tempo, os animais que possuíam uma capacidade mesmo rudimentar de aprender tiveram uma chance melhor de sobreviver do que os que tinham comportamentos fixos – e foram mais propensos para passar adiante seu genoma (que a esta altura incluía algoritmos de aprendizado geneticamente ativados) para a próxima geração. Dessa maneira, a seleção natural favoreceu a emergência do aprendizado. O algoritmo evolucionário descobriu um bom ardil: é útil deixar que certos parâmetros do corpo mudem rapidamente, para ajustar-se aos aspectos mais voláteis do ambiente.

Naturalmente, certos aspectos do mundo físico são estritamente invariáveis: a gravitação é universal; a propagação da luz e do som não muda de um dia para o outro; e é por isso que não precisamos aprender a desenvolver os ouvidos, os olhos ou os labirintos que em nosso sistema vestibular monitoram a aceleração de nossos corpos – todas essas propriedades são geneticamente conectadas. Contudo, muitos outros parâmetros, como a distância dos olhos, o peso e comprimento de nossos membros, a altura de nossa voz, todos variam, e é por isso que nosso cérebro precisa adaptar-se a eles. Como veremos, nosso cérebro é o resultado de um compromisso: de uma longa história evolucionária. Herdamos uma grande quantidade de circuitos inatos (a codificação de todas as grandes categorias intuitivas nas quais subdividimos o mundo: não só imagens, sons, movimentos, objetos, animais, pessoas...) e também, talvez em quantidade muito maior, alguns algoritmos de aprendizado altamente sofisticados que podem refinar essas primeiras habilidades de acordo com nossa experiência.

HOMO DOCENS

Se eu tivesse que resumir, em uma palavra, os talentos próprios de nossa espécie, eu diria "aprender". Nós não somos apenas o *Homo sapiens*, mas também o *Homo docens* – a espécie que ensina a si própria. A maior parte das coisas que conhecemos sobre o mundo não nos foi dada por nossos genes: tivemos que aprendê-las, a partir do ambiente e com aqueles que nos cercam. Nenhum outro animal conseguiu mudar seu nicho ecológico tão radicalmente, passando da savana africana para desertos, montanhas, ilhas, calotas polares, habitações em grutas, cidades e mesmo o espaço cósmico, e tudo isso em poucos milhares de anos. O aprendizado alimentou tudo isso. A história da humanidade é de constante autorreinvenção: desde fazer fogo e projetar instrumentos de pedra até agricultura, explorações e fissão nuclear. Na raiz de todas essas realizações jaz um mesmo segredo: a extraordinária capacidade de nosso cérebro para formular hipóteses e selecionar aquelas que combinam com nosso ambiente.

Aprender é o triunfo de nossa espécie. Em nosso cérebro, bilhões de parâmetros estão livres para se adaptar a nosso ambiente, nossa língua, cultura, nossos pais, nossa comida... Esses parâmetros são cuidadosamente escolhidos: ao longo da evolução, o algoritmo darwiniano definiu diligentemente quais circuitos cerebrais deveriam ser pré-instalados e quais deixados abertos para o ambiente. Em nossa espécie, a contribuição do aprendizado é particularmente grande porque nossa infância é muito mais extensa do que a de outros mamíferos. E, como temos um dom único para a língua e a matemática, nosso mecanismo de aprendizado é capaz de navegar por vastos espaços de hipóteses que se recombinam formando conjuntos potencialmente infinitos – ainda que sempre baseados em fundamentos fixos e invariáveis herdados de nossa evolução.

Mais recentemente, a humanidade descobriu que poderia incrementar ainda mais essa notável capacidade, valendo-se de uma instituição: a sala de aula. A pedagogia é um privilégio exclusivo de nossa espécie: nenhum outro animal ensina suas ninhadas dedicando um tempo a monitorar seu progresso, suas dificuldades e seus erros. A invenção da escola, uma instituição que sistematiza a educação informal presente em todas as sociedades humanas, aumentou amplamente o potencial do cérebro. Descobrimos que podemos tirar proveito da exuberante plasticidade do cérebro da criança, para instilar nele uma quantidade enorme de informações e talentos. Ao longo dos séculos, nosso sistema escolar continuou a ganhar eficiência, começando cada vez mais cedo na infância, e tendo chegado hoje a uma duração de

15 anos ou mais. Números cada vez maiores de cérebros usufruem da educação superior. As universidades são "refinarias neurais" onde nossos circuitos cerebrais adquirem seus melhores talentos.

A educação é o principal acelerador de nosso cérebro. Não é difícil justificar sua presença nos itens mais altos dos gastos governamentais: sem ela, nossos circuitos corticais ficariam no estado de diamantes brutos. A complexidade de nossa sociedade deve sua existência aos múltiplos progressos que a educação traz para nosso córtex: leitura, escrita, cálculo, álgebra, música, um sentido do tempo e do espaço, um refinamento da memória... Você sabia, por exemplo, que a memória de curto prazo de uma pessoa letrada, o número de sílabas que ela consegue repetir é quase o dobro do de um adulto que nunca frequentou uma sala de aula e permaneceu analfabeto? Ou que o QI aumenta vários pontos a cada ano de escolarização e letramento?

APRENDENDO A APRENDER

A educação aumenta as faculdades já consideráveis de nosso cérebro – mas poderia fazer ainda mais? Na escola e no trabalho, reordenamos constantemente os algoritmos de aprendizado dos cérebros, mas fazemos isso intuitivamente, sem prestar atenção em como aprendemos. Ninguém jamais nos explicou as regras pelas quais nosso cérebro memoriza ou compreende, ou, ao contrário, esquece e comete erros. É realmente uma pena, porque o conhecimento científico é vasto. Uma página web excelente, montada pela instituição inglesa Education Endowment Foundation (EEF),[3] traz uma lista das intervenções educacionais mais bem-sucedidas – e valoriza vigorosamente o ensino da metacognição (o conhecimento dos limites e possibilidades do próprio cérebro). Faz sentido dizer que aprender a aprender é o mais importante fator do sucesso acadêmico.

Agora, felizmente, sabemos muito sobre o modo como funciona o aprendizado. Trinta anos de pesquisas, nos limites interdisciplinares da ciência da computação, da neurobiologia e da psicologia cognitiva esclareceram amplamente os algoritmos usados por nosso cérebro, os circuitos envolvidos, os fatores que afetam sua eficácia, e os motivos pelos quais eles só funcionam nos seres humanos. Neste livro, discutirei todos esses pontos, um após o outro. Ao término dele, espero que você saiba muito mais sobre seus próprios processos de aprendizado. Para mim, é fundamental que cada criança e cada adulto entendam plenamente o potencial de seu cérebro (e, claro, também seus limites). A ciência cognitiva contemporânea, mediante a dissecção sistemática de nossos algoritmos mentais e de nossos mecanismos cerebrais, dá um sentido novo ao adágio socrático "Conhece a ti mesmo". Hoje, a questão não é mais apenas aprofundar a introspecção, mas sim compreender os mecanismos neuronais que geram nossos pensamentos, numa tentativa de usá-los na melhor conformidade com nossas necessidades, objetivos e desejos.

Naturalmente, a ciência emergente que estuda o modo como aprendemos é especialmente relevante para todos aqueles que lidam profissionalmente com a aprendizagem: professores e educadores. Estou profundamente convencido de que não se pode ensinar corretamente sem possuir, implícita ou explicitamente, um modelo mental daquilo que se passa nas mentes dos aprendizes. De que tipo de intuições eles partem? Que passos têm que dar para avançar? Que fatores podem ajudá-los a desenvolver suas habilidades?

Embora a ciência cognitiva não tenha todas as respostas, começamos a entender que todas as crianças começam a vida com uma arquitetura cerebral semelhante – um cérebro *Homo sapiens*, radicalmente diferente do de qualquer outro símio. Não estou negando, claro, que nossos cérebros são diferentes uns dos outros. As peculiaridades de nossos genomas, assim como os caprichos do desenvolvimento inicial do cérebro, permitem que haja forças e ritmos de aprendizado diferentes. Mas o conjunto básico de circuitos é o mesmo para todos nós, como o é a organização de nossos algoritmos de aprendizado. Há, portanto, princípios fundamentais que qualquer educador tem que respeitar para ser mais eficiente. Neste livro, veremos muitos exemplos disso. Todas as crianças pequenas têm intuições abstratas nos domínios da linguagem, da aritmética, da lógica e da probabilidade, e isso dá um fundamento no qual a educação superior precisa basear-se. E todos os aprendizes se beneficiam de atenção focada, envolvimento ativo, *feedback* de erros e um ciclo de repetições diárias e consolidação noturna – fatores esses que eu chamo os "quatro pilares" do aprender, porque, como veremos, estão na base do algoritmo humano universal presente em nosso cérebro, tanto nas crianças como em adultos.

Ao mesmo tempo, nossos cérebros exibem variações individuais e, em casos extremos, pode aparecer uma patologia. A realidade de patologias do desenvolvimento, tais como a dislexia, a discalculia, a dispraxia e os transtornos da atenção já não é mais motivo de dúvida. Felizmente, à medida que compreendemos a arquitetura compartilhada a partir da qual essas singularidades se desenvolvem, descobrimos estratégias simples que permitem detectá-las e compensá-las. Um dos objetivos deste livro é difundir esse conhecimento científico crescente, a fim de que cada professor, e também pais, possam adotar uma estratégia de ensino ideal. Embora as crianças variem drasticamente *naquilo* que sabem, ainda assim compartilham os mesmos algoritmos de aprendizado. Portanto, os truques pedagógicos que funcionam melhor com todas as crianças tendem a ser os mais eficientes também para crianças com dificuldades de aprendizado – eles só precisam ser aplicados com maior foco, paciência, sistematicidade e tolerância diante do erro.

Este último ponto é crucial: embora o *feedback* para os erros seja essencial, muitas crianças perdem a autoconfiança e a curiosidade porque seus erros são punidos em vez de corrigidos. Nas escolas pelo mundo afora, o *feedback* para erros é frequentemente sinônimo de punição e estigmatização – adiante neste livro, terei muito a dizer sobre o papel das notas escolares em perpetuar esse equívoco. Emoções negativas esmagam o potencial de aprendizado de nossos cérebros, ao passo que um ambiente livre de medo pode reabrir as portas da plasticidade neuronal. Não haverá progresso na educação sem que se considerem simultaneamente as facetas emocional e cognitiva de nosso cérebro. Na neurociência cognitiva atual, ambas são consideradas ingredientes-chave do coquetel do aprendizado.

O DESAFIO DAS MÁQUINAS

Atualmente, a inteligência humana encara um novo desafio: não somos mais os únicos campeões em matéria de aprender. Em todos os campos do conhecimento, algoritmos do aprendizado estão desafiando a exclusividade de nossa espécie. Graças a eles, os smartphones conseguem reconhecer rostos e vozes, transcrever a fala, traduzir línguas estrangeiras, controlar máquinas e até mesmo jogar xadrez ou Go* – muito melhor do que nós. O aprendizado das máquinas se tornou uma indústria de bilhões de dólares, que se inspira cada vez mais em nossos cérebros. Como funcionam esses algoritmos artificiais? Seus princípios nos ajudam a entender o que é o aprendizado? Já conseguem imitar nossos cérebros ou ainda terão que percorrer um longo caminho?

Embora os progressos em andamento na ciência dos computadores sejam fascinantes, suas limitações são evidentes. Os algoritmos convencionais de aprendizado profundo imitam somente uma pequena parte do funcionamento de nossos cérebros, aquela que, defendo eu, corresponde aos primeiros estágios do processamento sensorial, às primeiras duas ou três centenas de milissegundos durante os quais nosso cérebro opera de maneira inconsciente. Esse tipo de processamento não é de maneira alguma superficial: numa

---

* N. T.: Jogo de tabuleiro com origem na China Antiga, ainda bastante popular no leste asiático.

fração de segundo, nosso cérebro consegue reconhecer uma palavra ou um rosto, colocá-los num contexto, compreendê-los e até mesmo encaixá-los numa breve sentença... A limitação deve-se, porém, ao fato de que o processo é sempre de baixo para cima (*bottom-up),* não dando margem para reflexão. Somente nos estágios seguintes, que são muito mais lentos, mais conscientes e mais reflexivos, nosso cérebro dá conta de mostrar toda capacidade de raciocínio, inferência e flexibilidade – características que as máquinas de hoje ainda estão longe de igualar. Mesmo as arquiteturas de computadores mais avançadas ficam aquém da capacidade de qualquer criança para construir modelos abstratos do mundo.

Mesmo no âmbito de seus campos de especialização – por exemplo, o rápido reconhecimento de formas –, os algoritmos dos dias atuais esbarram num segundo problema: são muito menos eficientes do que nosso cérebro. A tecnologia mais avançada em matéria de aprendizado por máquinas precisa rodar nos computadores milhões, ou mesmo bilhões, de tentativas. Na verdade, o aprendizado por máquinas se tornou praticamente sinônimo de "muitos dados": sem conjuntos gigantes de dados, os algoritmos sofrem para extrair um conhecimento abstrato que possa ser generalizado para situações novas. Em outras palavras, eles não fazem o melhor uso possível dos dados.

Nessa competição, o cérebro do bebê ganha sem esforço: para os bebês, bastam uma ou duas repetições para aprender uma palavra nova. Seu cérebro produz o máximo com dados extremamente precários, uma competência que ainda desconcerta os computadores atuais. Os algoritmos de aprendizado neuronais chegam frequentemente perto da computação mais aprimorada: eles conseguem extrair a verdadeira essência da mais leve observação. Se os cientistas da computação esperam conseguir o mesmo desempenho em máquinas, precisarão inspirar-se nos muitos truques que a evolução integrou em nosso cérebro: a atenção, por exemplo, que nos torna capazes de selecionar e amplificar as informações relevantes; ou o sono, um algoritmo por meio do qual nosso cérebro sintetiza aquilo que aprendeu nos dias anteriores. Novas máquinas com essas propriedades estão começando a aparecer, e seu desempenho está avançando constantemente – não há dúvida de que elas competirão com nossos cérebros num futuro próximo.

De acordo com uma nova teoria, a razão pela qual nosso cérebro ainda é superior às máquinas é que ele age como um estatístico. Ficando de olho constantemente em probabilidades e incertezas, ele otimiza sua capacidade para aprender. Durante sua evolução, nosso cérebro parece ter adquirido algoritmos requintados que monitoram constantemente a incerteza associada com aquilo que ele aprendeu – e essa sistemática atenção às probabilidades é, num sentido matemático exato, a melhor maneira de extrair o máximo de cada fragmento de informação.[4]

Alguns dados experimentais recentes apoiam essa hipótese. Até mesmo os bebês entendem as probabilidades desde que nascem; as probabilidades parecem estar profundamente incorporadas em seus circuitos cerebrais. As crianças agem como jovens cientistas: seus cérebros são férteis em hipóteses semelhantes a teorias científicas, que suas experiências submetem a teste. Raciocinar por probabilidades, de um modo bastante inconsciente, é algo profundamente gravado na lógica de nosso aprendizado. Permite-nos rejeitar as hipóteses falsas e guardar somente as teorias que dão um sentido aos dados. E, diferentemente de outras espécies animais, os seres humanos parecem usar o senso de probabilidades para adquirir teorias científicas a partir do mundo exterior. Somente o *Homo sapiens* consegue gerar sistematicamente pensamentos simbólicos abstratos e confirmar sua plausibilidade diante de novas observações.

Algoritmos computacionais inovadores estão começando a incorporar essa nova visão de aprendizado. Esses algoritmos são chamados de "bayesianos", em homenagem ao reverendo Thomas Bayes

(1702-1761), que esboçou os rudimentos dessa teoria já no século XVIII. Meu palpite é que os algoritmos bayesianos revolucionarão o aprendizado das máquinas – na verdade chegaremos a ver que elas são capazes de extrair informações abstratas com uma eficiência comparável à do cientista humano.

Nossa incursão pela ciência contemporânea do aprendizado é uma viagem em três etapas.

Na primeira parte, intitulada "O que é o aprendizado", começamos por definir o que significa para seres humanos ou animais – ou mesmo qualquer algoritmo ou qualquer máquina – aprender alguma coisa. A ideia é simples: aprender é formar progressivamente, tanto em circuitos naturais como em circuitos de silício, um modelo interiorizado do que é o mundo exterior. Quando eu viajo por uma cidade desconhecida, crio um mapa mental de sua forma – um modelo em miniatura de suas ruas e de seus corredores viários. Analogamente, uma criança que está aprendendo a andar de bicicleta está dando forma, em seus circuitos neurais, a uma simulação inconsciente de como a ação aplicada aos pedais e ao guidão afeta a estabilidade da magrela. Do mesmo modo, um algoritmo computacional que aprende a reconhecer faces está adquirindo modelos de formatos das várias formas possíveis dos olhos, narizes e bocas e de suas combinações.

Como se chega, então, a estabelecer o modelo mental adequado? Como veremos, a mente do aprendiz pode ser comparada a uma máquina gigante com milhões de parâmetros passíveis de ser sintonizados, cujas configurações definem coletivamente o que é aprendido (por exemplo, onde é provável que fiquem as ruas em nosso mapa mental de uma região urbana). No cérebro, os parâmetros são as sinapses, conexões entre os neurônios, que variam em força; na maioria dos computadores atuais eles são os pesos ou probabilidades sintonizáveis que especificam a força de cada hipótese viável. Portanto, para aprender, tanto nos cérebros como nas máquinas, é necessário procurar uma combinação ideal de parâmetros que, no conjunto, defina o modelo mental em cada detalhe. Nesse sentido, aprender é um vasto problema de buscas – e, para compreender como isso funciona no cérebro humano, é de grande ajuda examinar como os algoritmos de aprendizado operam nos computadores mais atualizados.

Comparando o funcionamento dos algoritmos de aprendizado dos computadores com os do cérebro, estes *in silício* e aqueles *in vivo*, conseguiremos uma imagem mais nítida do que significa aprender no nível do cérebro. É certo que os matemáticos e os cientistas da computação não conseguiram planejar algoritmos tão poderosos como o cérebro humano – ainda. Mas estão começando a debruçar-se sobre uma teoria do algoritmo de aprendizado ideal que qualquer sistema precisaria usar, caso busque maior eficiência. Segundo essa teoria, o melhor aprendiz opera como um cientista que faz uso racional das probabilidades e da estatística. Um novo modelo emerge: o do cérebro como um estatístico, com circuitos cerebrais computando por meio de probabilidades. Essa teoria estabelece uma clara divisão de trabalho entre a natureza e a educação: num primeiro momento, os genes configuram vastos espaços de hipóteses – e em seguida o ambiente seleciona as hipóteses que combinam melhor com o mundo exterior. O conjunto de hipóteses está especificado geneticamente; sua seleção depende da experiência.

Essa teoria corresponde ao modo como o cérebro funciona? E como se dá a implementação do aprendizado em nossos circuitos biológicos? O que muda em nossos cérebros quando adquirimos uma competência nova? Na segunda seção, "Como nosso cérebro aprende", nos voltaremos para a psicologia e a neurociência. Focalizarei os bebês, que são verdadeiras máquinas de aprender com as quais não dá para rivalizar. Dados recentes mostram que os bebês são os estatísticos iniciantes previstos pela teoria. Sua intuição notável nos campos da linguagem, da geometria, dos números e das estatísticas confirma que eles são tudo menos uma lousa em branco, uma tábula rasa. Desde o nascimento, os circuitos mentais das crianças já estão organizados e projetam hipóteses sobre o mundo exterior. Mas eles têm também uma margem considerável de plasticidade, que se reflete na contínua efervescência de mudanças sinápticas no cérebro. No interior dessa máquina estatística, a natureza e a educação, longe de brigarem, unem forças. E o resultado é um sistema estruturado, mas ainda assim plástico, com uma incomparável capacidade de se recompor no caso de uma lesão cerebral e de reciclar seus circuitos cerebrais para adquirir habilidades não previstas pela evolução, por exemplo, leitura ou matemática.

Na terceira parte, "Os quatro pilares do aprendizado", trato detalhadamente de alguns dos truques que fazem de nosso cérebro o dispositivo de aprendizado mais eficiente que conhecemos até hoje. Quatro mecanismos essenciais, ou "pilares", modulam maciçamente nossa capacidade de aprender. O primeiro é a atenção: um conjunto de circuitos neurais que seleciona, amplifica e propaga os sinais que nós consideramos relevantes – centuplicando seu impacto sobre nossa memória. O segundo pilar é o envolvimento ativo: um organismo passivo não aprende praticamente nada, porque o ato de aprender exige uma produção ativa de hipóteses, acompanhada de motivação e curiosidade. O terceiro pilar (que é também contrapartida do envolvimento ativo) é o *feedback* para erros: sempre que somos surpreendidos porque o mundo violou nossas expectativas, sinais de erro se espalham por nosso cérebro. Eles corrigem nossos modelos mentais, eliminam hipóteses inadequadas e estabilizam as mais corretas. Finalmente, o quarto pilar é a consolidação: ao longo do tempo, nosso cérebro compila as aquisições feitas e as transfere para a memória de longo prazo, liberando assim recursos neurais para mais aprendizado. A repetição tem um papel essencial nesse processo de consolidação. Até mesmo o sono, longe de ser um período de inatividade, é um momento privilegiado, durante o qual o cérebro revisita seus estágios passados, num ritmo mais rápido, e grava o conhecimento adquirido durante o dia.

Esses quatro pilares são universais: bebês, crianças e adultos de todas as idades os utilizam continuamente, sempre que exercitam sua capacidade de aprender. É por isso que precisaríamos aprender a dominá-los – é assim que podemos aprender a aprender. Na conclusão, voltarei às consequências práticas desses avanços científicos. Mudar nossas práticas na escola, em casa, ou no trabalho não é necessariamente uma coisa tão complicada como poderíamos imaginar. Algumas ideias simples sobre o jogo, a curiosidade, a socialização, a concentração e o sono podem ampliar o que já é o maior talento de nosso cérebro: aprender.

PRIMEIRA PARTE

O QUE É APRENDER?

Em seu cerne, a inteligência pode ser encarada como um processo que converte informações não estruturadas em conhecimento passível de ser utilizado.

Demis Hassabis,
fundador da AI Company Deep Mind (2017)

O que é aprender? As palavras de algumas línguas românicas, *apprendre* em francês, *aprender* em espanhol e português e a raiz latina destas últimas, *apprehendere*, exprimem esta mesma ideia: aprender é pegar algum fragmento da realidade, segurá-lo e trazê-lo para dentro de nossos cérebros. Em ciência cognitiva, dizemos que aprender consiste em formar um modelo interior do mundo. Quando aprendemos, os dados brutos que chocam nossos sentidos se transformam em ideias refinadas, suficientemente abstratas para serem reusadas num novo contexto – ou seja, transformam-se em modelos em escala menor da realidade.

Nas páginas que seguem, resenharemos aquilo que a inteligência artificial e a ciência cognitiva nos ensinaram sobre o modo como esses modelos interiorizados emergem, seja nos cérebros, seja nas máquinas. Que mudança sofre a representação da informação quando aprendemos? Como podemos entendê-la num nível que seja o

31

mesmo para qualquer organismo – humano, animal ou máquina? Considerando um a um os vários truques que os engenheiros inventaram para permitir que as máquinas aprendam, evocaremos progressivamente uma imagem mais nítida das incríveis computações que os bebês precisam fazer quando aprendem a ver, falar e depois escrever. Mas, como veremos, o cérebro do bebê leva vantagem: apesar do sucesso, os algoritmos de aprendizado hoje disponíveis capturam somente uma fração das capacidades do cérebro humano. Compreendendo exatamente em que ponto a metáfora da máquina que aprende deixa de funcionar, e em que ponto um cérebro de bebê ultrapassa o computador mais potente, definiremos com exatidão o que significa "ensinar".

Sete definições
de aprender

O que significa "aprender"? A primeira e mais geral de minhas definições é a seguinte: aprender é formar um modelo interiorizado do mundo exterior. Você pode não ter consciência disso, mas seu cérebro adquiriu milhares de modelos do mundo exterior. Falando metaforicamente, eles são maquetes miniaturizadas mais ou menos fiéis da realidade que representam. Todos nós temos em nosso cérebro, por exemplo, um mapa mental de nosso bairro e de nossa moradia – basta que fechemos os olhos e os visualizamos no pensamento. Obviamente, nenhum de nós nasceu com esse mapa mental – tivemos que adquiri-lo aprendendo.

A riqueza desses modelos mentais, em sua maioria inconscientes, ultrapassa nossa imaginação. Por exemplo, você possui um grande modelo mental da língua portuguesa,* que permite que compreenda

---

* N.T.: Para descrever um aspecto da competência linguística, o autor usou naturalmente o inglês como exemplo.

as palavras que está lendo neste exato momento, e que adivinhe que *plastovski* não é uma palavra portuguesa, ao passo que *desmaiar* e *melancolia* são, ou que *desabismado* poderia ser. Nosso cérebro também inclui vários modelos de nosso corpo que usamos constantemente para mapear a posição de nossos membros e para dar a eles uma direção e continuar equilibrados. Outros modelos mentais codificam o conhecimento dos objetos e nossa interação com eles: o conhecimento de como segurar uma caneta, escrever ou andar de bicicleta. Outros, inclusive, representam as mentes alheias: todos nós possuímos um vasto catálogo mental de pessoas que nos são próximas, de sua aparência, voz, preferências e excentricidades.

Esses modelos mentais podem gerar simulações hiper-realistas do universo que nos cerca. Já percebeu que seu cérebro às vezes projeta os mais autênticos *reality shows* virtuais, nos quais você pode caminhar, movimentar-se, dançar, visitar lugares novos, manter conversas brilhantes ou sentir fortes emoções? São os seus sonhos! É fascinante dar-se conta de que todos os pensamentos que chegam pelos sonhos, por mais complexos que sejam, são simplesmente o produto de nossos modelos interiores do mundo que funcionam livremente.

Mas nós também imaginamos a realidade quando estamos acordados: nosso cérebro projeta sem parar hipóteses e esquemas interpretativos sobre o mundo exterior. Isso se deve ao fato de que, embora não tenhamos consciência, cada imagem que aparece em nossa retina é ambígua – sempre que vemos um prato, por exemplo, sua imagem é compatível com um número infinito de elipses. Se vemos o prato como redondo, embora os dados sensoriais brutos o representem como oval, é porque nosso cérebro entra com dados extras: aprendeu que a forma redonda é a interpretação mais verossímil. Nos bastidores, nossas áreas sensoriais computam probabilidades incessantemente e somente o modelo mais verossímil entra em nossa consciência. São as projeções do cérebro que, em última análise, dão sentido ao fluxo de dados que nos chega dos sentidos. Na ausência de um modelo interior, os *inputs* sensoriais brutos continuariam sem sentido.

O aprendizado permite que nosso cérebro capte um fragmento de realidade que lhe havia escapado anteriormente e que o use para construir um novo modelo do mundo. Pode ser uma parte da realidade exterior, como quando aprendemos história, botânica ou o mapa de uma cidade, mas nosso cérebro aprende também a mapear a realidade interna de nossos corpos, como quando aprendemos a coordenar nossas ações e a concentrar nossos pensamentos para tocar violino. Em ambos os casos, o cérebro *interioriza* um novo aspecto da realidade: ajusta seus circuitos para se apropriar de algo que fugia ao seu controle até então.

Esses ajustes, é claro, precisam ser bem engenhosos. A força do aprendizado reside na capacidade de se adaptar ao mundo exterior e corrigir erros – mas de que modo o cérebro de quem aprende "sabe" como atualizar seu modelo interior quando, digamos, se encontra perdido em seu próprio bairro, cai da bicicleta, perde uma partida de xadrez ou digita errado a palavra *ecstasy*? Veremos a seguir sete ideias-chave que estão no centro dos algoritmos de aprendizado das máquinas atuais e que podem aplicar-se igualmente bem a nossos cérebros – sete definições diferentes do que significa "aprender".

APRENDER É AJUSTAR OS PARÂMETROS DE UM MODELO MENTAL

Ajustar um modelo mental é às vezes muito simples. Como, por exemplo, chegamos a um objeto que vemos? No século XVII, René Descartes (1596-1650) já havia adivinhado que nosso sistema nervoso precisa conter circunvoluções processantes capazes de transformar *inputs* visuais em comandos musculares. Você pode fazer essa experiência: tente agarrar um objeto enquanto usa os óculos de outra pessoa, de preferência uma pessoa muito míope. Melhor ainda: se puder, pegue alguns daqueles prismas que deslocam a sua visão uma dúzia de graus para a esquerda e tente agarrar o objeto.[1] Você verá sua primeira tentativa completamente frustrada: devido aos prismas, sua mão vai parar à direita do objeto visado. Gradualmente, você ajusta seu movimento para a esquerda. Mediante tentativas e erros sucessivos, seus gestos se tornam cada vez mais precisos, enquanto seu cérebro aprende a corrigir os deslocamentos dos olhos. Tire agora os óculos e apanhe o objeto: terá a surpresa de ver que sua mão vai para o lugar errado, agora bem longe à esquerda!

E aí, o que aconteceu? Durante esse breve período de aprendizado seu cérebro ajustou seu modelo interior de visão. Um parâmetro desse modelo – parâmetro esse que corresponde ao desvio entre a cena visual e a orientação de seu corpo – foi configurado para um novo valor. Durante esse processo de recalibragem, que funciona por tentativa e erro, o que o seu cérebro fez pode ser comparado àquilo que o caçador faz para ajustar o visor de sua espingarda: atira fazendo um teste, que servirá para ajustar a pontaria e atirar com precisão cada vez maior. Esse tipo de aprendizado pode ser muito rápido: uns poucos ensaios são suficientes para corrigir a lacuna entre a visão e a ação. Todavia, a nova configuração do parâmetro não é compatível com a antiga – daí o erro sistemático que todos fazemos quando tiramos as lentes e voltamos à visão normal.

Ajuste de um único parâmetro: o desvio entre visão e ação

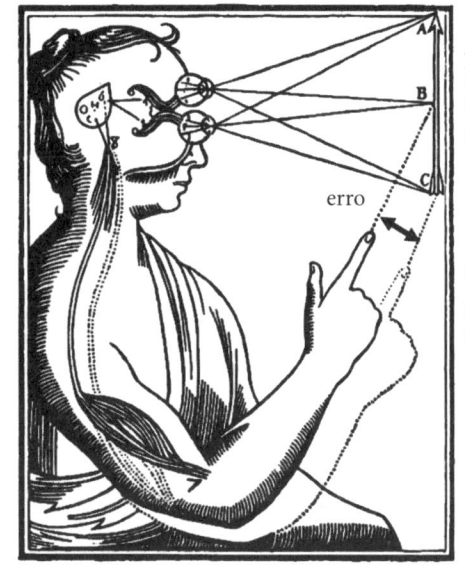

Input =
localização
do alvo
na retina

erro

Output =
gesto
que aponta

Ajuste de milhões de parâmetros: as conexões que dão suporte à visão

Input =
imagem
a ser
identificada

Output =
dez dos
possíveis
dígitos

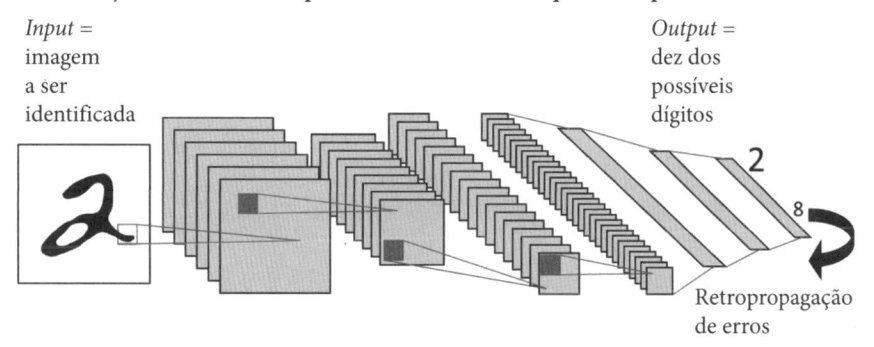

Retropropagação
de erros

O que é aprender? Aprender é ajustar os parâmetros de um modelo exterior. Aprender a apontar com o dedo, por exemplo, consiste em encontrar o desvio entre a visão e a ação: cada erro de pontaria fornece informações úteis que permitem à pessoa reduzir essa distância. Nas redes neurais artificiais, embora o número de ajustes seja muito maior, a lógica é a mesma. Reconhecer um caractere exige a sintonização fina de milhões de conexões. Mais uma vez, cada erro – aqui a ativação incorreta do *output* "8" – pode ser retropropagado e usado para ajustar os valores das conexões, melhorando o desempenho no teste seguinte.

Inegavelmente, esse tipo de aprendizado é especial, porque exige o ajuste de um único parâmetro (o ângulo de visão). A maior parte de nosso aprendizado é muito mais elaborada, porque exige o ajuste de dezenas, centenas ou mesmo bilhões de parâmetros (todas as sinapses no circuito cerebral correspondente). Mas o princípio é sempre o mesmo: trata-se de buscar, dentre uma miríade de ajustes possíveis do modelo interior, os ajustes que correspondem mais adequadamente ao estado do mundo exterior.

Em Tóquio, nasceu um bebê. Durante os próximos dois ou três anos, seu modelo interior de linguagem terá que se adequar às características da língua japonesa. O cérebro desse bebê é como uma máquina com milhões de configurações em cada nível. Algumas dessas configurações, no nível auditivo, determinam o inventário de consoantes e vogais usado em japonês e as regras de sua combinação. Um bebê nascido numa família japonesa precisa descobrir que fonemas entram na construção das palavras japonesas e onde devem ser colocadas as fronteiras entre esses sons. Um dos parâmetros, por exemplo, diz respeito à distinção entre os sons /R/ e /L/: o contraste entre esses sons é crucial para o inglês, mas não para o japonês, que não faz distinção entre *Bill Clinton's election* e *Bill Clinton's erection*... Cada bebê precisa então estabelecer um conjunto de parâmetros que, coletivamente, especificam que categorias dos sons da fala são relevantes para a sua língua nativa.

Um procedimento de aprendizado semelhante é aplicado em cada nível, desde padrões sonoros até vocabulário, gramática e significado. O cérebro é organizado como uma hierarquia de modelos da realidade, cada um aninhado no seguinte como nas bonecas russas – e aprender significa usar os dados recebidos para estabelecer os parâmetros em cada nível dessa hierarquia. Vejamos um exemplo de alto nível: a aquisição das regras gramaticais. Uma outra diferença que o bebê precisa aprender, entre o japonês e o inglês, diz respeito à ordem das palavras. Numa sentença convencional com sujeito, verbo e objeto, a língua inglesa enuncia primeiro o sujeito, depois o verbo e finalmente o objeto: "John + eats + an + apple" ("John come uma maçã").* Em japonês, ao contrário, a ordem mais comum é: primeiro o sujeito, depois o objeto, depois o verbo: "John + an apple + eats". O que há de notável em tudo isso é que a ordem também fica invertida para as preposições (que, com isso, logicamente, se tornam pós-posições), com os possessivos e com muitas outras partes do discurso. A sentença "My uncle wants to work in Boston" se torna um mumbo-jumbo** digno da personagem Mestre Yoda de *Guerras nas Estrelas*: "Uncle my, Boston in, work wants" – que faz perfeitamente sentido para um falante de japonês.

O mais surpreendente é que essas inversões não são independentes umas das outras. Os linguistas acham que elas se originam na configuração dada a um único parâmetro chamado "posição do núcleo": a palavra que decide a estrutura da frase, seu núcleo, sempre é colocada no início em inglês (<u>in</u> Paris, <u>my</u> uncle, <u>wants</u> to live), mas em último lugar em japonês (Paris <u>in</u>, uncle <u>my</u>, live <u>wants</u>). Esse parâmetro binário distingue muitas línguas, inclusive algumas que não têm ligação histórica entre si (por exemplo, a língua navajo segue as mesmas regras que o japonês). Para aprender inglês ou japonês, uma das coisas que a criança precisa descobrir é como configurar a posição paramétrica das palavras nucleares em seu modelo interiorizado de língua.

APRENDER É EXPLORAR UMA EXPLOSÃO COMBINATÓRIA

É possível, realmente, reduzir o aprendizado da língua à configuração de alguns parâmetros? Se isso parece difícil de acreditar, é

---

* N.T.: A tradução desse exemplo é banal e a ordem das palavras em português e inglês é a mesma, mas não é sempre que isso acontece. Decidi então manter todos os exemplos linguísticos na língua em que aparecem no original, traduzindo-os e comentando-os em nota do tradutor sempre que necessário.

** N.T.: A expressão *mumbo-jumbo* já foi usada em textos em português. Os dicionários de inglês a explicam como "palavras desnecessariamente complicadas e aparentemente sem sentido".

porque não conseguimos atinar para a quantidade extraordinária de possibilidades que se abrem assim que aumentamos o número de parâmetros ajustáveis. Isso é chamado "a explosão combinatória" – o aumento exponencial ocorrido quando se combina um número mesmo que pequeno de possibilidades. Suponha-se que a gramática das línguas do mundo seja descrita por cerca de 50 parâmetros binários, como querem alguns linguistas. Isso cria 2^{50} combinações, que são mais de 1 milhão de bilhões de línguas possíveis, ou seja *1*, seguido por 15 zeros. As regras sintáticas das 3 mil línguas do mundo encontram lugar facilmente nesse espaço gigantesco. Mas no nosso cérebro não há apenas 50 parâmetros ajustáveis, e sim um número assombrosamente maior deles: 86 bilhões de neurônios, cada um com cerca de 10 mil contatos sinápticos cuja força pode variar. O espaço de representações mentais que assim se abre é praticamente infinito.

As línguas humanas exploram pesadamente essas combinações em todos os níveis. Considere-se, por exemplo, o léxico mental: o conjunto de palavras que conhecemos e cujo modelo carregamos conosco em nossas andanças. Cada um de nós aprendeu cerca de 50 mil palavras com os mais diferentes significados. Isso aparenta ser um léxico enorme, mas conseguimos adquiri-lo em cerca de uma década, porque somos capazes de decompor a questão do aprendizado. Na verdade, considerando que essas 50 mil palavras têm em média duas sílabas, cada uma das quais é composta por cerca de três fonemas, escolhidos dentre os 44 fonemas, digamos, do inglês, a codificação binária de todas essas palavras exige menos do que 2 milhões de escolhas binárias ("bits", cujo valor é 0 ou 1). Em outras palavras, todo o nosso conhecimento do dicionário caberia num pequeno arquivo computacional de 250 kbytes (lembrando que cada byte compreende 8 bits).

Esse léxico mental poderia ser comprimido chegando a um tamanho ainda menor se levássemos em conta as inúmeras redundâncias a que as palavras estão sujeitas. Sortear seis letras ao acaso, como em "xfdrga" não gera uma palavra inglesa. As palavras reais são compostas de uma pirâmide de sílabas que são montadas obedecendo a regras estritas. E isso é verdade em todos os níveis: sentenças são coleções de palavras sujeitas a regras, palavras são coleções de sílabas sujeitas a regras, que por sua vez são coleções de fonemas sujeitos a regras. As combinações são ao mesmo tempo numerosas (porque a escolha é feita a partir de várias dezenas ou centenas de elementos) e limitadas (porque somente algumas combinações são permitidas). Aprender uma língua é descobrir os parâmetros que governam essas combinações em todos os níveis.

Em resumo, o cérebro humano decompõe o problema do aprendizado criando um modelo hierárquico de vários níveis. Isso é particularmente óbvio no caso da linguagem, desde os sons elementares até a sentença completa ou mesmo até o discurso – mas o mesmo princípio hierárquico de decomposição é reproduzido em todos os sistemas sensoriais. Algumas áreas do cérebro capturam padrões de baixo nível: elas enxergam o mundo através de uma janela temporal e espacial muito pequena, e por isso analisam os padrões de menor porte. Por exemplo, na área visual primária, primeira região do córtex que recebe *inputs* visuais, cada neurônio analisa somente uma parte muito pequena da retina. Vê o mundo através de um orifício e, consequentemente, descobre regularidades de um nível muito baixo, como a presença de uma linha oblíqua em movimento. Milhões de neurônios fazem esse mesmo trabalho em diferentes pontos da retina, e seus *outputs* se tornam os *inputs* do próximo nível, que então detecta "regularidades de regularidades", e assim sucessivamente. A cada nível, a escala fica maior: o cérebro vê regularidades em escalas cada vez mais amplas, tanto no tempo como no espaço. Dessa hierarquia emerge a capacidade de detectar objetos e conceitos cada vez mais complexos: uma linha, um dedo, uma mão, um braço, um corpo humano..., não, espere, dois, há duas pessoas, uma em frente à outra, um aperto de mão... É o primeiro encontro Trump-Macron!

APRENDER É REDUZIR ERROS

Os algoritmos computacionais que chamamos "redes neurais artificiais" são inspirados diretamente na organização hierárquica do córtex cerebral. Como o córtex, eles contêm uma pirâmide de camadas sucessivas, cada uma tentando descobrir regularidades mais profundas que a anterior. Como essas camadas sucessivas organizam os dados que entram de maneira cada vez mais profunda, elas são também chamadas "redes profundas". Cada patamar, por si, é capaz de descobrir somente uma parte muito simples da realidade exterior (os matemáticos falam em problema linearmente separável, isto é, cada neurônio pode separar esses dados em apenas duas categorias, A e B, traçando uma linha reta entre eles). Juntando muitos desses patamares, porém, obtemos um mecanismo de aprendizado extremamente poderoso, capaz de descobrir estruturas complexas e de ajustar-se a problemas muito diversificados. As redes neurais artificiais de hoje, que se beneficiam do aperfeiçoamento dos chips de computadores, também são profundas, no sentido de conterem dúzias de camadas sucessivas. Essas camadas tornam-se cada vez mais perspicazes e capazes de identificar propriedades abstratas, quanto mais longe estiverem do *input* sensorial.

Tomemos o exemplo do algoritmo LeNet, criado pelo pioneiro francês em redes neurais Yann LeCun (ver a Figura 2 no encarte em cores).[2] Já em 1990, essa rede neural teve um desempenho notável no reconhecimento de caracteres escritos à mão. Por vários anos, o Correio canadense o usou para processar automaticamente os códigos postais escritos à mão. Como funciona? O algoritmo recebe como *input* a imagem de um caractere escrito, na forma de pixels, e propõe, como *output* uma interpretação experimental: 1 dos 10 algarismos ou 1 das 26 letras. A rede artificial contém uma hierarquia de unidades de processamento que se assemelham um pouco a neurônios e formam camadas sucessivas. As primeiras camadas se conectam diretamente com a imagem: aplicam filtros simples que reconhecem linhas e fragmentos de curvas. Os patamares mais altos na hierarquia, porém, contêm filtros mais amplos e mais complexos. As unidades de nível mais alto podem, portanto, aprender a reconhecer porções cada vez maiores da imagem: a curva de um 2, o círculo de um 0, ou as linhas paralelas de um Z... até alcançarmos, no nível do *output*, neurônios artificiais que respondem a um caractere, independentemente de sua posição, fonte ou dimensão. Nenhuma dessas propriedades é imposta pelo programador; elas resultam inteiramente dos milhões de conexões que ligam as unidades. Essas conexões, depois de ajustadas por um algoritmo automatizado, definem o filtro que cada neurônio aplica a seus *inputs*: suas configurações explicam por que um dos neurônios responde ao número 2, e outro ao número 3.

Como são ajustados esses milhões de conexões? Exatamente como no caso dos óculos prismáticos! A cada tentativa, a rede responde com uma resposta exploratória, ou seja, é informada se cometeu um erro, ajustando seus parâmetros para tentar reduzir seu erro na próxima tentativa. Cada resposta errada proporciona informações válidas. Com sua sinalização (como a de um gesto "muito à direita" ou "muito à esquerda"), o erro avisa o sistema sobre o que ele deveria ter feito para ser bem-sucedido. Voltando à origem do problema, a máquina descobre como os parâmetros precisariam ter sido configurados para evitar o erro.

Retomemos o exemplo do caçador que ajusta a mira de sua espingarda. O procedimento de aprendizado é elementar. O caçador atira e percebe que apontou cinco centímetros fora do alvo, à direita. Agora, ele tem informações essenciais quanto à amplitude (cinco centímetros) e quanto à direção indicada pelo erro (muito longe à direita). Essas informações permitem que ele corrija o tiro. Se ele for minimamente esperto, poderá inferir em que direção tem que ser feita a correção: se a bala desviou para a direita, precisará mudar o alvo um nadinha para a esquerda. Mesmo não sendo tão astucioso, pode casualmente tentar uma mira diferente e testar se, mudando a pontaria para a direita, o desvio aumenta ou diminui. Desse modo, por tentativa e erro, o caçador pode descobrir aos poucos o ajuste que reduz o tamanho da distância entre o alvo visado e o tiro efetivamente dado.

Ao modificar sua visão para maximizar a precisão, nosso bravo caçador está aplicando um algoritmo de aprendizado, mesmo sem saber. Ele está calculando implicitamente aquilo que os matemáticos chamam a "derivada" ou gradiente do sistema, e está usando o "algoritmo gradiente descendente". Está aprendendo a movimentar o visor na direção mais eficaz, aquela que reduz a probabilidade de errar.

A maioria das redes neurais artificiais usadas na inteligência artificial de nossos dias, apesar de seus milhões de *inputs*, *outputs* e parâmetros ajustáveis, operam exatamente como nosso famigerado caçador: elas observam seus erros e os usam para ajustar seu estado interior na direção que percebem ser a mais apta para reduzir os erros. Em muitos casos, esse aprendizado é bem controlado. Ensinamos à rede exatamente que resposta ela deveria ter ativado na saída ("é um 1, não um 7"), e sabemos exatamente em que direção é preciso ajustar os parâmetros se eles levam a erro (um cálculo matemático torna possível saber exatamente que conexões modificar quando a rede ativa o *output* "7" mais frequentemente do que deveria em resposta a uma imagem do número 1). No linguajar do aprendizado por máquina, essa situação é conhecida como "aprendizado supervisionado" (porque alguém, correspondente a um supervisor, conhece a resposta correta que o sistema precisa dar) e "retropropagação do erro" (porque sinais de erro são retornados para a rede, a fim de modificar seus parâmetros). O procedimento é simples: tento uma resposta; me dizem o que eu deveria ter respondido; meço meu erro e ajusto meus parâmetros para reduzi-lo. Em cada um desses passos, eu faço apenas uma pequena correção na direção correta. É por isso que esse aprendizado com base no computador pode ser incrivelmente lento: aprender uma atividade complexa, como jogar *Tetris*, requer que essa receita seja aplicada milhares, milhões ou mesmo bilhões de vezes. Num espaço que inclui uma multidão de parâmetros ajustáveis, pode levar muito tempo para descobrir a configuração perfeita para combinar cada porca com seu parafuso.

As primeiríssimas redes neurais artificiais, nos anos 1980, já operavam com base nesse princípio de correção gradual de erros. Os progressos da computação permitem hoje estender essa ideia a redes neurais gigantescas, que incluem centenas de milhões de correções ajustáveis. Essas redes neurais profundas compõem-se de uma sucessão de estágios, cada um se adaptando ao problema em questão. Por exemplo, a Figura 4 do encarte colorido mostra o sistema GoogLeNet, derivado da arquitetura LeNet proposta inicialmente por LeCun, que ganhou uma das mais importantes competições internacionais de reconhecimento de imagens. Exposto a milhões de imagens, esse sistema aprendeu a distribui-las em mil categorias diferentes, tais como faces, paisagens, barcos, carros, cães, insetos, flores, sinais rodoviários e assim por diante. Cada nível de sua hierarquia tornou-se sintonizado com um aspecto útil da realidade: unidades de baixo nível respondem seletivamente a linhas e texturas, mas, quanto mais você sobe na hierarquia, maior é o número de neurônios que aprendem a responder a características complexas, como formas geométricas (círculos, curvas, estrelas...), partes de objetos (bolsos de uma calça, a maçaneta da porta de um carro, um par de olhos...) ou mesmo objetos inteiros (prédios, faces, aranhas...).[3]

Tentando minimizar os erros, o algoritmo gradiente descendente descobriu que essas formas são as mais úteis para categorizar imagens. Mas se o mesmo algoritmo tivesse sido exposto a passagens de livros ou partituras musicais, teria se ajustado de modo diferente, aprendendo a reconhecer letras, notas ou quaisquer formas que ocorressem nesse outro contexto. A Figura 3 do encarte em cores, por exemplo, mostra como uma rede desse tipo se auto-organiza para reconhecer milhares de algarismos escritos à mão.[4] No nível mais baixo, os dados estão misturados: algumas imagens são superficialmente semelhantes mas precisariam, em última análise, ser distinguidas (pense-se em um 3 e um 8); e inversamente, algumas imagens que parecem muito diferentes precisariam em última análise ser colocadas na mesma caixa (pense-se nas muitas versões do número 8, com a argola de cima aberta ou fechada etc.). A cada estágio, a rede neural artificial progride em abstração até que todas as ocorrências do mesmo caractere tenham sido colocadas no mesmo grupo. Através do procedimento de redução de erros, ela descobriu uma hierarquia de traços maximamente relevante para o problema do reconhecimento de algarismos manuscritos. De fato, é muito espantoso que, simplesmente corrigindo erros, seja possível descobrir todo um conjunto de dicas apropriadas para o problema em foco.

Atualmente, o conceito de retropropagação de erros continua sendo central em muitas aplicações do computador. É quem faz o trabalho pesado por trás da capacidade de seu smartphone para reconhecer sua voz, ou de seu carro inteligente para perceber pedestres ou sinais de trânsito – e é, portanto, muito provável que seu cérebro use uma ou outra versão dele. Mas a retropropagação é servida com vários sabores. O campo da inteligência artificial fez enormes progressos em 30 anos, e os pesquisadores descobriram muitos truques que facilitam o aprendizado. Já vamos comentar esses truques – e veremos que eles têm muito a nos dizer sobre nós mesmos e o modo como aprendemos.

APRENDER É EXPLORAR O ESPAÇO DE POSSIBILIDADES

Um dos problemas com o procedimento de correção de erro descrito é que ele pode ficar travado num conjunto de parâmetros inadequado. Imagine uma bola de golfe rolando no verde, numa encosta mais íngreme: ela pode ficar presa numa pequena depressão do terreno, impedida de alcançar o ponto mais baixo da paisagem, o melhor ponto. Analogamente, o algoritmo gradiente descendente fica às vezes travado num ponto do qual não consegue sair. Essa situação é chamada de "mínimo local": um poço num espaço paramétrico, uma armadilha da qual o algoritmo de aprendizado não consegue escapar porque parece impossível fazer melhor. Nesse momento, o aprendizado fica bloqueado porque quaisquer mudanças parecem contraproducentes: qualquer uma delas faz aumentar a taxa de erro. O sistema avalia que aprendeu tudo o que podia. Fica cego à existência de configurações muito melhores, que podem estar a apenas alguns passos no espaço paramétrico. O algoritmo gradiente declive não os "vê" porque se recusa a subir a curvatura para voltar a descer do outro lado. Com vista curta, ele se arrisca somente até uma pequena distância de seu ponto de partida, e com isso pode deixar escapar configurações melhores, mas distantes.

O problema parece abstrato a vocês? Pensem numa situação concreta. Vocês vão às compras num mercado de gêneros alimentícios e ficam procurando por algum tempo os produtos mais baratos. Percorrem um corredor, não param no primeiro vendedor (que parece careiro demais), evitam o segundo (que é também muito careiro) e finalmente param na terceira banca, que parece mais barata do que as duas anteriores. Mas quem poderia afirmar que, além do próximo corredor, ou mesmo na próxima cidade, os preços não seriam mais tentadores? Fixar-se no melhor preço *local* não garante que será encontrado o mínimo *global*.

Defrontados frequentemente com essa dificuldade, os cientistas da computação usam uma bateria de truques. A maioria consiste em introduzir uma pequena dose de aleatoriedade na busca pelos melhores parâmetros. A ideia é simples: em vez de procurar somente num corredor do mercado, dê uns passos ao acaso; e em vez de deixar que a bola de golfe desça rolando suavemente pelo declive, dê-lhe um bom tranco, reduzindo a chance de que fique presa num buraco. Às vezes, os algoritmos de busca casual usam uma configuração distante e parcialmente aleatória, de modo que se houver melhor solução ao alcance possam encontrá-la. Na prática, as maneiras de introduzir algum grau de casualidade são muitas: configurar ou atualizar os parâmetros ao acaso, diversificar a ordem dos exemplos ou utilizar só uma fração randômica das conexões – todas essas ideias reforçam a robustez do aprendizado.

Alguns algoritmos de aprendizado de máquina também tiram sua inspiração do algoritmo darwiniano que governa a evolução das espécies: na fase de otimização do parâmetro, introduzem mutações e cruzamentos aleatórios de soluções previamente descobertas. Como em biologia, a taxa dessas mutações precisa ser controlada com cuidado, a fim de explorar novas soluções sem gastar tempo demais em tentativas arriscadas.

Um outro algoritmo se inspira nas forjas dos ferreiros, nas quais os artesãos aprenderam a otimizar as propriedades do metal pelo processo da "têmpera". Aplicado quando se quer forjar uma espada excepcionalmente resistente, o método da têmpera consiste em aquecer o metal várias vezes, em temperaturas gradativamente mais baixas, para aumentar a chance de os átomos se disporem por si mesmos numa configuração ideal. Esse processo foi agora transferido para a ciência da computação: o algoritmo que simula a têmpera introduz mudanças aleatórias nos parâmetros, mas com uma "temperatura" virtual que decresce gradualmente. A probabilidade de ocorrer um evento ao acaso é alta no início, mas decresce constantemente até o sistema ser congelado numa configuração ótima.

Os cientistas da computação descobriram que todos esses truques são notavelmente eficazes – portanto não deveria surpreender se, ao longo da evolução, alguns deles tivessem sido interiorizados no nosso cérebro. Tanto a exploração aleatória quanto a curiosidade randomizada e os disparos neuronais barulhentos desempenham um papel essencial no aprendizado do *Homo sapiens*. Quer estejamos brincando de "pedra, papel e tesoura", improvisando um tema de jazz ou explorando as soluções possíveis para um problema de matemática, a aleatoriedade é um ingrediente essencial da solução. Como veremos, sempre que as crianças entram no modo-aprendizagem – ou seja, sempre que estão brincando – exploram dúzias de possibilidades com uma boa dose de aleatoriedade. E, durante a noite, seus cérebros continuam a fazer malabarismos com ideias, até esbarrar numa que explica melhor aquilo que vivenciaram durante o dia. Na terceira seção deste livro, voltaremos a falar sobre o algoritmo semialeatório que governa a extraordinária curiosidade das crianças... e dos raros adultos que conseguiram preservar uma mente infantil.

APRENDER É OTIMIZAR A FUNÇÃO DE RECOMPENSA

Estão lembrados do sistema LeNet, de LeCun, que reconhece a forma dos números? Para aprender, esse tipo de rede neural artificial precisa ser alimentado com as respostas corretas. Para cada imagem-*input*, precisa saber a qual dos dez possíveis algarismos ela corresponde. A rede só pode autocorrigir-se calculando a diferença entre sua própria resposta e a resposta correta. Esse procedimento é conhecido como "aprendizado supervisionado": um supervisor, que não pertence ao sistema, conhece a solução e tenta ensiná-la à máquina. Isso é eficaz, mas essa situação, na qual a resposta correta é conhecida de antemão, é bastante rara. Quando a criança aprende a caminhar, ninguém lhe diz exatamente quais músculos precisa contrair – a criança é simplesmente incentivada, repetidamente, até parar de cair. A criança aprende com base somente na avaliação do resultado: eu caí ou, ao contrário, finalmente eu consegui atravessar o quarto caminhando.

A inteligência artificial defronta-se com o mesmo problema do "aprendizado não supervisionado". Quando a máquina aprende a jogar um *videogame*, por exemplo, a única coisa que lhe dizem é que precisa conseguir a maior pontuação possível. Ninguém lhe diz de antemão que ações específicas têm que ser adotadas para alcançar esse objetivo. Como pode a máquina achar rapidamente, por si só, o caminho certo para lidar com isso?

Os cientistas responderam a esse desafio inventando o "aprendizado por reforço", no qual não damos ao sistema indicadores do que precisa fazer (isso ninguém sabe!), mas somente uma "recompensa", uma avaliação na forma de pontuação quantitativa.[5] Para piorar, a máquina pode receber a pontuação depois de um longo tempo, bem depois das ações decisivas que levaram a ela. Esse aprendizado por reforço adiado é o princípio da máquina capaz de jogar xadrez, damas e Go, criada pela companhia DeepMind, uma subsidiária do Google. O problema é colossal, por uma razão simples: o sistema recebe um único sinal de recompensa, indicando se o jogo foi ganho ou perdido. Durante o próprio jogo, o sistema não recebe *feedback* nenhum – somente o xeque-mate final é que conta. Como pode, então, o sistema adivinhar o que é preciso fazer a cada momento? E depois que o resultado final é conhecido, como pode a máquina avaliar retrospectivamente suas próprias decisões?

O truque encontrado pelos cientistas da computação consiste em programar a máquina para fazer duas coisas ao mesmo tempo: agir e autoavaliar-se. Uma parte do sistema, chamada "O Crítico", aprende a predizer o escore final. O objetivo desta rede de neurônios artificiais é avaliar, com a maior precisão possível, a situação no jogo, de modo a predizer a recompensa final: estou ganhando ou perdendo? Meu equilíbrio é estável ou estou prestes a cair? Graças a essa crítica, que emerge numa das duas partes da máquina, o sistema consegue avaliar as próprias ações a cada momento e não apenas no final. A outra metade da máquina, o "agente", pode então usar essa avaliação e corrigir-se: Peraí! É melhor eu evitar esta ou aquela ação, porque "O Crítico" acha que eu poderia estar aumentando minhas chances de perder.

Tentativa após tentativa, o ator e o crítico avançam juntos: o primeiro aprende a agir sabiamente, voltando-se para as ações mais eficazes, enquanto o segundo aprende a avaliar as consequências desses atos de maneira cada vez mais exata. No final, diferentemente do célebre sujeito que está caindo de um arranha-céu e exclama "Até aqui, tudo bem", a rede ator-crítico se torna dona de uma presciência notável: a capacidade de predizer, nos vastos mares dos jogos ainda-não-perdidos, aqueles que têm chance de ser ganhos e aqueles que só levarão ao desastre.

A estratégia que combina um ator e um crítico é uma das mais eficazes da inteligência artificial atual. Quando essa estratégia ganha o apoio de uma rede neural hierárquica, realiza prodígios. Já em 1980, ela possibilitou a uma rede neural a vitória na copa do mundo de gamão. Mais recentemente, permitiu que a DeepMind criasse uma rede neural multifuncional capaz de aprender a jogar todos os *video-games* do tipo *Super Mario* e *Tetris*.[6] Basta dar a esse sistema os pixels da imagem como *input*, as ações possíveis como *output* e o resultado da partida como função de recompensa. A máquina aprende todo o resto. Quando joga *Tetris*, descobre que a imagem da tela é composta por formas, que a forma que representa uma queda é mais importante que as demais, que as várias ações podem mudar de orientação e posição, e assim por diante – chegando ao ponto de a máquina se transformar num jogador artificial de eficiência formidável. E quando joga *Super Mario*, a mudança nos *inputs* e recompensas lhe ensina a prestar atenção em configurações totalmente diferentes: quais são os pixels que formam o corpo de Mário, como ele se movimenta, onde estão seus inimigos, as formas das paredes, as armadilhas, os bônus... e como agir diante de cada um deles. Ajustando seus parâmetros, isto é, os milhões de conexões que ligam as camadas entre si, uma única rede consegue adaptar-se a jogos de todo tipo, e reconhecer a forma de *Tetris*, *Pac-Man* ou *Sonic the Hedgehog*.

Qual é o interesse em ensinar uma máquina a jogar *videogames*? Os engenheiros da DeepMind usaram o que aprenderam com o jogo dos *games* para resolver, dois anos depois, um problema econômico de interesse vital: como o Google poderia otimizar o gerenciamento dos servidores de seus computadores? A rede neural artificial ficou sendo a mesma, só mudaram os *inputs* (data, tempo, condições atmosféricas, eventos internacionais, pedidos de buscas, número das pessoas conectadas com cada servidor etc.), os *outputs* (o fato de estar este ou aquele servidor ligado ou desligado nos vários continentes) e a função de recompensa (gastar menos energia). O resultado foi uma queda instantânea no consumo de energia. O Google reduziu sua conta de energia em até 40% e poupou dezenas de milhões de dólares – isso depois que uma legião de engenheiros especializados já havia tentado otimizar precisamente esses mesmos servidores. A inteligência artificial alcançou realmente níveis de sucesso que podem virar indústrias inteiras de pernas para o ar.

A DeepMind conseguiu realizações ainda mais extraordinárias. É sabido que seu programa AlphaGo conseguiu derrotar Lee Sedor, 18 vezes campeão mundial no jogo de Go, considerado até recentemente o Everest da inteligência artificial.[7] Esse jogo se joga sobre um grande tabuleiro quadrado (um *goban*) com 19 posições de cada lado e um total de 361 lugares em que podem ser colocadas peças brancas e pretas. O número de combinações é tão grande que é estritamente impossível explorar sistematicamente todas as jogadas futuras disponíveis para cada jogador. Ainda assim, o aprendizado por reforço permitiu ao software AlphaGo identificar as combinações favoráveis e desfavoráveis melhor do que qualquer jogador humano. Um dos muitos truques consistiu em fazer com que o sistema jogasse contra si próprio, exatamente como o jogador de xadrez que treina jogando ao mesmo tempo com as peças brancas e pretas. A ideia é simples: ao final de cada partida, o software vencedor fortalece suas ações, ao passo que o perdedor as enfraquece – mas ambos também aprenderam a avaliar melhor suas jogadas.

São hilárias as doidas tentativas do Barão de Munchausen, em suas fabulosas *Aventuras*, de alçar voo puxando as alças de suas botas. Na inteligência artificial, porém, o método maluco de Munchausen deu origem a uma estratégia bastante sofisticada chamada não por acaso de *"bootstrapping"** – ou seja, aos poucos, começando por uma arquitetura inexpressiva, uma rede neural pode converter-se num campeão mundial simplesmente jogando contra si mesma.

Essa ideia de aumentar a velocidade da aprendizagem permitindo que duas redes colaborem – ou, ao contrário, que compitam entre si – continua levando a grandes avanços na inteligência artificial. Uma das ideias mais recentes, chamada de "aprendizagem contraditória"[8] consiste em treinar dois sistemas que se opõem: um deles aprende a tornar-se um perito (digamos, em pinturas de Van Gogh) e o outro tem por objetivo fazer o primeiro sistema fracassar (aprendendo a se tornar um brilhante forjador de falsos Van Gogh). O primeiro sistema recebe um bônus sempre que identifica corretamente um quadro autêntico de Van Gogh, ao passo que o segundo é premiado sempre que consegue enganar o olhar especializado do outro. Esse algoritmo de aprendizado contraditório produz não uma, mas duas inteligências artificiais: uma autoridade mundial em Van Gogh, ligada nos menores detalhes que permitem autenticar uma pintura verdadeira do mestre, e um falsificador genial, capaz de produzir quadros que podem enganar os melhores especialistas. É possível comparar esse tipo de treinamento à preparação para um debate de candidatos à presidência: um candidato pode aprimorar seu treinamento contratando alguém que imitará as melhores intervenções de seu concorrente.

Seria possível aplicar essa abordagem a um cérebro humano? Nossos dois hemisférios e numerosos núcleos subcorticais também abrigam uma coleção completa de especialistas que brigam entre si, coordenam-se e e se avaliam reciprocamente. Algumas das áreas

---

* N.T.: *Bootstrap* era o nome da tira de couro que ficava na parte de trás das botas e ajudava a calçá-las e a pendurá-las. Ninguém voa quando puxa a si mesmo por essas tiras de couro, como fez na história o Barão de Munchausen. Mas o episódio foi lembrado a propósito de uma operação da inteligência artificial que tinha parecido impossível. A palavra *bootstrapping* é de uso corrente no Brasil entre os estudiosos da inteligência artificial.

aprendem a simular aquilo que outras estão fazendo; elas nos permitem antever e imaginar os resultados de nossas ações, às vezes com um realismo digno dos melhores falsificadores: nossa memória e nossa imaginação nos permitem ver a enseada onde nadamos no último verão, ou a maçaneta da porta que empunhamos no escuro. Algumas áreas aprendem a criticar outras: avaliam constantemente nossas capacidades e predizem as recompensas e as punições que estamos sujeitos a receber. São essas áreas que nos levam a agir ou a ficar calados. Também notamos que o metaconhecimento – a capacidade de nos conhecer, de nos autoavaliarmos, de simular mentalmente aquilo que aconteceria se agíssemos deste ou daquele modo – tem um papel fundamental na aprendizagem humana. As opiniões que formamos a nosso respeito nos ajudam a progredir ou, em certos casos, nos fecham num círculo vicioso de fracassos. Portanto, não é descabido pensar no cérebro como uma coleção de especialistas que colaboram e competem.

APRENDER É RESTRINGIR O ESPAÇO DE BUSCA

A inteligência artificial contemporânea encara mais um problema grave. Quanto maior é o número de parâmetros de seu modelo interior, mais difícil é encontrar a melhor maneira de ajustá-lo. E nas redes neurais atuais o espaço de busca é imenso. Portanto, os cientistas da computação precisam lidar com uma exploração combinatória de grandes proporções: em cada estágio há milhões de escolhas disponíveis, e suas combinações são tão vastas que é impossível explorá-las todas. Por conseguinte, o aprendizado é às vezes demasiado lento: são necessários milhões de tentativas para mover o sistema na direção correta nesse imenso cenário de possibilidades. E os dados, por mais abundantes que sejam, tornam-se insuficientes relativamente ao tamanho gigantesco desse espaço. Esse problema é chamado "maldição da dimensionalidade" – aprender pode ficar muito difícil quando você tem milhões de alavancas para puxar.

O imenso número de parâmetros que as redes neurais possuem leva frequentemente a um segundo obstáculo, que é chamado "sobre-ajuste" ou "sobreaprendizado": o sistema tem tantos graus de liberdade que acha mais fácil memorizar todos os detalhes do que identificar uma regra mais geral que possa explicá-los.

É famosa esta frase de John von Neumann (1903-1957), pai da ciência da computação: "Com quatro parâmetros, posso enquadrar um elefante, e com cinco fazê-lo sacudir a tromba". O que queria dizer com isso é que ter muitos parâmetros livres pode ser uma maldição: é muito fácil "sobreajustar" quaisquer dados simplesmente memorizando todos os detalhes, mas isso não garante que o sistema resultante captará algo que seja significativo. Você pode definir o perfil do paquiderme sem compreender absolutamente nada de profundo sobre os elefantes enquanto espécie. Ter um número excessivo de parâmetros livres pode ser prejudicial para a abstração. Embora o sistema aprenda rápido, ele é incapaz de generalizar perante situações novas. No entanto, essa capacidade de generalizar é a chave da aprendizagem. Qual a relevância de uma máquina reconhecer uma imagem que já viu ou ganhar uma partida de Go que já jogou? Obviamente, o objetivo real é reconhecer qualquer imagem, ou ganhar de qualquer adversário, em circunstâncias conhecidas ou desconhecidas.

Novamente, cientistas da computação estão investigando várias soluções para esses problemas. Uma das intervenções mais eficazes, capaz de acelerar o aprendizado e melhorar a generalização, é simplificar o modelo. Quando se minimiza o número de parâmetros a serem ajustados, o sistema pode ser forçado a encontrar uma solução mais geral. Essa é a intuição-chave que levou LeCun a inventar as *redes neurais convolucionais*, um dispositivo de aprendizagem artificial que se tornou onipresente no campo do reconhecimento de imagens.[9] A ideia é simples: para reconhecer os itens de uma imagem você precisa praticamente fazer o mesmo trabalho em todos os lugares. Numa foto, por exemplo, os rostos podem aparecer em qualquer lugar. Para reconhecê-los, é preciso aplicar o mesmo algoritmo a cada parte da foto (procurando, por exemplo, um oval, um par de olhos etc.). Não é necessário aprender um modelo diferente em cada ponto da retina; aquilo que foi aprendido num lugar pode ser usado de novo em qualquer outro.

No decorrer do aprendizado, as redes neurais convolucionais de LeCun aplicam tudo que aprendem em uma dada região à rede inteira, em todos os níveis e em escalas cada vez mais amplas. Assim, elas têm de aprender um número de parâmetros muito menor: de modo geral, o sistema precisa sintonizar um único filtro, que aplicará por toda parte, e não uma profusão de conexões diferentes para cada localização na imagem. Esse truque simples melhora o desempenho, especialmente a generalização para novas imagens. A razão é simples: o algoritmo que roda a respeito de uma nova imagem se beneficia da imensa experiência adquirida em cada ponto de cada foto que ele já viu. Também acelera o aprendizado, porque a máquina explora somente um subconjunto de modelos de visão. Antes do aprendizado, ele já sabe algo importante sobre o mundo: que o mesmo objeto pode aparecer em qualquer lugar na imagem.

Esse truque se aplica de maneira generalizada a muitos outros domínios. Para reconhecer a fala, por exemplo, é preciso abstrair as especificidades da voz do falante. Isso é feito forçando uma rede neural a usar as mesmas conexões em diferentes faixas de frequência, seja a voz baixa ou alta. Reduzir o número dos parâmetros que precisam ser ajustados leva a maiores velocidades e a uma melhor generalização para novas vozes: a vantagem é dupla, e é assim que os smartphones são capazes de responder a nossas vozes.

APRENDER É PROJETAR HIPÓTESES *A PRIORI*

A estratégia de Yann LeCun é um bom exemplo de uma noção mais geral: a de exploração do conhecimento inato. As redes neurais convolucionais aprendem melhor e mais depressa do que outros tipos de redes neurais porque não aprendem qualquer coisa. Incorporam, no âmago de sua arquitetura, uma hipótese de peso: aquilo que se aprende num lugar pode ser generalizado por toda parte.

O principal problema com o reconhecimento da imagem é sua invariância: tenho de reconhecer um objeto, qualquer que seja sua posição e tamanho, mesmo que se mova para a direita ou esquerda, mais depressa ou devagar. Isso é um desafio, mas também uma forte restrição: posso contar com os mesmos indícios para reconhecer uma face em qualquer lugar. Replicando os mesmos algoritmos por toda parte, as redes convolucionais tiram proveito eficazmente dessa restrição: elas a integram na própria estrutura. Por uma condição inata, antes de qualquer aprendizado, o sistema já "conhece" essa propriedade crucial do mundo visual. Não aprende a invariância; a assume *a priori* e a usa para reduzir o espaço de aprendizado – muito engenhoso!

A moral disso é que o inato e o aprendido* não deveriam ser contrapostos. Uma aprendizagem pura, sem quaisquer condicionamentos, simplesmente não existe. Qualquer algoritmo de aprendizagem contém, de um modo ou de outro, um conjunto de pressupostos sobre o domínio a ser aprendido. Em vez de tentar aprender tudo partindo de zero, é muito mais eficaz apoiar-se em pressupostos prévios que traçam claramente as leis básicas do domínio a ser explorado e integram essas leis na própria arquitetura do sistema. Quanto mais pressupostos inatos houver, mais fácil será o aprendizado (com a condição, é claro, de que esses pressupostos sejam corretos!). Isso é universalmente verdadeiro. Seria errado, por exemplo, pensar que

---

* N.T.: As palavras originais são *nature* e *nurture*, que se opõem pelo sentido e rimam entre si. *Aculturação* seria uma boa tradução para *nurture*, nos vários contextos em que aparece neste livro (particularmente o título do capítulo "O aporte da cultura"), mas tem o defeito de não respeitar a rima. Em vista disso, optei pelo par *inato* vs. *aprendido* (ou *adquirido*) que traduz bem a oposição, combinando palavras que são antigos particípios passados.

o software AlphaGoZero, que se autotreinou em Go jogando contra si mesmo, começou do nada: sua representação inicial incluía entre outras coisas, o conhecimento da topografia e das simetrias do jogo, que dividia o espaço de busca por um fator de oito.

Nosso cérebro também é moldado com pressupostos de todo tipo. Em breve, veremos que, ao nascer, os cérebros dos bebês já estão organizados e bem informados. Eles sabem, implicitamente, que o mundo é feito de coisas que se movem somente quando são empurradas, sem nunca interpenetrar-se (tratando-se de objetos sólidos) – e também que ele contém entidades muito estranhas que falam e se movem por si mesmas (as pessoas). Não há necessidade de aprender essas leis, porque elas existem em todo lugar em que vivem seres humanos e nosso genoma as instala no cérebro, forçando e acelerando assim o aprendizado. Os bebês não precisam aprender tudo sobre o mundo: seus cérebros estão cheios de condicionamentos inatos, e somente os parâmetros específicos que variam de maneira imprevisível (como a forma do rosto, a cor dos olhos, o tom de voz e as preferências individuais das pessoas que os cercam) precisam ser aprendidos.

Mais uma vez, o inato e o aprendido não precisam ser contrapostos. Se o cérebro do bebê sabe a diferença entre as pessoas e os objetos inanimados, é porque, em certo sentido, aprendeu essa diferença – não em seus poucos dias de vida, mas no decorrer de milhões de anos da evolução. A seleção darwiniana é, com efeito, um algoritmo de aprendizagem – um programa incrivelmente poderoso que foi rodando por centenas de milhões de anos, em paralelo, através de bilhões de máquinas de aprender (toda criatura que já viveu).[10] Somos os herdeiros de uma insondável sabedoria. Através do ensaio e erro darwiniano, nosso genoma internalizou o conhecimento das gerações que nos precederam. Esse conhecimento inato diverge dos fatos específicos que aprendemos durante a vida: é muito mais abstrato, porque afeta nossas redes neurais para respeitar as leis fundamentais da natureza.

Em síntese, durante a gravidez, nossos genes gravam uma arquitetura de cérebro que guia e acelera o aprendizado posterior, impondo restrições ao tamanho do espaço explorado. No jargão da ciência computacional, pode-se dizer que os genes traçam os "hiperparâmetros" do cérebro: as variáveis de nível superior que especificam o número de camadas, os tipos de neurônios, a forma geral de suas interconexões, se estas são duplicadas em todos os pontos da retina, e assim por diante. Como muitas dessas variáveis se encontram armazenadas em nosso genoma, não precisamos mais aprendê-las: nossa espécie as interiorizou à medida que evoluiu.

Nosso cérebro, portanto, não está simplesmente sujeito a *inputs* sensoriais. Desde o início, possui um conjunto de hipóteses abstratas, uma sabedoria acumulada decorrente e peneirada pela evolução darwiniana, que agora ele projeta sobre o mundo exterior. Nem todos os cientistas concordam com essa ideia, que para mim é indiscutível: a filosofia empirista ingênua que subjaz a muitas das redes neurais artificiais de hoje é equivocada. É falso afirmar que nascemos com circuitos totalmente desorganizados e destituídos de qualquer conhecimento, que receberão mais tarde a marca do ambiente. A aprendizagem, tanto no homem como na máquina, sempre parte de um conjunto de hipóteses *a priori*, que são projetadas sobre os dados recebidos e conduz o sistema a selecionar as mais adequadas às circunstâncias. Como Jean-Pierre Changeux afirmou em seu *best-seller Neuronal Man* (1985), "Aprender é eliminar".

Por que nosso cérebro aprende melhor do que as máquinas atuais

Os inúmeros progressos da inteligência artificial nos últimos tempos poderiam sugerir que conseguimos, finalmente, copiar e mesmo superar a inteligência e o aprendizado humanos. A crer em certos autoproclamados profetas, as máquinas estão quase nos ultrapassando. Nada poderia ser mais falso. Com efeito, a maioria dos cientistas cognitivistas, embora admirem os recentes avanços das redes neurais artificiais, estão muito conscientes de que essas máquinas continuam altamente limitadas. Na realidade, a maior parte das redes neurais artificiais implementam somente operações que nosso cérebro realiza inconscientemente, em poucos décimos de segundos, quando percebe, reconhece e categoriza uma imagem, acessando seu significado.[1] Mas nosso cérebro vai muito além disso: é capaz de explorar a imagem consciente e cuidadosamente, passo a passo, por vários segundos. E formula representações simbólicas e teorias explícitas sobre o mundo que podemos compartilhar com os outros por intermédio da linguagem.

Operações dessa natureza – demoradas, ponderadas, simbólicas – continuam sendo (por enquanto) o privilégio exclusivo de nossa espécie. Os algoritmos atuais de aprendizado por máquina as capturam precariamente. Embora tenha havido um progresso constante nos campos da tradução automática e do raciocínio lógico, uma crítica corrente às redes neurais artificiais é que elas visam a aprender tudo no mesmo nível, como se qualquer problema fosse uma questão de classificação automática. Para quem só tem um martelo, tudo se parece com um prego. Mas nosso cérebro é muito mais flexível. Dá conta rapidamente de estabelecer prioridades entre as informações e, sempre que possível, extrair princípios gerais, lógicos e explícitos.

O QUE ESTÁ FORA DO ALCANCE DA INTELIGÊNCIA ARTIFICIAL?

É interessante tentar esclarecer o que ainda está faltando à inteligência artificial, porque é um modo de identificar o que, na capacidade de aprender, é exclusivo de nossa espécie. Aqui vai uma lista breve e provavelmente ainda incompleta das funções que até mesmo um bebê possui e que faltam aos sistemas artificiais correntes:

> **Aprender conceitos abstratos**. A maioria das redes neurais artificiais capturam somente os primeiríssimos estágios do processamento da informação – aqueles que, em menos de um quinto de segundo, analisam uma imagem nas áreas visuais de nosso cérebro. Os algoritmos profundos de aprendizado estão longe de ser tão profundos como as pessoas dizem. De acordo com Yoshua Bengio, um dos inventores dos algoritmos de aprendizado profundo, eles tendem, na realidade, a apreender regularidades estatísticas superficiais dos dados, e não conceitos abstratos de alto nível.[2] Por exemplo, para reconhecer um objeto, esses algoritmos se baseiam muitas vezes, na presença de uns poucos traços superficiais na imagem, tais como certa cor ou forma. Mudando esses detalhes, o desempenho

cai: as redes neurais convolucionais de hoje são incapazes de reconhecer a essência de um objeto; têm dificuldade para compreender que uma cadeira continua sendo uma cadeira, quer tenha quatro pernas ou somente uma, e seja feita de vidro, metal ou plástico inflável. Essa inclinação para se deter em traços superficiais sujeita as redes a cometer erros enormes. Há toda uma literatura sobre como tapear uma rede neural: tome-se uma banana e modifiquem-se uns tantos pixels ou cole-se nela uma determinada etiqueta, e a rede neural pensará que se trata de uma torradeira!

A bem da verdade, quando você faz piscar uma imagem diante de uma pessoa por uma fração de segundo, essa pessoa poderá cometer os mesmos tipos de erros que a máquina e enxergar um cachorro onde havia um gato.[3] Todavia, se houver um pouco mais de tempo, a pessoa corrigirá o erro. À diferença dos computadores, somos capazes de questionar nossas crenças e recolocar em foco os aspectos de uma imagem que não batem com nossa primeira impressão. A segunda análise, consciente e inteligente, mobiliza nossas capacidades gerais de raciocínio e abstração. As redes neurais artificiais negligenciam um ponto essencial: no humano, o aprendizado não se limita a configurar um filtro de reconhecimento de padrões; forma modelos abstratos do mundo. Quando aprendemos a ler, por exemplo, adquirimos um conceito abstrato de cada letra do alfabeto, e isso nos permite reconhecê-la em todos os seus disfarces e também gerar novas versões:

$$A\ A\ A\ A\ A\ A\ A\ A\ A\ A$$

O cientista cognitivo Douglas Hofstadter disse certa vez que o verdadeiro desafio da inteligência artificial era reconhecer a letra A! Claro que esse gracejo era exagerado, mas era ainda assim profundo: mesmo nesse contexto absolutamente banal, os seres humanos mostram ter um dom inigualável para a abstração. Esse fato está na base de uma situação engraçada que acontece repetidamente no dia a dia com o CAPTCHA, a pequena sequência de letras que alguns sites da internet pedem que você reconheça para provar que você é um ser humano e não um robô. Durante anos, os CAPTCHAs resistiram às máquinas. Mas a ciência da computação está avançando rapidamente: em 2017, um sistema artificial conseguiu reconhecer os CAPTCHAs num nível quase igual ao dos seres humanos.[4] Como seria de esperar, esse sistema imita o cérebro humano em vários aspectos. Num autêntico *tour de force*, procura extrair o esqueleto de cada letra, a essência interior da letra A, e usa todos os recursos do raciocínio estatístico para verificar se essa ideia abstrata se aplica à imagem em foco. Mas esse algoritmo computacional, por mais requintado que seja, se aplica somente a CAPTCHAs. Nossos cérebros aplicam a capacidade de abstração a todos os aspectos de nossa vida diária.

Aprendizagem eficiente com respeito aos dados. Todos concordam que as redes neurais de hoje aprendem com uma lentidão excessiva: elas precisam de milhares, milhões e mesmo bilhões de pontos sobre os dados para desenvolver uma intuição para um domínio. Temos, inclusive, evidências experimentais dessa morosidade. Por exemplo, são necessárias não menos de novecentas horas de execução para a rede projetada pela DeepMind chegar a um nível razoável num console Atari – ao passo que um ser humano alcança o mesmo nível em duas horas![5] Um outro exemplo é a aquisição da linguagem. O psicolinguista Emmanuel Dupoux avalia que, na maioria das famílias francesas, as crianças ouvem aproximadamente entre quinhentas e mil horas de fala por ano, o que é mais do que suficiente para adquirir o *patois* de Descartes, incluídas algumas excentricidades como *soixante-douze* ou *s'il vous plaît*.* Todavia, entre os tsimane, um povo indígena da Amazônia boliviana, as crianças ouvem somente sessenta horas de fala por ano – e, surpreendentemente, essa experiência limitada não as impede de se tornarem falantes provectos da língua tsimane. Em comparação, os melhores sistemas de computadores de que dispõem hoje a Apple, a

---

* N.T.: Em francês a palavra *patois* indica a fala não muito prestigiosa de uma região limitada e possivelmente atrasada. Descartes escrevia em francês, e chamar sua língua de *patois* é uma irreverência intencional. Quanto às expressões *soixante-douze* e *s'il vous plaît* traduzem, respectivamente "setenta e dois" (literalmente "sessenta +doze") e "por favor" (literalmente: "se isso lhe(s) agrada").

Google e a Baidu exigem entre vinte e mil vezes mais dados para alcançar um mínimo de competência linguística. No campo do aprendizado, a eficiência do cérebro humano continua insuperável: as máquinas têm fome de dados, mas os seres humanos têm eficiência com eles. O aprendizado, em nossa espécie, faz o máximo com a menor quantidade de dados.

Aprendizado social. Nossa espécie é a única que compartilha informações por iniciativa própria: aprendemos uma quantidade de coisas de nossos semelhantes humanos através da linguagem. Essa capacidade continua fora do alcance das redes neurais atualmente disponíveis. Nesses modelos, o conhecimento fica encriptado, diluído nos valores de centenas de milhões de cargas sinápticas. Nessa forma implícita, o conhecimento não pode ser extraído e compartilhado seletivamente com outros. Ao contrário, em nossos cérebros, a informação de mais alto nível, aquela que alcança nosso conhecimento consciente, pode ser declarada explicitamente aos outros. O conhecimento consciente chega pronto para ser relatado verbalmente: sempre que compreendemos alguma coisa num modo suficientemente claro, uma fórmula mental ressoa em nossa linguagem do pensamento, e nós podemos usar as palavras da língua para relatá-la. A extraordinária eficiência com que conseguimos compartilhar nosso conhecimento com os outros, usando um número mínimo de palavras ("Para chegar no mercado, vire à direita na ruazinha atrás da igreja"), continua inigualada, no mundo animal como no mundo dos computadores.

Aprendizado de prova única. Um caso extremo dessa eficiência é quando aprendemos uma coisa nova numa única tentativa. Se eu usar um verbo, por exemplo *purget**, mesmo que seja uma única vez, isso será suficiente para que você o use. Evidentemente, algumas redes neurais artificiais também são capazes de armazenar um episódio específico. Mas aquilo que as máquinas ainda não conseguem fazer bem, e que os seres humanos fazem

---

* N.T.: Trata-se de um verbo inventado.

maravilhosamente, é integrar a informação nova numa rede de conhecimentos preexistente. Você não só aprende de cor o novo verbo *purget*, como sabe imediatamente conjugá-lo e inseri-lo em outras sentenças: *Do you ever purget? I purgot it yesterday. Have you ever purgotten? Purgetting is a problem.* Quando digo "*Let's purget tomorrow*" você não só aprende uma palavra, mas também a insere num grande sistema de símbolos e regras: é um verbo cujos tempos passados são irregulares (*purgot, purgotten*) e cuja conjugação no presente é a típica desse tempo (*I purget, you purget, she purgets* etc.). Aprender é ser capaz de inserir os novos conhecimentos numa rede preexistente.

Sistematicidade e a linguagem do pensamento. As regras gramaticais são apenas um dos tantos exemplos de um talento particular de nosso cérebro: a capacidade de descobrir as leis gerais que há por trás de casos específicos. Seja na matemática, linguagem, ciência ou música, o cérebro humano dá conta de extrair princípios muito abstratos, regras sistemáticas que poderá reaplicar em muitos outros contextos. Veja-se por exemplo a aritmética: nossa capacidade de somar dois números é extremamente genérica – depois de aprender esse procedimento com números pequenos, podemos aplicá-lo sistematicamente a números de tamanho arbitrário. Melhor ainda: podemos tirar inferências de generalidade extraordinária. Muitas crianças, por volta dos 5 ou 6 anos, descobrem que cada número n tem um sucessor $n + 1$ e, portanto, que a sequência dos números inteiros é infinita – não existe um número maior de todos. Ainda lembro, com emoção, do momento em que tomei consciência disso – foi, na verdade, meu primeiro teorema matemático. Como são extraordinários os poderes da abstração! Como nosso cérebro, com seu número finito de neurônios, foi capaz de conceber a infinitude?

As redes neurais atuais não conseguem representar uma lei abstrata tão simples como "todo número tem um sucessor". As verdades absolutas não são sua especialidade. A sistematicidade,[6] isto é, a capacidade de generalizar usando uma regra simbólica em vez da semelhança superficial, ainda engana a maioria dos algoritmos disponíveis. Ironicamente, os assim chamados "algoritmos de aprendizado profundo" são quase incapazes de qualquer *insight* profundo.

Por outro lado, nosso cérebro parece ter uma capacidade fluente para conceber fórmulas numa espécie de linguagem mental. Por exemplo, pode expressar o conceito de conjunto infinito porque possui uma linguagem interna dotada de funções abstratas como a negação e a quantificação (infinito = *não* finito = além de *qualquer* número). O filósofo americano Jerry Fodor (1935-2017) teorizou sobre essa capacidade: ele postulou que nosso pensamento consiste em símbolos que se combinam de acordo com as regras sistemáticas de uma "linguagem do pensamento".[7] Essa linguagem deve seu poder a seu caráter recursivo: cada objeto que acaba de ser criado (por exemplo, o conceito de infinitude) pode ser reusado imediatamente em novas combinações, sem qualquer limite. Quantos infinitos existem? Essa é a pergunta aparentemente absurda que o matemático Georg Cantor (1845-1918) fez a si próprio e que o levou a formular a teoria dos números transfinitos. A capacidade de "fazer um uso infinito de meios finitos", de acordo com Wilhelm von Humboldt (1767-1835), caracteriza o pensamento humano.

Alguns modelos da ciência dos computadores tentam captar a aquisição de regras matemáticas abstratas pelas crianças – mas para fazê-lo precisam incorporar uma forma de aprendizado muito diferente, uma forma que envolve regras e gramáticas e consegue selecionar rapidamente as mais sucintas e plausíveis.[8] Nessa perspectiva, aprender se torna semelhante a programar: consiste em escolher a mais simples fórmula interna que bate com os dados, dentre todas as disponíveis na linguagem do pensamento.

As redes neurais de que dispomos hoje são amplamente incapazes de representar a variedade de frases abstratas, regras e teorias por meio das quais o *Homo sapiens* molda o mundo. Isso não é coincidência; há algo profundamente humano nisso, algo que não é encontrado nos cérebros das outras espécies de animais e que a neurociência contemporânea ainda não conseguiu configurar – um aspecto genuinamente específico de nossa espécie. Entre os primatas, nosso cérebro parece ser o único que representa conjuntos de símbolos que se combinam segundo uma sintaxe complexa e arborescente.[9] Meu laboratório, por exemplo, mostrou que o cérebro humano não consegue evitar de ouvir uma série de sons como *bip bip bip bop* sem propor imediatamente uma teoria sobre sua estrutura abstrata subjacente (três sons idênticos seguidos por um som diferente). Colocado na mesma situação, um macaco detecta uma série de quatro sons, percebe que o último é diferente, mas não parece ser capaz de juntar esses conhecimentos fragmentários numa única fórmula; constatamos isso quando examinamos a atividade mental dos macacos, e vemos circuitos diferentes ativar-se em relação a número e sequência, mas não encontramos nunca o padrão de atividade integrado que encontramos na área da linguagem humana conhecida como "área de Broca".[10]

Analogamente, são necessárias dezenas de milhares de tentativas até um macaco entender como inverter a ordem de uma sequência (de ABCD para DCBA), ao passo que para um humano de 4 anos, cinco tentativas bastam.[11] Mesmo um bebê de poucos meses já codifica o mundo exterior usando regras abstratas e sistemáticas – uma capacidade que falta por completo tanto às redes neurais artificiais, como às outras espécies de primatas.

Composição. Assim que aprendo, digamos, a somar dois números, essa habilidade torna-se parte integrante de meu repertório de talentos: torna-se imediatamente disponível para enfrentar todos os meus outros objetivos. Posso usá-la como sub-rotina numa dúzia de contextos diferentes, por exemplo, pagar a conta do restaurante, ou conferir minha declaração do imposto de renda. Sobretudo, posso recombiná-la com outras habilidades aprendidas – por exemplo, não tenho dificuldades em acompanhar um algoritmo que me pede para escolher um número, acrescentar dois e decidir se o resultado é maior ou menor que cinco.[12]

É surpreendente que as redes neurais hoje disponíveis ainda não apresentem essa flexibilidade. O conhecimento que aprenderam continua limitado a conexões escondidas, inacessíveis, e isso torna muito difícil o reaproveitamento em tarefas mais complexas. A capacidade de *compor* habilidades previamente aprendidas, isto é, de recombiná-las para resolver novos problemas, está fora do alcance desses modelos. A inteligência artificial atual resolve somente problemas extremamente limitados: o software AlphaGo, que é capaz de derrotar qualquer campeão humano de Go, é um especialista teimoso, incapaz de generalizar seus talentos para qualquer outro jogo que seja levemente diferente (incluindo o jogo Go jogado num tabuleiro de 15 por 15 casas, em vez do *goban* padrão de 19 por 19). Ao contrário, no cérebro humano, aprender significa quase sempre tornar o conhecimento explícito, de modo a ser reusado, recombinado e explicado a outras pessoas. Reencontramos aqui um aspecto específico do cérebro humano, ligado à linguagem, e que mostrou ser difícil de reproduzir em máquina. Já em 1637, em seu famoso *Discurso do método*, Descartes antecipou essa questão:

> Se houvesse máquinas que se assemelhassem a nossos corpos e imitassem nossas ações tanto quanto moralmente possível, nós sempre teríamos dois recursos seguros para reconhecer que elas não são genuinamente humanas. O primeiro é que não seriam capazes de usar a fala, ou outros sinais, compondo-os da forma como o fazemos para expressar nossos pensamentos a outras pessoas. Seria fácil imaginar uma máquina que formulasse palavras... só que ela não seria capaz de dispô-las de modos diferentes para responder aos significados de tudo que se disser em sua presença, como sabem fazer até mesmo seres humanos menos inteligentes. E o segundo é que, mesmo que fizessem muitas coisas tão bem como ou, quem sabe, melhor do que qualquer um de nós, fracassariam fatalmente em outras. Descobrir-se-ia, assim, que não agiram com base em conhecimento, mas meramente em decorrência da disposição de suas engrenagens. Porque, ao passo que a razão é um instrumento universal que pode ser usado em toda sorte de situações, essas engrenagens necessitam de uma disposição específica para cada ação particular.

A razão, o instrumento universal da mente... As capacidades mentais citadas por Descartes apontam para um segundo sistema de aprendizado, hierarquicamente superior ao anterior e baseado em regras e símbolos. Em seus estágios iniciais, nosso sistema visual se assemelha vagamente às redes neurais artificiais contemporâneas: aprende a filtrar imagens recebidas e reconhecer as configurações frequentes. Isso basta para reconhecer um rosto, uma palavra ou uma configuração do jogo de Go. Mas, em seguida, o estilo de processamento muda radicalmente: a aprendizagem começa a ficar parecida com o raciocínio, com uma inferência lógica que procura captar as regras de um domínio. Criar máquinas capazes de alcançar esse segundo nível de inteligência é um grande desafio para a pesquisa contemporânea em inteligência artificial. Examinemos dois elementos que definem aquilo que os seres humanos fazem quando aprendem nesse segundo nível, e que desafiam a maioria dos algoritmos correntes de aprendizado por máquina.

APRENDER É INFERIR A GRAMÁTICA DE UM DOMÍNIO

É característica própria da espécie humana uma busca incansável por regras abstratas, por conclusões de alto nível extraídas de situações específicas, e depois testadas em confronto com novas observações. Tentar formular essas leis abstratas pode ser uma estratégia de aprendizagem extraordinariamente poderosa, porque as leis mais abstratas são precisamente aquelas que se aplicam ao maior número de observações. Achar a lei adequada ou a regra lógica que dá conta de todos os dados disponíveis é o meio crucial para acelerar enormemente o aprendizado – e o cérebro humano é excepcionalmente bom nesse jogo.

Consideremos um exemplo: imaginem que eu mostro a vocês uma dúzia de caixas opacas, cheias de bolas de diferentes cores. Eu escolho uma caixa ao acaso, uma caixa da qual eu ainda não tirei nada. Mergulho minha mão na caixa e tiro uma bola verde. Vocês seriam capazes de deduzir alguma coisa a respeito dos conteúdos da caixa? De que cor será a próxima bola?

A primeira resposta que provavelmente vem à mente é: "Não tenho a menor ideia – você praticamente não me deu informação nenhuma; como eu poderia saber a cor da próxima bola?" Correto. Mas... imagine que, no passado, eu retirei algumas bolas das outras caixas, e você notou a seguinte regra: numa dada caixa, todas as bolas eram sempre da mesma cor. O problema se torna trivial. Quando eu mostro a você uma próxima caixa, basta a extração de uma única bola verde para deduzir que as outras bolas serão dessa mesma cor. Com essa regra geral na cabeça, torna-se possível aprender numa única tentativa.

Esse exemplo ilustra como o conhecimento de ordem superior, formulado naquele que é frequentemente chamado de "metanível", pode guiar um inteiro conjunto de observações de nível inferior. A metarregra abstrata de que "numa mesma caixa, todas as bolas são da mesma cor", depois de aprendida, acelera substancialmente o aprendizado. Claro, também pode resultar que uma metarregra seja falsa. Você ficará então fortemente surpreso (eu diria "metassurpreso") se a décima caixa explorada contiver bolas de todas as cores. Nesse caso, teria que revisar seu modelo mental e questionar a suposição de que todas as caixas são semelhantes. Talvez você propusesse uma hipótese de nível ainda mais alto – por exemplo, poderia supor que apareceram caixas de dois tipos, uma de uma única cor e a outra de várias cores, e assim precisaria fazer pelo menos duas retiradas por caixa antes de concluir o que quer que fosse. Em qualquer caso, formular uma hierarquia de regras abstratas pouparia a você um tempo de aprendizado precioso.

Nesse sentido, aprender significa dominar uma hierarquia implícita de regras e tentar inferir, o mais cedo possível, as mais gerais, aquelas que resumem toda uma série de observações. O cérebro humano parece aplicar esse princípio hierárquico desde a infância. Considere-se uma criança de 2 ou 3 anos que caminha num jardim e aprende uma palavra nova de seus pais, digamos a palavra *borboleta*. Em muitos casos, basta que a criança ouça a palavra uma ou duas vezes e, pronto, seu sentido estará memorizado. A velocidade desse tipo de aprendizado é espantosa. Ultrapassa a de qualquer sistema de inteligência artificial conhecido até hoje. Por que o problema é difícil? Porque qualquer enunciação de qualquer palavra não restringe completamente seu significado. A palavra *borboleta* é geralmente pronunciada enquanto a criança está imersa num contexto complexo, cheio de flores, árvores, pessoas e brinquedos; todos esses são candidatos potenciais a significado daquela palavra – para não falar de significados menos óbvios, já que todos os momentos que vivemos estão cheios de sons, cheiros, movimentos e ações, mas também de propriedades abstratas. Por tudo que sabemos, *borboleta* poderia significar cor, céu, movimento ou simetria. A existência de palavras abstratas torna esse problema ainda mais desconcertante. Como fazem as crianças para aprender os sentidos das palavras *pensar*, *acreditar*, *não*, *liberdade* e *morte*, se os referentes não podem ser observados ou vivenciados? Como fazem para compreender o que significa a palavra "eu", sendo que, cada vez que a ouvem, diferentes falantes estão conversando sobre... si mesmos?!

O rápido aprendizado das palavras abstratas é incompatível com a maneira ingênua de lidar com a palavra, presente tanto no condicionamento de Pavlov como na associação de Skinner. As redes neurais que tentam simplesmente correlacionar *inputs* e *outputs* ou imagens e palavras exigem milhares de tentativas antes de começar a entender que a palavra *borboleta* se refere àquele inseto colorido, lá, no canto da figura... e essa correlação superficial das palavras com figuras nunca descobrirá os sentidos das palavras que não têm uma referência fixa, como *nós*, *sempre* ou *cheiro*.

A aquisição de palavras põe um enorme desafio à ciência cognitiva. Todavia, sabemos que uma parte da explicação reside na capacidade da criança de formular representações não linguísticas, abstratas e lógicas. Mesmo antes de adquirir suas primeiras palavras, elas possuem uma espécie de linguagem do pensamento, no interior da qual são capazes de formular e testar hipóteses abstratas. Seus cérebros não são telas em branco, e o conhecimento inato que projetam sobre o mundo exterior pode restringir drasticamente o espaço abstrato em cujo interior aprendem. Além disso, as crianças aprendem rapidamente o significado das palavras porque escolhem entre várias hipóteses usando como guia um arsenal completo de regras de alto nível. Essas metarregras aceleram consideravelmente o aprendizado, exatamente como no problema das bolas coloridas nas várias caixas.

Uma dessas regras que facilitam a aquisição do vocabulário consiste em favorecer sempre a pressuposição mais simples e menos complicada, compatível com os dados. Por exemplo, quando um bebê ouve a mãe dizer "Olha o cachorro", em teoria, nada impediria que a palavra se referisse *àquele* cachorro em particular (Snoopy) – ou, inversamente, a qualquer mamífero, qualquer criatura de quatro patas, animal, ou ser vivo. Como é que a criança descobre qual é o verdadeiro significado de uma palavra, isto é, que "cachorro" significa todos os cachorros, mas somente cachorros e não outra coisa? Os experimentos sugerem que as crianças raciocinam logicamente, testando todas as hipóteses, mas ficando somente com a mais simples das que combinam com o que ouviram. Portanto, quando ouvem a palavra *Snoopy*, sempre a ouvem no contexto específico desse bicho de estimação, e o menor contexto compatível com essas observações fica limitado a esse cachorro particular. E na primeira vez que ouvem a palavra *cachorro*, num contexto específico, podem acreditar momentaneamente que a palavra se refere somente a um certo animal – mas assim que a ouvem duas vezes, em dois contextos diferentes, podem inferir que a palavra se refere a toda uma categoria. Um modelo matemático desse processo prediz que três ou quatro casos são suficientes para criar uma convergência em direção ao significado correto.[13] Essa é a inferência que as crianças fazem, mais rapidamente do que qualquer rede neural artificial hoje disponível.

Outros truques permitem que as crianças aprendam sua língua materna em tempo recorde, em comparação com os atuais sistemas de IA. Uma dessas metarregras expressa um truísmo: em geral, o falante dá mais atenção àquilo de que está falando. Assim que as crianças compreendem essa regra, podem restringir consideravelmente o espaço abstrato em que procuram o sentido: não precisam correlacionar cada palavra com todos os objetos presentes na cena visual, como o faria o computador, até obter dados suficientes para provar que, cada vez que ouvirem falar de borboletas, o pequeno inseto colorido estará presente. Tudo aquilo que a criança precisa fazer para inferir sobre o que a mãe está falando é seguir o olhar dela ou a direção de seu dedo: isso se chama "atenção compartilhada" e é um princípio fundamental da aquisição da linguagem.

Eis um experimento refinado: mostre a uma criança de 2 ou 3 anos um brinquedo novo e faça com que um adulto olhe para ele (o brinquedo), dizendo ao mesmo tempo "Oh! Um *wog*".* Uma única tentativa basta para a criança descobrir que *wog* é o nome desse objeto. Agora, reproduza a mesma situação, o adulto não diz nada, e a criança ouve "Oh! Um *wog*!" enunciado por um alto-falante preso no teto. A criança não aprende estritamente nada, porque não consegue decifrar as intenções do falante.[14] Os bebês só aprendem o significado de uma palavra nova se conseguem compreender a intenção da pessoa que a pronunciou. Essa capacidade também os habilita a adquirir um léxico de palavras abstratas: para fazer isso, precisam colocar-se no lugar do falante para compreender a que pensamento ou palavra o falante queria se referir.

---

* N.T.: *Wog* é a primeira de uma série de palavras inventadas que o autor usa neste capítulo para fins de argumentação. Outras palavras inventadas serão *glax* e *sirikid*. Essas palavras inventadas não foram traduzidas.

As crianças usam muitas outras metarregras para aprender palavras. Por exemplo, tiram proveito do contexto gramatical: quando alguém lhes diz "Olha a borboleta!", a presença da palavra *a*, que é um determinante, torna muito provável que a palavra seguinte seja um substantivo. Essa é uma metarregra que as crianças tiveram que aprender – obviamente, os bebês não nascem com um conhecimento inato de todos os artigos possíveis em qualquer língua. Mas a pesquisa tem mostrado que esse tipo de aprendizado acontece cedo: aos 12 meses, as crianças já gravaram os determinantes mais frequentes e outras palavras funcionais e os usam para orientar o aprendizado que vem depois.[15]

Elas conseguem fazer isso porque essas palavras gramaticais são muito frequentes e, quando aparecem, precedem quase invariavelmente um substantivo ou uma frase nominal. Embora possa parecer, o raciocínio não é circular: os bebês começam aprendendo seus primeiros substantivos, iniciando por itens extremamente familiares, como *prato* e *água,* por volta dos seis meses... em seguida notam que essas palavras costumam ser precedidas por certas partículas muito frequentes, os artigos *o* ou *a*... e daí deduzem que todas aquelas palavras provavelmente pertencem à mesma categoria, a do *substantivo*... e que fazem referência com frequência a coisas... uma metarregra que lhes permite, quando ouvem uma nova enunciação como "a borboleta", procurar em primeiro lugar um significado possível entre os objetos próximos, em vez de entender a palavra como um verbo ou um adjetivo. Assim, cada episódio de aprendizagem reforça essa regra, que, por sua vez, facilita a aprendizagem subsequente, num amplo movimento que se acelera a cada dia. Os psicólogos do desenvolvimento sabem que a criança confia na experimentação sintática: um algoritmo de aprendizado da linguagem de crianças consegue levantar voo gradualmente, por si só, tirando proveito de uma série de passos de inferência, pequenos mas sistemáticos.

No quadro há três tufas. Você consegue identificar as outras?

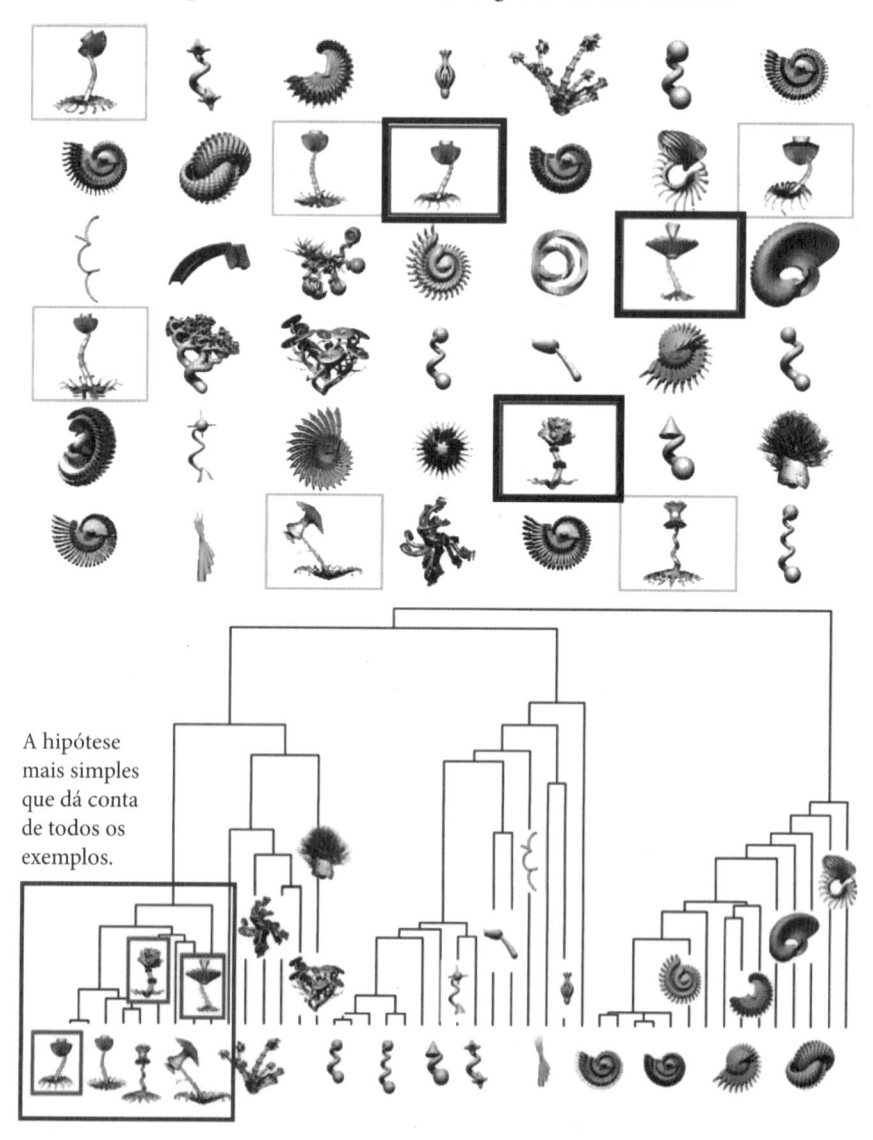

A hipótese mais simples que dá conta de todos os exemplos.

Aprender significa selecionar o modelo mais simples que combina com os dados. Suponha que eu mostre a você este cartão acima, e digo que os três objetos enquadrados por linhas grossas são "tufas". Com tão poucos dados, como você encontra as outras tufas? Seu cérebro faz um modelo de como essas formas foram geradas, uma árvore hierárquica de suas propriedades, e assim seleciona a menor ramificação da árvore que é compatível com todos os dados.

Há ainda uma outra metarregra que as crianças usam para acelerar o aprendizado de palavras. É chamada de "pressuposto da exclusividade mútua" e pode ser formulada sucintamente como "um nome para cada coisa". A lei diz basicamente que é improvável que duas palavras diferentes se refiram ao mesmo conceito. Uma palavra nova, portanto, se refere mais provavelmente a um novo objeto ou a uma nova ideia. Tendo em mente essa regra, quando ouvem uma palavra desconhecida, as crianças podem restringir sua busca de significados a coisas cujos nomes ainda não conhecem. E, na idade de 16 meses, as crianças usam esse truque de maneira muito astuta.[16] Façam a seguinte experiência: tomem duas tigelas, uma branca e outra de uma cor incomum, por exemplo verde-oliva, e digam à criança "Me dá a tigela *tawdy*." A criança dará a você a tigela que não é branca (uma palavra que ela já conhece) – aparentemente supõe que se você estivesse querendo falar da tigela branca, teria usado a palavra *branca*; portanto você deve estar se referindo à outra, a desconhecida. Semanas mais tarde, essa única experiência será suficiente para que a criança lembre dessa cor esquisita como "*tawdy*". Isso mostra, mais uma vez, como o domínio de uma metarregra pode acelerar consideravelmente o aprendizado. E é provável que essa metarregra também tenha sido aprendida. Com efeito, alguns experimentos indicam que as crianças de famílias bilíngues aplicam muito menos essa regra do que os bebês monolíngues.[17] Sua convivência com o bilinguismo faz com que descubram que seus pais *podem* usar palavras diferentes para dizer a mesma coisa. Ao contrário, as crianças monolíngues, confiam fortemente na regra da exclusividade. Constataram que quando se usa uma palavra nova, é provável que se queira que elas aprendam um objeto ou um conceito novo. Se você disser "Me dá o *glax*" em um ambiente cheio de objetos conhecidos, elas procurarão por toda parte por esse objeto misterioso ao qual você está se referindo – e nunca imaginarão que você possa estar se referindo a um dos tantos objetos conhecidos.

Todas essas metarregras ilustram a chamada "bênção da abstração": as metarregras mais abstratas são as coisas mais fáceis de aprender, porque cada palavra ouvida pela criança fornece evidências para elas. Assim, a regra gramatical "os nomes tendem a ser precedidos pelos artigos *o, a, os, as*" pode muito bem ser adquirida cedo e guiar a aquisição subsequente de um grande inventário de substantivos. Graças à bênção da abstração, por volta dos 2 ou 3 anos de idade, as crianças entram num período abençoado conhecido, muito adequadamente, como "período da explosão lexical", durante o qual aprendem diariamente e sem esforço entre 10 e 20 palavras novas, baseando-se unicamente em tênues pistas que ainda deixam para trás os melhores algoritmos do planeta.

A capacidade de usar metarregras parece demandar uma boa dose de inteligência. Isso a torna exclusiva da espécie humana? Não totalmente. Em algum grau, outros animais também são capazes de inferência abstrata. Veja-se o caso de Rico, um cachorro pastor alemão que foi treinado para trazer de volta uma variedade de objetos.[18] Tudo que você precisa fazer é dizer "Rico, vá buscar o dinossauro"... e o animal entra na sala de jogos e volta daí a alguns segundos com um dinossauro de pelúcia na boca. Os etologistas que o examinaram mostraram que Rico conhece cerca de 200 palavras. Mas a coisa mais extraordinária é que ele também usa o princípio de exclusividade mútua para aprender palavras novas. Se você lhe disser "Rico, vá buscar o *sikirid*" (uma palavra nova), ele sempre volta com um novo objeto, um objeto cujo nome ainda não conhece. Ele também usa metarregras como "um nome para cada coisa".

Os matemáticos e os cientistas da computação começaram a planejar algoritmos que permitam às máquinas aprender uma hierarquia de regras, metarregras e meta-metarregras, avançando até um nível arbitrário. Nesses algoritmos de aprendizagem hierarquizados, cada episódio de aprendizado restringe não só os parâmetros de nível inferior, mas também o conhecimento do nível mais alto, os hiperparâmetros abstratos que, por sua vez, influenciarão o aprendizado subsequente. Embora fiquem longe da eficiência extraordinária da aquisição da linguagem, esses sistemas alcançam um desempenho notável. Por exemplo, a Figura 4 do encarte em cores representa um algoritmo recente que atua como um cientista artificial que encontra o melhor modelo do mundo exterior.[19] Esse sistema possui um conjunto de primitivos abstratos, bem como uma gramática que permite que ele gere um número infinito de estruturas de alto nível, recombinando essas regras elementares. Por exemplo, ele é capaz de definir uma cadeia linear como um conjunto de pontos estreitamente conectados que é caracterizado pela regra "cada ponto tem dois vizinhos, um à esquerda e um à direita", e o sistema dá conta de descobrir, sozinho, que uma cadeia desse tipo é a melhor maneira de representar o conjunto dos números inteiros (uma linha que vai de zero ao infinito) ou os políticos (da ultradireita à extrema esquerda). Uma variante da mesma gramática produz uma árvore binária em que cada nó tem um pai e dois filhos. Essa estrutura arbórea é selecionada automaticamente quando se pede ao sistema que represente seres vivos – a máquina, como um Darwin artificial, redescobre espontaneamente a árvore da vida!

Outras combinações de regras geram planos, cilindros e esferas, e o algoritmo descobre como essas estruturas se aproximam da geografia de nosso planeta. Versões mais requintadas do mesmo algoritmo conseguem expressar ideias ainda mais abstratas. Por exemplo, os cientistas da computação americanos Noah Goodman e Josh Tenenbaum criaram um sistema capaz de descobrir o princípio da causalidade[20] – a ideia de que certos eventos causam outros. Sua formulação é complexa e matemática: "Num gráfico acíclico direcionado que liga diferentes variáveis, há um conjunto de variáveis das quais todas as demais dependem". Embora essa formulação seja quase incompreensível, eu a cito porque ela exemplifica bem o tipo de fórmulas internas que essa gramática mental é capaz de expressar e testar. O sistema submete a teste milhares dessas fórmulas e conserva somente aquelas que combinam com os dados entrantes. O resultado é que ela infere rapidamente o princípio de causalidade (desde que, na verdade, algumas das experiências sensoriais recebidas sejam causas e outras sejam consequências). Isso é mais um exemplo da bênção da abstração: considerar uma tal hipótese de alto nível acelera muito o aprendizado, porque reduz drasticamente as hipóteses plausíveis. E graças a isso, gerações de crianças estão à caça de explicações, insistindo nos "Por quês?" e procurando causas – com o que alimentam a busca incessante de nossa espécie por conhecimento científico.

De acordo com essa visão, aprender consiste em selecionar, a partir de um amplo conjunto de expressões existentes na linguagem do pensamento, aquela que melhor combina com os dados. Veremos em breve que isso é um modelo excelente do que as crianças fazem. Como se fossem pequenos cientistas, formulam teorias e as cotejam com o mundo exterior. Isso implica que as representações mentais das crianças são muito mais estruturadas do que as representações atualmente disponíveis das redes neurais. Desde que nasce, o cérebro da criança já precisa possuir dois ingredientes-chave: toda a maquinaria passível de gerar um arsenal de fórmulas abstratas (uma linguagem combinatória do pensamento) e a capacidade de fazer escolhas nessas fórmulas com sabedoria confrontando dados plausíveis.

Essa é a nova visão do cérebro:[21] um imenso modelo gerativo, fortemente estruturado e capaz de produzir uma miríade de regras e estruturas hipotéticas – que, entretanto, vai se restringir gradualmente às que correspondem à realidade.

APRENDER É RACIOCINAR COMO UM CIENTISTA

Como é que o cérebro escolhe as hipóteses mais viáveis? Por quais critérios deveria aceitar ou rejeitar um modelo do mundo exterior? Verifica-se que existe uma estratégia ideal para isso. A estratégia localiza-se no cerne mesmo de uma das teorias do aprendizado mais recentes e produtivas: a hipótese de que o cérebro se comporta como um pequeno cientista. De acordo com essa teoria, aprender é raciocinar como um bom estatístico que escolhe, entre várias teorias alternativas, aquela que tem a maior probabilidade de ser correta, porque é aquela que melhor dá conta dos dados disponíveis.

Como funciona o raciocínio científico? Quando os cientistas formulam uma teoria, não se limitam a pôr no papel fórmulas matemáticas – também fazem predições. A força de uma teoria é julgada pela riqueza das predições originais que emergiram dela. A confirmação ou refutação posterior dessas predições é o que leva uma teoria a ser validada ou abandonada. Os pesquisadores aplicam uma lógica simples: formulam várias teorias, desembaraçam a rede de predições decorrentes, e eliminam as teorias cujas predições são invalidadas por experimentos e pela observação. Naturalmente, um único experimento quase nunca é suficiente; em geral, é preciso replicá-lo várias vezes, em diferentes laboratórios, para separar o verdadeiro do falso. Parafraseando o filósofo da ciência Karl Popper (1902-1994), a ignorância regride continuamente, à medida que uma série de conjecturas e refutações permitem o refinamento progressivo de uma teoria.

O lento progresso da ciência se assemelha ao modo como aprendemos. Em nossas mentes, a ignorância é gradualmente eliminada à medida que nosso cérebro consegue formular teorias do mundo exterior cada vez mais corretas, por meio de observações. Mas não seria isso apenas uma vaga metáfora? – Não, na realidade é uma formulação bastante exata daquilo que o cérebro precisa estar computando. E, durante os últimos 30 anos, a hipótese da "criança como cientista" levou a uma série de descobertas importantes sobre como as crianças raciocinam e aprendem.

Os matemáticos e os cientistas da computação vêm teorizando há muito tempo sobre o melhor modo de raciocinar diante de incertezas. Essa teoria requintada é chamada "bayesiana", em homenagem ao seu descobridor, o reverendo Tomas Bayes (1702-61), um pastor e matemático presbiteriano inglês que se tornou membro da Royal Society. Mas deveríamos talvez chamá-la teoria laplaciana, porque foi o grande matemático francês Pierre-Simon, Marquês de Laplace (1749-1827), que lhe conferiu sua primeira formulação completa. Apesar de suas raízes antigas, foi somente nos últimos 20 anos, ou pouco mais, que essa perspectiva ganhou proeminência na ciência cognitiva e no aprendizado por máquina. Um número crescente de pesquisadores passou a constatar que somente a abordagem bayesiana, solidamente fundada na teoria das probabilidades, garante que se possa extrair o máximo de informação de cada item dos dados. Aprender é ser capaz de tirar tantas inferências quanto possível de cada observação, inclusive as mais incertas – e isso é, precisamente, o que a lei de Bayes garante.

Qual foi a descoberta de Bayes e de Laplace? Dito em palavras simples: o jeito certo de fazer inferências, raciocinando por meio de probabilidades, de modo a retornar de cada observação, por mais tênue que seja, até sua causa mais plausível. Voltemos aos fundamentos da lógica. Desde a Antiguidade, a humanidade compreendeu como raciocinar usando os valores da verdade, *verdadeiro* ou *falso*. Aristóteles introduziu as regras de dedução que conhecemos como silogismos, que todos aplicamos mais ou menos intuitivamente. Por exemplo, a regra chamada *"modus tollens"* (que se traduz literalmente como "método de negar") diz que se P implica Q, e se resulta que Q é falso, então P precisa ser falso. Foi essa a regra que Sherlock Holmes aplicou na famosa história "A estrela de Prata":

> "Há algum outro ponto para o qual o senhor gostaria de chamar minha atenção?", pergunta o Inspetor Gregory, da Scotland Yard.
>
> Holmes: "O curioso incidente do cachorro durante a noite."
>
> Gregory: "O cachorro não fez nada durante a noite."
>
> Holmes: "Esse foi o incidente curioso."

Sherlock raciocinava que, *se* o cachorro tivesse percebido a presença de um estranho, *então* teria latido. Como não latiu, o criminoso só podia ter sido uma pessoa da casa..., raciocínio que permite ao famoso detetive estreitar sua busca e, finalmente, desmascarar o culpado.

"O que isso tem a ver com aprender?", você deve estar se perguntando. Bem, aprender também é raciocinar como um detetive: sempre consiste em voltar às causas ocultas dos fenômenos, para deduzir o modelo mais plausível que as governa. Mas no mundo real, as observações são raramente verdadeiras ou falsas: elas são incertas ou probabilísticas. E é exatamente aí que as contribuições fundamentais do reverendo Bayes e do Marquês de Laplace entram no jogo: a teoria bayesiana nos diz como raciocinar por probabilidades, que tipos de raciocínios são aplicáveis quando os dados não são perfeitos, isto é, verdadeiros ou falsos, mas sim probabilísticos.

Probability Theory: the Logic of Science é o título de um livro fascinante sobre a teoria bayesiana escrito pelo estatístico E.T. Jaynes (1922-1998).[22] Nele, o autor mostra que aquilo que chamamos de probabilidade nada mais é do que a expressão de nossa incerteza. A teoria expressa, com precisão matemática, as leis de acordo com as quais a incerteza precisa evoluir quando fazemos uma nova observação. É a aplicação ideal da lógica ao domínio nebuloso das probabilidades e incertezas.

Tomemos um exemplo, semelhante em seu espírito àquele em que o reverendo Bayes fundamentou sua teoria no século XVIII. Suponham que eu vejo alguém jogar para cima uma moeda. Se a moeda não for viciada, terá iguais chances de cair sobre qualquer uma das duas faces: 50% cara, 50% coroa. A partir dessa premissa, a teoria clássica das probabilidades nos diz como calcular as chances de se observar certos resultados (por exemplo, a probabilidade de se obter cinco coroas seguidas). A teoria bayesiana nos permite viajar na direção oposta, indo das observações às causas. Ela nos diz, de modo matematicamente exato, como responder a perguntas do tipo: "Depois de vários lances, eu deveria mudar minha opinião sobre a moeda?" O pressuposto básico é que a moeda não é viciada... mas se eu a vejo cair com a coroa para cima vinte vezes, preciso rever esse pressuposto, a moeda foi quase certamente manipulada. Obviamente, minha primeira hipótese se tornou improvável, mas até que ponto? A teoria explica com precisão como atualizar nossas crenças depois de cada observação. A cada suposição, é atribuído um número que corresponde a um certo nível de plausibilidade ou confiança. Com cada observação, o número muda num valor que depende do grau de improbabilidade do resultado observado. Como na ciência, quanto mais improvável for uma observação experimental, quanto mais ela violar as predições de nossa teoria inicial, mais seguramente poderemos rejeitar a teoria e procurar interpretações alternativas.

A teoria bayesiana é notavelmente eficiente. Durante a Segunda Guerra Mundial, o matemático inglês Alan Turing (1912-1954) se serviu dela para decifrar o código Enigma. Naquele tempo, as mensagens do exército alemão eram criptografadas usando a máquina Enigma, uma complexa engenhoca de engrenagens, rotores e cabos elétricos, reunidos para produzir mais de um bilhão de configurações diferentes, que mudavam depois de cada carta. Toda manhã, o criptógrafo colocava a máquina na configuração específica que havia sido planejada para aquele dia. Então ele digitava um texto, e o Enigma cuspia uma sequência de letras aparentemente aleatória, que somente o detentor do código criptográfico seria capaz de decodificar. Para todos os demais, o texto parecia totalmente desprovido de qualquer ordem. Mas foi nisso que residiu a genialidade de Turing: ele descobriu que, se duas máquinas tinham sido inicializadas do mesmo modo, isso introduzia um leve desvio na distribuição das letras, de modo que as duas mensagens tinham uma probabilidade ligeiramente maior de serem semelhantes. Esse desvio era tão pequeno que nenhuma letra por si era suficiente para permitir qualquer conclusão segura. Acumulando essas improbabilidades, porém, letra após letra, Turing conseguiu juntar mais e mais evidências de que a mesma configuração tinha sido de fato utilizada duas vezes. Com base nisso, e com a ajuda daquilo que eles chamaram fantasiosamente "a bomba" (uma grande máquina eletromecânica cheia de tique-tiques que prefigurava nossos computadores), ele e sua equipe quebraram regularmente o código Enigma.

De novo, qual é a relevância de tudo isso para nossos cérebros? Bem, é que o tipo de raciocínio que acontece em nosso córtex parece ser exatamente o mesmo.[23] Segundo essa teoria, cada região do cérebro formula uma ou mais hipóteses e manda as predições correspondentes para outras regiões. Dessa maneira, cada módulo do cérebro restringe os pressupostos dos seguintes, trocando mensagens que veiculam predições probabilísticas acerca do mundo exterior. Esses sinais são chamados *"top-down"* (de cima para baixo), porque começam em áreas cerebrais responsáveis pelas funções cognitivas superiores, como o córtex frontal, e descem até áreas sensoriais mais inferiores, como o córtex visual primário. A teoria propõe que esses sinais expressam um mundo de hipóteses que nosso cérebro considera plausíveis e deseja testar.

Nas áreas sensoriais, as hipóteses *top-down* entram em contato com mensagens *"bottom-up"* (de baixo para cima) vindas do mundo exterior, por exemplo através da retina. Nesse momento, o modelo é defrontado com a realidade. A teoria diz que o cérebro deveria calcular um sinal de erro: a diferença entre aquilo que predisse o modelo e aquilo que foi observado. O algoritmo bayesiano indica então como usar esse erro para modificar o modelo interior do mundo. Se não há erro, isso significa que o modelo estava correto. De outro modo, o sinal de erro sobe a corrente do cérebro e ajusta os parâmetros do modelo ao longo do caminho. De forma relativamente rápida, o algoritmo converge rumo a um modelo mental que se concilia com o mundo exterior.

De acordo com essa visão do cérebro, nossos juízos adultos combinam dois níveis de *insights*: o conhecimento inato de nossa espécie (aquilo que os bayesianos chamam de prévios ou *priors*, os conjuntos de hipóteses plausíveis que herdamos da evolução) e nossa experiência pessoal (o *posterior*: a revisão dessas hipóteses, baseada em todas as inferências que fomos capazes de reunir pela vida afora). Essa divisão de trabalho aposenta o debate clássico "inato *versus* adquirido": a organização de nosso cérebro nos proporciona tanto um poderoso aparato de partida, quanto uma poderosa máquina de aprender. Qualquer conhecimento precisa estar baseado nesses dois componentes: em primeiro lugar, um conjunto de pressupostos *a priori*, anterior a qualquer interação com o ambiente, e em segundo lugar, a capacidade de classificá-los de acordo com sua plausibilidade *a posteriori*, depois de nos defrontarmos com dados reais.

É possível demonstrar matematicamente que a abordagem bayesiana é a melhor maneira de aprender. Ela é a melhor maneira de extrair a essência de um episódio de aprendizagem e de tirar dele o máximo. Mesmo uns poucos bits de informação, como as coincidências suspeitas que Turing percebeu no código Enigma, podem bastar para aprender. Depois que o sistema os processou, como faria um bom estatístico, acumulando evidências pacientemente, ele terá inevitavelmente dados suficientes para refutar certas teorias e validar outras.

É realmente essa a maneira como o cérebro trabalha? Ele é realmente capaz de gerar, desde o nascimento, vastos domínios de hipóteses dentre as quais aprende a escolher? É verdade que ele procede por eliminação, selecionando hipóteses dependendo de quão bem os dados observados as sustentam? E será que os bebês, desde o momento em que nascem, são estatísticos brilhantes? São eles capazes de extrair tantas informações quanto possível de cada experiência de aprendizado? Olhemos agora mais de perto para os dados experimentais sobre os cérebros dos bebês.

SEGUNDA PARTE

COMO NOSSO CÉREBRO APRENDE

O debate sobre o inato e o adquirido se manteve vivo e raivoso por mais de um milênio: é correto comparar os bebês a uma página em branco, uma lousa sem nada escrito, uma garrafa vazia que a experiência precisa preencher? Já em 400 a.e.c., na *República*, Platão rejeitava a ideia de que nossos cérebros chegam ao mundo sem qualquer conhecimento. Desde o nascimento, afirmava ele, cada alma conta com dois recursos sofisticados: a capacidade de conhecimento e o órgão por meio do qual adquirimos instrução.

Como acabamos de ver, 2 mil anos depois, uma conclusão notavelmente semelhante resultou dos progressos do aprendizado por máquina. O aprendizado é muito mais eficiente quando a máquina, de saída, é dotada de duas características: um amplo espaço de hipóteses, um grande número de configurações entre as quais é possível escolher; e algoritmos sofisticados que ajustam essas configurações de acordo com os dados recebidos do mundo exterior.

Como disse certa vez um de meus amigos, no debate entre o inato e o adquirido, subestimamos a ambos! Aprender requer das estruturas um imenso conjunto de modelos potenciais *e* um algoritmo eficiente, que os ajusta à realidade.

As redes neurais artificiais fazem isso à sua maneira, transferindo a representação dos modelos mentais a milhões de conexões ajustáveis. Esses sistemas capturam o reconhecimento instantâneo e inconsciente das imagens da fala; no entanto não são capazes ainda de representar hipóteses mais abstratas, como as regras gramaticais ou a lógica das operações matemáticas.

O cérebro humano parece funcionar de modo diferente: nosso conhecimento cresce graças à combinação de símbolos. De acordo com essa perspectiva, chegamos ao mundo com um grande número de combinações possíveis de pensamentos potenciais. Essa linguagem do pensamento, dotada de pressupostos abstratos e regras gramaticais, já está presente antes do aprendizado. Ela gera um grande repertório de hipóteses prontas para serem testadas. E, para fazê-lo, de acordo com a teoria bayesiana, nosso cérebro precisa agir como um cientista, juntando dados estatísticos e usando-os para selecionar o modelo gerativo mais adequado.

Essa maneira de encarar o aprendizado pode parecer contraintuitiva. Ela sugere que cada cérebro de bebê humano contém potencialmente todas as línguas do mundo, todos os objetos, todas as faces e todas as ferramentas que ele encontrará algum dia, e ainda todos os mundos, todos os fatos e todos os acontecimentos que ele puder algum dia lembrar. As combinatórias do cérebro são tais que todos esses objetos de pensamento já estão potencialmente presentes, juntamente com suas respectivas probabilidades *a priori*, e com a capacidade de atualizá-los, sempre que a experiência disser que precisam ser corrigidos. É assim que um bebê aprende?

O conhecimento invisível dos bebês

Na aparência, o que poderia ser mais desprovido de conhecimento do que um recém-nascido? O que poderia ser mais razoável do que pensar, como o fez Locke, que a mente do recém-nascido é um "livro em branco", simplesmente à espera de que o ambiente preencha suas páginas vazias? Jean-Jacques Rousseau (1712-1778) empenhou-se em abraçar essa visão em seu tratado *Emílio ou Da educação* (1762): "Nascemos capazes de aprender, mas sem saber nada, sem perceber nada". Quase dois séculos mais tarde, Alan Turing, o pai da ciência computacional contemporânea, abraçou a hipótese: "Presumivelmente, o cérebro da criança é qualquer coisa como um bloco de notas quando o compramos na papelaria. Um pequeno dispositivo, e uma quantidade de folhas em branco".

Sabemos hoje que essa opinião é totalmente errada – nada poderia estar mais longe da verdade. As aparências poderiam enganar: apesar de sua imaturidade, no nascimento o cérebro já possui um conhecimento considerável, herdado de sua longa história evolucionária. Mas esse conhecimento fica em sua maior parte invisível, porque não se manifesta no comportamento inicial dos bebês. Por isso, os cientistas da cognição precisaram usar de muita criatividade e fazer progressos metodológicos significativos para revelar o vasto repertório de capacidades com que todos os bebês vêm ao mundo. Objetos, números, probabilidades, faces, linguagem... o leque dos conhecimentos prévios das crianças é extenso.

O CONCEITO DE OBJETO

Todos nós temos a intuição de que o mundo é feito de objetos rígidos. Na realidade, é feito de átomos, mas, na escala em que vivemos, esses átomos estão frequentemente empacotados em entidades coerentes que se movem como blocos distintas e às vezes colidem sem perder sua coesão... Esses grandes pacotes de átomos são o que chamamos de "objetos". A existência de objetos é uma propriedade fundamental do meio em que vivemos. Seria ela algo que precisamos aprender? Não. Milhões de anos de evolução parecem ter gravado esse conhecimento bem no âmago de nossos cérebros. Com apenas alguns meses de idade, o bebê já sabe que o mundo é feito de objetos que se movimentam coerentemente, ocupam espaços, não somem sem que haja motivo e não podem estar em dois lugares diferentes ao mesmo tempo.[1] Em certo sentido, os bebês já conhecem as leis da física: esperam que a trajetória de um objeto seja contínua tanto no espaço como no tempo, sem estar sujeita a qualquer salto ou qualquer sumiço.

Como sabemos disso? Sabemos porque os bebês reagem com surpresa em certas situações experimentais que violam as leis da física. Nos laboratórios de ciência cognitiva de hoje, os experimentadores se transformaram em mágicos (veja-se a Figura 5 no encarte em cores). Em teatrinhos planejados especificamente para bebês, executam todo tipo de truques: no palco, os objetos aparecem, desaparecem, se multiplicam, passam pelas paredes... Câmeras escondidas monitoram os olhares dos bebês, e os resultados são evidentes: mesmo os bebês de poucas semanas são sensíveis às mágicas. Eles já possuem intuições profundas acerca do mundo físico e, como qualquer um de nós, ficam chocados quando suas expectativas resultam falsas. Aumentando a imagem dos olhos das crianças – para determinar o que elas olham e por quanto tempo –, os pesquisadores da cognição conseguem medir com precisão seu grau de surpresa e inferir o que elas esperavam ver.

Esconda um objeto atrás de um livro, e em seguida esmague-o de modo a achatá-lo, como se o objeto escondido não existisse mais (na realidade, ele desapareceu num alçapão): os bebês ficam pasmos! Eles não são capazes de compreender que um objeto possa desaparecer no nada. Eles parecem estupefatos quando um objeto desaparece atrás de um painel e reaparece detrás de outro, sem sequer ser visto no espaço vazio entre os dois painéis. Eles também se impressionam quando um trenzinho que desce uma encosta parece passar por uma parede rígida. E esperam que os objetos formem um todo coerente: se eles veem as duas extremidades de um palito movimentar-se coerentemente dos dois lados de um painel, eles esperam que pertençam a um único palito, e ficam chocados quando o obstáculo é tirado, revelando duas hastes diferentes (ver adiante).

Em suma, os bebês possuem um conhecimento amplo do mundo, mas não sabem tudo desde o começo, longe disso. Leva alguns meses para que compreendam como dois objetos podem servir de suporte um ao outro.[2] Num primeiro momento, não sabem que um objeto cai quando você o deixa cair. Apenas muito gradativamente adquirem a consciência de todos os fatores que fazem com que um objeto caia ou fique firme no lugar. Inicialmente, eles percebem que os objetos caem quando lhes falta sustentação, mas pensam que qualquer tipo de contato basta para manter o objeto parado – por exemplo quando o objeto é colocado na beira de uma mesa. Progressivamente, eles se dão conta de que o brinquedo precisa estar não só em contato com a mesa, mas na superfície dela, não debaixo ou oposto a ela. Por fim, levam mais alguns meses para entender que essa regra ainda não basta: finalmente, é o centro de gravidade do objeto que precisa ficar sobre a mesa.

Intuição de números e probabilidades

Intuição de objetos

Intuição de psicologia

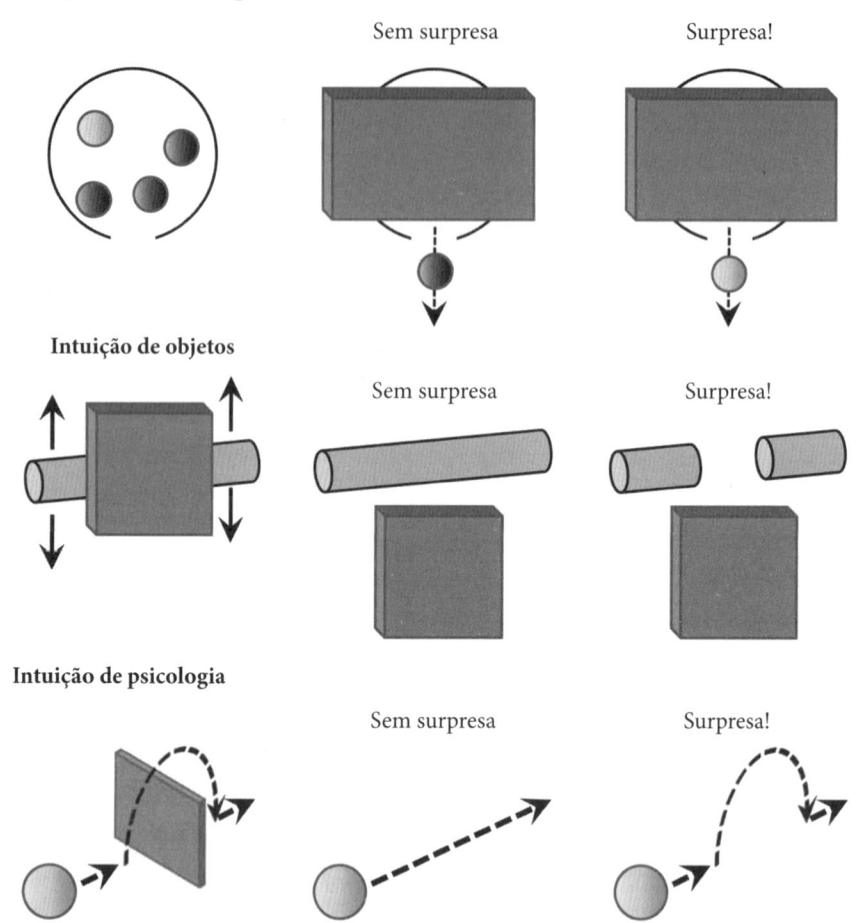

Os bebês têm desde muito cedo intuições de aritmética, física e mesmo psicologia. Para comprová-las, os pesquisadores avaliam se os bebês olham uma cena surpreendente mais longamente do que uma cena sem surpresas. Quando uma caixa contém uma maioria de bolas pretas, os bebês se surpreendem ao ver sair dela uma bola branca (intuição de números e probabilidades). Se as duas extremidades de um palito giram de maneira igual, os bebês mostram perplexidade quando duas hastes diferentes são mostradas (intuição de objetos). E se os bebês veem uma bola mover-se autonomamente e pular por cima de um muro antes de escapar para o lado direito, deduzem que a bola é um ser vivo dotado de intenção própria, e ficam maravilhados se a bola continua pulando depois que o muro desapareceu (intuição de psicologia).

Pense nisso a próxima vez que seu bebê derrubar a colher da mesa pela décima vez, para seu grande desespero: ele estará só experimentando! Como qualquer cientista, as crianças precisam de diversas tentativas para rejeitar uma depois da outra todas as teorias erradas, na seguinte ordem: (1) os objetos ficam parados no ar; (2) eles precisam tocar outro objeto para não cair; (3) eles precisam estar em cima de outro objeto para não cair; (4) a maior parte de seu volume precisa estar sobre um outro objeto, e assim por diante.

Essa atitude experimental continua sem interrupções pela idade adulta adentro. Ficamos todos fascinados com traquitanas que parecem violar as leis correntes da física (balõezinhos de hélio, móbiles em equilíbrio, bonecos do tipo joão-bobo com centro de gravidade deslocado...), e todos gostamos de shows de mágica onde os coelhos somem num chapéu e as mulheres são serradas ao meio. Essas situações nos divertem porque violam as intuições que nosso cérebro manteve desde o nascimento e refinou em nosso primeiro ano de vida. Josh Tenenbaum, professor de inteligência artificial e ciência cognitiva do MIT, lançou a hipótese de que os cérebros dos bebês hospedam um software de *videogame*, uma simulação mental do comportamento típico dos objetos semelhante àquelas que os *videogames* usam para simular diferentes realidades virtuais. Rodando essas simulações em suas cabeças, e comparando as simulações com a realidade, os bebês descobrem muito cedo o que é fisicamente possível ou provável.

A NOÇÃO DE NÚMERO

Passemos a um segundo exemplo: a aritmética. O que poderia ser mais óbvio do que o fato de que os bebês não compreendem de maneira alguma a matemática? Ainda assim, desde a década de 1980, vários experimentos têm mostrado exatamente o oposto.[3] Num desses experimentos, os bebês são seguidamente defrontados com *slides* que mostram dois objetos. Depois de algum tempo, eles ficam entediados... até ser mostrada uma imagem com três objetos: de repente, eles encaram mais demoradamente essa nova cena, o que indica que eles perceberam a mudança. Manipulando a natureza, o tamanho e a densidade dos objetos, é possível provar que as crianças estão verdadeiramente interessadas no número enquanto tal, isto é, na cardinalidade do conjunto todo, e não em qualquer outro parâmetro físico. A melhor prova de que os bebês possuem uma "noção abstrata de número" é que eles generalizam no sentido som-imagem: se ouvem *tu tu tu tu* – isto é, quatro sons –, eles se interessam mais por uma imagem que tenha um número igual de objetos, quatro, do que numa imagem que tenha 12, e vice-versa.[4] Há experimentos bem controlados desse tipo, mostrando de maneira convincente que, ao nascer, os bebês já têm a capacidade intuitiva de reconhecer um número aproximado sem contar, independentemente de a informação ser ouvida ou vista.

Os bebês sabem também calcular? Suponha que as crianças veem um objeto ser escondido atrás de uma tela, e logo a seguir um segundo objeto. Aí, a tela é abaixada e – pasme! Só há um único objeto! Os bebês manifestam sua surpresa numa prolongada investigação da cena inesperada.[5] Se, porém, virem os dois objetos esperados, olharão para eles por um único e breve momento. Esse comportamento de "surpresa cognitiva" em reação à violação de um cálculo mental mostra que, a partir de poucos meses de idade, as crianças entendem que 1 + 1 dá 2. Elas constroem um modelo interiorizado da cena escondida e sabem como manipulá-la, acrescentando e retirando objetos. E esses experimentos funcionam não só para 1 + 1 e para 2 – 1, mas também para 5 + 5 e 10 – 5. Desde que o erro seja suficientemente grande, bebês de nove meses se surpreendem sempre que uma apresentação concreta sugere indícios de um cálculo errado: eles são capazes de mostrar que 5 + 5 não pode ser 5, e 10 – 5 não pode ser 10.[6]

Essa habilidade é realmente inata? Bastariam à criança os primeiros meses de vida para aprender o comportamento dos conjuntos de objetos? Embora as crianças, indubitavelmente, aprimorem durante os primeiros meses de vida a precisão com que percebem os números,[7] os dados mostram com igual clareza que o ponto de partida das crianças não é uma lousa branca. Os recém-nascidos percebem os números com poucas horas de vida – e o mesmo acontece com os pombos, macacos, pintinhos, peixes e mesmo as salamandras. E com os pintinhos, os experimentadores controlaram todos os *inputs* sensoriais, garantindo que os bebês-pintinhos não tinham visto objeto nenhum depois de terem sido chocados... Mesmo assim, os pintinhos reconheceram os números.[8]

Esses experimentos mostram que a aritmética é uma das capacidades inatas com que a evolução nos presenteou, a nós e a muitas outras espécies. Os circuitos cerebrais para números foram identificados em macacos e mesmo em corvos. Seus cérebros contêm "neurônios de números" que funcionam de maneira muito semelhante: são sintonizados com números específicos de objetos. Alguns neurônios preferem ver um objeto; outros, dois, três, cinco ou mesmo trinta objetos – e, crucialmente, essas células estão presentes também em animais que não receberam nenhum treinamento específico.[9] Meu laboratório usou técnicas de neuroimagem para mostrar que, em localizações homólogas do cérebro humano, nossos circuitos neuronais também contêm células semelhantes sintonizadas com o número cardinal de um conjunto concreto – e recentemente, com o avanço nas técnicas de gravação, tais neurônios têm sido gravados diretamente no hipocampo humano.[10]

De passagem, esses resultados derrubam vários princípios de uma teoria central do desenvolvimento infantil, a do grande psicólogo suíço Jean Piaget (1896-1980). Piaget pensava que as criancinhas não eram dotadas da "permanência do objeto" – o fato de que os objetos continuam existindo quando não são mais vistos – até o fim do primeiro ano de vida. Ele também pensava que o conceito abstrato de número estava fora do alcance das crianças durante o primeiro ano de vida, e que elas o aprendiam lentamente abstraindo-o das medidas mais concretas de tamanho, comprimento e densidade. Na realidade, o contrário é que é verdadeiro. Os conceitos de objeto e número são ingredientes fundamentais de nosso pensamento; fazem parte do "conhecimento nuclear" com que chegamos ao mundo e, quando combinados, nos tornam capazes de formular pensamentos mais complexos.[11]

A noção de número é apenas um exemplo daquilo que eu chamo de conhecimento invisível das crianças: as intuições que elas têm desde o nascimento e que guiam seu aprendizado posterior. A seguir, mais exemplos das habilidades que os pesquisadores demonstraram haver em bebês de apenas algumas semanas.

A INTUIÇÃO DAS PROBABILIDADES

Para ir dos números às probabilidades, basta um só passo... um passo que os pesquisadores deram recentemente, quando se perguntaram se os bebês de poucos meses seriam capazes de predizer o resultado de um sorteio de loteria. Nesse experimento, os bebês são inicialmente apresentados a uma caixa transparente contendo bolas que se movem ao acaso. Há quatro bolas: três vermelhas e uma verde. No fundo, há uma saída. Num certo ponto, a caixa é tampada, e então do fundo dela sai ou uma bola verde ou uma bola vermelha. Surpreendentemente, o estranhamento da criança tem relação direta com a improbabilidade daquilo que vê: se a bola que sai é uma das vermelhas – evento mais provável, porque as bolas na caixa são em sua maioria vermelhas –, a criança olha para ela somente por um breve momento...; ao contrário, se ocorre o resultado mais improvável – isto é, aparecer uma bola verde, que tinha somente uma chance em quatro de sair, a criança olha para ela muito mais longamente.

Controles subsequentes confirmam que os bebês desenrolam, em suas cabecinhas, uma simulação mental detalhada da situação e das probabilidades a ela associadas. Assim, se introduzirmos uma divisória que bloqueia as bolas, ou se movermos as bolas para mais perto ou mais longe da saída, ou se variarmos o tempo antes que as bolas saiam da caixa, descobriremos que os bebês integram todos esses parâmetros em seu cálculo mental da probabilidade. A duração de seu olhar sempre reflete a improbabilidade da situação observada, que eles sempre calculam com base no número de objetos envolvidos.

Todas essas habilidades superam as da maioria das redes neurais artificiais hoje disponíveis. Com efeito, a reação de surpresa dos bebês nada tem de trivial. Mostrar surpresa indica que o cérebro foi capaz de estimar as probabilidades subjacentes e concluiu que o evento observado tinha somente uma pequena chance de acontecer. Como os olhares das crianças pequenas mostram elaborados indícios de surpresa, seus cérebros precisam ser capazes de cálculos probabilísticos. E nesse sentido, uma das teorias da função cerebral mais aceitas hoje encara o cérebro como um computador probabilístico que manipula distribuições de probabilidades e as usa para prever acontecimentos futuros. Os experimentos com crianças revelam que até mesmo os bebês estão equipados com uma calculadora sofisticada desse tipo.

Uma série de estudos recentes mostram, além disso, que os bebês vêm ao mundo dotados de todos os mecanismos necessários para fazer inferências probabilísticas complexas. Lembra-se da teoria matemática das probabilidades do reverendo Bayes, que nos permite retornar de uma observação até suas possíveis causas? Pois bem, mesmo os bebês de poucos meses parecem já raciocinar de acordo com a regra de Bayes.[12] Por exemplo, não só eles sabem como ir de uma caixa de bolas coloridas até as probabilidades correspondentes (raciocínio "para frente"), como acabamos de ver, mas também sabem voltar das observações ao conteúdo da caixa (inferência reversa). Em um dos experimentos, mostramos primeiramente aos bebês uma caixa opaca, cujo conteúdo fica escondido. Em seguida, fazemos intervir uma pessoa com os olhos vendados, que extrai ao acaso uma série de bolas. As bolas aparecem uma depois da outra, e resulta que em sua maioria são vermelhas. Os bebês são capazes de inferir que há na caixa uma abundância de bolas vermelhas? Sim! Quando por fim abrimos a caixa e mostramos que ela contém uma maioria de bolas verdes, as crianças ficam surpresas e olham mais longamente do que se a caixa estivesse cheia de bolas vermelhas. Sua lógica é impecável: se a caixa foi cheia principalmente com bolas verdes, como se explica que uma extração feita ao acaso resultasse em tantas bolas vermelhas?

Mais uma vez, esse comportamento parece não ser grande coisa, mas implica uma capacidade extraordinária de raciocínio implícito, inconsciente, que funciona nas duas direções: dada uma amostra, os bebês conseguem adivinhar as características do conjunto a partir da qual ela foi extraída, e, vice-versa, dado um conjunto, eles dão conta de adivinhar que aparência terá uma amostra extraída ao acaso.

Desde que nascemos, portanto, nosso cérebro está dotado de uma lógica intuitiva. Existem atualmente muitas variações desses experimentos básicos. Todos demonstram até que ponto as crianças se comportam como pequenos cientistas que raciocinam como bons estatísticos, eliminando as hipóteses menos verossímeis e procurando pelas causas escondidas de vários fenômenos.[13] Por exemplo, o psicólogo americano Fei Xu mostrou que se os bebês de 11 meses veem uma pessoa tirar uma maioria de bolas vermelhas de um recipiente, e em seguida descobrem que o recipiente contém uma maioria de bolas amarelas, se surpreendem, claro, mas também fazem uma inferência extra: que a pessoa prefere as bolas vermelhas![14] E se eles veem que uma extração não acontece ao acaso, mas obedece a um padrão específico, por exemplo, uma alternância perfeita do tipo bola amarela, bola vermelha, bola amarela, bola vermelha e assim por diante, então deduzem que as extrações foram obra de um ser humano, não de uma máquina.[15]

A lógica e a probabilidade estão intimamente ligadas. Como disse Sherlock Holmes, "Quando você eliminou o impossível, tudo aquilo que sobra, por mais improvável que seja, tem que ser a verdade". Em outras palavras, é possível transformar uma probabilidade numa certeza usando o raciocínio para eliminar certas possibilidades. Se um bebê é capaz de fazer malabarismos com as probabilidades, ele domina necessariamente a lógica, porque o raciocínio lógico nada mais é do que a restrição do raciocínio probabilístico às probabilidades 0 e 1.[16] Foi isso, exatamente, que o filósofo e psicólogo do desenvolvimento Luca Bonatti mostrou recentemente. Em seus experimentos, um bebê de dez meses vê inicialmente dois objetos, uma flor e um dinossauro, se esconderem atrás de um biombo. Em seguida, um desses objetos sai de trás do biombo, mas é impossível dizer de qual se trata, porque ele está parcialmente escondido num vaso, que só permite ver sua parte de cima. Mais tarde, o dinossauro sai pelo outro lado do biombo, perfeitamente visível. Nessa altura, a criança pode fazer uma dedução lógica: "É a flor ou o dinossauro que está escondido no vaso. Mas não pode ser o dinossauro porque acabo de vê-lo sair pelo outro lado. Então, precisa ser a flor". E funciona: o bebê não fica surpreso se a flor sai do vaso, mas fica surpreso se quem sai é o dinossauro. Ademais, o olhar do bebê reflete a intensidade de seu raciocínio lógico: como num adulto, suas pupilas se dilatam no exato momento em que a dedução se torna possível. Como um verdadeiro Sherlock Holmes de fraldas, o bebê parece partir de várias hipóteses (é a flor ou o dinossauro) e elimina em seguida algumas delas (por exemplo: não tem chance de ser o dinossauro), e assim passa da probabilidade para a certeza (tem de ser a flor).

"A teoria das probabilidades é a língua da ciência", nos diz Jaynes – e as crianças já falam essa língua: muito antes de pronunciar suas primeiras palavras, elas manipulam as probabilidades e as combinam formando silogismos requintados. Sua noção da probabilidade permite que tirem conclusões das observações que fazem. Estão constantemente experimentando, e seus cérebros de pequenos cientistas acumulam incessantemente as conclusões de sua pesquisa.

CONHECIMENTO DE ANIMAIS E PESSOAS

Além de ter um bom modelo do comportamento dos objetos inanimados, os bebês também sabem que existe uma outra categoria de entidades que se comportam de maneira completamente diferente: as coisas animadas. Desde o primeiro ano de vida, os bebês compreendem que as pessoas e os animais têm um comportamento específico: são autônomos e guiados por seus próprios movimentos. Portanto, não precisam esperar que outro objeto se choque com eles, como no caso de uma bola colorida de piscina, para se mover. Seus movimentos vêm de dentro, não são causadas pelo exterior.

Portanto, os bebês não se surpreendem ao ver os animais se mexerem por si. De fato, para eles, qualquer objeto que se move autonomamente, mesmo que tenha a forma de um triângulo ou de um quadrado, é imediatamente etiquetado como um "animal", e a partir desse momento tudo muda. A criança pequena sabe que os seres vivos não precisam mover-se segundo as leis da física, mas que seus movimentos são governados por suas intenções e crenças.

Tomemos um exemplo. Se mostrarmos aos bebês uma esfera que avança em linha reta, salta por cima de um muro e em seguida vai para a direita, aos poucos eles se cansam de tudo isso. Estariam eles se acostumando a essa maneira particular de movimentar-se? Não, na realidade, compreendem muito mais. Eles deduzem que se trata de um ser animado com uma intenção específica: ele quer ir para a direita! Além disso, eles podem dizer que o objeto é fortemente motivado, porque pula um muro alto para chegar aonde quer. Como próximo passo, retiremos o muro. Nesse novo cenário, os bebês não se surpreendem se veem a esfera mudar seu movimento e ir para a direita em linha reta, sem pular – esse é simplesmente o jeito mais simples de alcançar seu objetivo. Por outro lado, os bebês arregalam os olhos se a esfera continua a pular no ar sem um motivo particular, porque não há mais muro! Faltando o muro, os bebês também se surpreenderão por não compreenderem que intenção estranha a esfera poderia ter.[17] Outros experimentos mostram que as crianças inferem de forma rotineira as intenções e preferências das pessoas. Em particular, compreendem que, quanto maior o muro, maior tem que ser a motivação da pessoa para pular por cima dele. De sua observação, os bebês são capazes de inferir não só os objetivos e as intenções das pessoas que os cercam, mas também as crenças, habilidades e preferências dessas pessoas.[18]

A noção que os bebês têm dos seres vivos não termina aí. Por volta dos dez meses, começam a atribuir personalidades às pessoas: se veem alguém jogar uma criança no chão, por exemplo, deduzem que essa pessoa é mal-intencionada e se afastam dela. Claramente, preferem uma segunda pessoa que ajuda a criança a levantar-se.[19] Muito antes de serem capazes de pronunciar palavras como *chato* e *legal*, são capazes de formular os conceitos correspondentes em sua linguagem do pensamento. Seu julgamento é muito sutil e mesmo um bebê de nove meses consegue distinguir alguém que comete ruindades intencionalmente de alguém que o faz sem querer, ou alguém que se recusa de propósito a ajudar outra pessoa de alguém que não tem como ajudar.[20] Como veremos mais adiante, essa habilidade social tem um papel fundamental no aprendizado. Na verdade, mesmo uma criança de 1 ano compreende quando alguém está tentando ensinar-lhe alguma coisa. Ela consegue perceber a diferença entre uma ação comum e uma ação que visa a ensinar algo novo. A esse respeito, a criança de 1 ano já possui, como diz o psicólogo húngaro György Gergely, uma noção inata de pedagogia.

PERCEPÇÃO DE FACES

Uma das primeiras manifestações das habilidades sociais dos bebês é a percepção de faces. Para os adultos, o mais leve dos indícios basta para desencadear a percepção de uma face: uma personagem de desenho animado, um sorriso, uma máscara... Algumas pessoas, inclusive, descobrem a face de Jesus Cristo na neve ou numa torrada queimada! Surpreendentemente, essa hipersensibilidade para as faces já está presente no nascimento: poucas horas depois de nascer, o bebê vira a cabeça mais rapidamente para uma face sorridente do que para uma imagem semelhante que tenha sido virada de ponta cabeça (mesmo que o experimentador tenha se certificado de que o recém-nascido nunca teve a chance de ver uma face). Uma equipe até tentou apresentar um padrão de luz a fetos através da parede do útero.[21] Surpreendentemente, os pesquisadores mostraram que três pontos dispostos num formato de face (∵) atraíam os fetos mais do que três pontos dispostos num formato de pirâmide (∴). O reconhecimento da face parece que começa *in utero*!

Muitos pesquisadores acreditam que essa atração magnética pelas faces tem um papel essencial no desenvolvimento inicial do apego – um dos primeiros sintomas do autismo é evitar o contato dos olhos. Atraindo nossos olhares para as faces, um viés inato nos forçaria a reconhecê-las – e de fato, poucos meses depois do nascimento, uma região do córtex visual do hemisfério direito começa a responder às faces mais do que às outras imagens, por exemplo, as de lugares.[22] A especialização para as faces é um dos melhores exemplos de colaboração harmoniosa entre inato e adquirido. Nesse domínio, os bebês exibem habilidades rigorosamente inatas (como a atração magnética para imagens parecidas com faces), mas também um instinto extraordinário para aprender as especificidades da percepção de faces. É precisamente a combinação desses dois fatores que permite aos bebês, em pouco menos de um ano, ir além da reação ingênua à mera presença de dois olhos e uma boca e começar a preferir faces humanas às de outros primatas, como os macacos e os chimpanzés.[23]

O INSTINTO DE LINGUAGEM

As habilidades sociais das crianças pequenas são evidentes não só no domínio da visão, mas também no domínio auditivo – a linguagem chega a elas tão facilmente quanto a percepção das faces. Como escreveu o reconhecido autor Steven Pinker em seu livro campeão de vendas *Language Instinct* (*O instinto da linguagem*) (1994), "Os seres humanos são tão dotados, inatamente, de circuitos para a linguagem, que não conseguem refrear sua capacidade de aprender e usar a linguagem mais do que refrear o instinto de afastar a mão de uma superfície fervente". Essa afirmação não deve ser mal interpretada: obviamente, os bebês não nascem com uma gramática e um léxico prontos, mas possuem uma capacidade notável para adquiri-los em tempo recorde. Aquilo que está pré-instalado neles em termos de circuitos não é a linguagem propriamente dita, e sim a capacidade de adquiri-la.

Muitas evidências confirmam hoje essa intuição precoce. Desde que nascem, as crianças preferem ouvir sua língua nativa, em vez de uma língua estrangeira[24] – um achado verdadeiramente extraordinário que implica que a aquisição da linguagem começa *in utero*. De fato, por volta do terceiro trimestre de gravidez, o feto já é capaz de ouvir. A melodia da linguagem, filtrada através da parede uterina, chega até os bebês e eles começam a memorizá-la. "Assim que o som de sua saudação alcançou meus ouvidos, o bebê em meu ventre pulou de alegria", disse Elisabete, grávida, quando Maria a visitou.[25] Lucas, o evangelista, não estava errado: nos últimos meses de gestação, o cérebro do feto em fase de crescimento já reconhece certos padrões auditivos e certas melodias, provavelmente de maneira inconsciente.[26]

Obviamente, essa capacidade inata fica mais fácil de estudar nos bebês prematuros do que nos fetos. Fora da barriga, podemos equipar suas cabecinhas com sensores eletroencefalográficos e de fluxo sanguíneo cerebral miniaturizados e espreitar o interior de seus cérebros. Usando esse método, minha esposa, a professora Ghislaine Dehaene-Lambertz, descobriu que até mesmo os bebês nascidos dois meses e meio antes do tempo respondem à linguagem; seu cérebro, embora imaturo, já reage a mudanças nas sílabas e nas vozes.[27]

Pensou-se por muito tempo que a aquisição da linguagem não começaria até a idade de 1 ou 2 anos. Por quê? Porque – como sugere seu nome latino, *infans* – a criança recém-nascida não fala e, portanto, esconde seus talentos. Mas ainda assim, em termos de compreensão da linguagem, o cérebro do bebê é um verdadeiro gênio em estatística. Para mostrar isso, os cientistas precisaram desenvolver todo um arsenal de métodos originais, incluindo a mensuração das preferências dos bebês por estímulos verbais e não verbais, suas respostas à mudança, a gravação de seus sinais cerebrais... Esses estudos produziram resultados convergentes e revelaram quanto os bebês já sabem sobre a linguagem. Logo depois de nascer, os bebês conseguem distinguir a maioria das vogais e consoantes em todas as línguas do mundo. Eles já percebem as vogais e consoantes divididas em categorias. Tomem-se, por exemplo, as sílabas /ba/, /da/ e /ga/: mesmo se os sons correspondentes variarem continuamente, os cérebros dos bebês os tratam como categorias distintas, separadas por fronteiras claras, exatamente como fazem os adultos.

Essas habilidades iniciais inatas recebem uma formatação do entorno linguístico durante o primeiro ano de vida. Os bebês logo percebem que certos sons não são usados em sua língua. Os anglófonos nunca pronunciam vogais como o <u> e o <eu> do francês e os falantes de japonês não conseguem distinguir /R/ e /L/. Em apenas alguns meses (6 para as vogais e 12 para as consoantes), o cérebro do bebê faz uma triagem de suas hipóteses iniciais e mantém somente os fonemas que são relevantes para as línguas presentes em seu universo.

Mas isso não é tudo: os bebês rapidamente começam a aprender suas primeiras palavras. Como fazem para identificá-las? Em primeiro lugar, se apoiam na prosódia, no ritmo e na entoação da fala – o modo como nossas vozes ficam mais agudas ou mais graves, ou como param, marcando assim os limites entre as palavras e as sentenças. Um outro mecanismo determina quais são os sons da fala que aparecem em sequência, um depois do outro. Aqui também os bebês se comportam como pequenos estatísticos. Percebem, por exemplo, que a sílaba /bo/ é frequentemente seguida por /t^l/. Um rápido cálculo das probabilidades lhes diz que isso não pode ser devido ao acaso. Se /t^l/ vem depois de /bo/ com uma probabilidade tão alta, deve ser porque essas duas sílabas formam uma palavra, "*bottle*" – e é assim que esta palavra é acrescentada ao vocabulário da criança e pode ser relacionada em seguida a um objeto ou conceito específico.[28] Por volta de seis meses, as crianças já isolaram as palavras que ocorrem com alta frequência em seu ambiente, tais como "*daddy*", "*mommy*", "*bottle*", "*foot*", "*drink*", "*diaper*" e assim por diante. Essas palavras ficam gravadas em sua memória com uma força tal que, depois que as crianças chegam à idade adulta, continuam a ter um *status* especial, e são processadas mais eficientemente do que outras palavras com sentido, som ou frequência comparável, mas adquiridas mais tarde na vida.

A análise estatística também permite que os bebês identifiquem certas palavras que ocorrem mais frequentemente do que outras: palavrinhas gramaticais como os artigos (*a, an, the*) e pronomes (*I, you, he, she, it...*). No final do primeiro ano de vida, os bebês já sabem muitas delas, e as utilizam para encontrar outras palavras. Se, por exemplo, ouvem um dos pais dizer "*I made a cake*", elas podem separar por segmentação as palavrinhas gramaticais "*I*" e "*a*", e descobrir por eliminação que "*made*" e "*cake*" também são palavras. Elas já compreendem que um substantivo vem frequentemente depois de um artigo e que um verbo vem habitualmente depois de um pronome – a tal ponto que, por volta dos 20 meses, reagem com extrema surpresa se alguém lhes diz frases incoerentes como "*I bottle*" ou "*the finishes*".[29]

Naturalmente, essa análise probabilística não está a salvo de erros. Quando as crianças francesas ouvem a expressão "*un avion*" (um avião), sendo pronunciada com ligação (o *n* de "*un*" se junta com o *a* de "*avion*"), elas inferem – erradamente – a existência da palavra *navion* ("*Regarde le navion!*"). Inversamente, os falantes de inglês importaram a palavra francesa *napperon* ("jogo americano") e, devido à segmentação incorreta da frase *un napperon*, inventaram a palavra *apron* ("avental").

Essas falhas são, contudo, raras. Em poucos meses, as crianças superam rapidamente qualquer algoritmo de inteligência artificial. Na época de soprar sua primeira velinha, elas já lançaram os alicerces para as principais regras de sua língua nativa em diferentes níveis, desde os sons elementares (fonemas), até a melodia (prosódia), o vocabulário (léxico) e as regras gramaticais (sintaxe).

Nenhum outro primata tem essas habilidades. Um experimento foi tentado várias vezes: muitos cientistas tentaram adotar filhotes de chimpanzés, tratando-os como membros da família, falando com eles em inglês ou na linguagem de sinais, ou mediante o uso de símbolos visuais... Acabaram descobrindo que nenhum desses animais tinha dominado uma linguagem digna desse nome: os animais sabiam, no máximo, algumas centenas de palavras.[30] Portanto, o linguista Noam Chomsky tinha provavelmente razão ao postular que nossa espécie nasce com um "dispositivo de aquisição da linguagem", um sistema especializado que é acionado automaticamente nos primeiros anos de vida. Como disse Darwin em *A origem do homem* (1871), a linguagem "certamente não é um verdadeiro instinto, porque toda língua precisa ser aprendida", mas é "uma tendência instintiva para adquirir uma arte". O que é inato em nós é o instinto para aprender qualquer língua – um instinto tão irreprimível que a linguagem aparece espontaneamente no espaço de algumas gerações em seres humanos que foram privados dela. Mesmo nas comunidades de cegos, uma linguagem de sinais altamente estruturada, com características linguísticas universais, emerge desde a segunda geração em diante.[31]

O nascimento
de um cérebro

A criança nasce com um cérebro inacabado e não, como afirmava a premissa da antiga pedagogia, com um cérebro vazio de tudo.

Gaston Bachelard, *La Philosophie du non: Essai d'une philosophie du nouvel esprit* (1940)

Um gênio que não tenha sido educado é como prata na mina.

Benjamin Franklin (1706-1790)

O fato de os recém-nascidos exibirem imediatamente um conhecimento sofisticado de objetos, números, pessoas e línguas refuta a hipótese de que seus cérebros são apenas quadros vazios, esponjas que absorvem qualquer coisa que o ambiente lhes impõe. Uma predição simples decorre disso: se pudéssemos dissecar o cérebro de um recém-nascido, encontraríamos, na altura do nascimento e talvez ainda mais cedo, estruturas neuronais correspondentes a cada um dos grandes campos do conhecimento.

Essa ideia foi contestada por muito tempo. Até cerca de 20 anos atrás, o cérebro do recém-nascido era *terra incógnita*. A neuroimagem acabava de ser inventada – ainda não tinha sido aplicada a cérebros em fase de desenvolvimento – e a perspectiva teórica predominante era a do empirismo, a ideia de que o cérebro nasce vazio de quaisquer conhecimentos e passível de ser influenciado somente por seu meio ambiente. Foi somente depois do advento de métodos sofisticados de imagem por ressonância magnética (MRI) que pudemos finalmente visualizar a organização do cérebro humano em suas primeiras fases e descobrir que, confirmando nossas expectativas, praticamente todos os circuitos do cérebro adulto já estão presentes no de um bebê recém-nascido.

O CÉREBRO DO RECÉM-NASCIDO É BEM ORGANIZADO

Minha esposa, Ghislaine Dehaene-Lambertz, e eu, juntamente com nossa colega neurologista Lucie Hertz-Pannier, estivemos entre os primeiros a usar a MRI funcional, em bebês de dois meses.[1] Naturalmente, nós nos apoiamos bastante na experiência anterior dos pediatras. Quinze anos de experiência clínica os haviam convencido de que a MRI é um exame sem riscos, que pode ser prescrito para indivíduos de qualquer idade, inclusive bebês prematuros. Todavia, os médicos e tecnólogos recorriam a essa tecnologia somente para fins de diagnóstico, procurando detectar lesões preexistentes. Ninguém havia usado o MRI funcional em crianças que estivessem tendo um desenvolvimento típico, para ver se seus circuitos cerebrais poderiam ser ativados para certos estímulos. Para dar conta dessa última tarefa, foi preciso superar toda uma série de dificuldades. Planejamos um capacete redutor de ruídos para proteger os bebês contra o barulho alto da máquina; os mantivemos tranquilos, enfaixando-os confortavelmente num berço feito para caber na bobina da ressonância magnética da MRI; os tranquilizamos, aclimatando-os progressivamente ao ambiente insólito; e, de fora da máquina, ficamos de olho neles ininterruptamente.

Finalmente, nossos esforços foram recompensados com resultados espetaculares. Tínhamos optado por nos concentrar na linguagem porque sabíamos que os bebês começam a aprendê-la muito cedo, no decorrer de seu primeiro ano de vida. E, na verdade, observamos que, aos dois meses de vida, quando ouviam sentenças em sua língua nativa, os bebês ativavam exatamente as mesmas regiões do cérebro que os adultos (ver a Figura 6 no encarte em cores).

Quando ouvimos uma sentença, a primeira região do córtex que se ativa é a área auditiva primária – esse é o ponto de entrada no cérebro para todas as informações auditivas. Essa área também acendeu no cérebro da criança tão logo a sentença começou. Isso pode parecer óbvio a vocês leitores, mas na época não era óbvio no que se refere aos bebês pequenos. Alguns pesquisadores presumiam que as áreas sensoriais dos cérebros das crianças eram tão desorganizadas no momento do nascimento que seus sentidos tendiam a misturar-se. De acordo com esses pesquisadores, por várias semanas o cérebro do bebê mistura audição, visão e tato, e leva algum tempo para que o bebê aprenda a separar essas modalidades sensoriais.[2] Sabemos hoje que isso é falso – desde o nascimento, a audição ativa as áreas auditivas, a visão ativa as áreas visuais e o toque ativa as áreas associadas com a sensação táctil, sem que nós humanos precisemos aprender isso. A subdivisão do córtex em territórios distintos para cada um dos sentidos nos é dada por nossos genes. Todos os mamíferos a possuem, e sua origem se perdeu na arborescência de nossa evolução (ver a Figura 7 do encarte em cores).[3]

Mas voltemos ao nosso experimento no qual os bebês ouviam sentenças dentro da ressonância magnética. Depois de adentrar a área auditiva primária, a atividade se alastrou rapidamente. Uma fração de segundo mais tarde, outras áreas se acenderam, numa ordem fixa: em primeiro lugar, as regiões auditivas secundárias, adjacentes ao córtex sensorial primário; em seguida, todo um conjunto de regiões do lobo temporal, formando um fluxo gradual; e finalmente, a área de Broca, na base do lobo frontal esquerdo, simultaneamente com a ponta do lobo temporal. Essa sofisticada cadeia de processamento da informação, lateralizada no hemisfério esquerdo, é notavelmente semelhante à do adulto. Na idade de dois meses, os bebês já ativam a mesma hierarquia de áreas cerebrais – fonológica, lexical, sintática e semântica – que os adultos. E, exatamente como os adultos, quanto mais o sinal sobe na hierarquia do córtex, mais lentas são as respostas do cérebro e mais essas áreas incorporam informações em nível elevado crescente (ver a Figura 6 no encarte em cores).[4]

Naturalmente, os bebês de dois meses não compreendem as sentenças que ouvem; ainda precisam descobrir palavras e regras gramaticais. Todavia, em seus cérebros, a informação linguística é direcionada para circuitos altamente especializados semelhantes a dos adultos. Os bebês aprendem tão rapidamente a compreender e falar – ao contrário dos outros primatas que são incapazes disso – provavelmente porque seu hemisfério esquerdo vem equipado com uma hierarquia predeterminada de circuitos que se especializam em detectar regularidades estatísticas para todos os aspectos da fala: som, palavra, sentença e texto.

AS RODOVIAS DA LINGUAGEM

A atividade flui por todas essas áreas do cérebro numa ordem específica porque há uma conexão entre elas. Nos adultos, estamos começando a compreender que caminhos interligam as regiões da linguagem. Em particular, os neurologistas descobriram que um grande cabo formado por milhões de fibras nervosas, chamado "fascículo arqueado", conecta as áreas temporais e parietais de linguagem da parte de trás do cérebro com as regiões frontais, particularmente a famosa área de Broca. Esse feixe de conexões é um indicador da evolução da linguagem. É muito mais largo no hemisfério esquerdo, o qual, em 96% dos indivíduos destros, é reservado à linguagem. Sua assimetria é específica dos seres humanos e não é observada nos outros primatas, nem mesmo em nossos primos mais chegados, os chimpanzés.

Mais uma vez, essa característica anatômica não resulta de aprendizado: está presente desde o começo. Com efeito, quando examinamos as conexões do cérebro de um recém-nascido, descobrimos que não só o fascículo arqueado, mas também todos os principais feixes que conectam as áreas corticais e subcorticais do cérebro estão presentes na hora do nascimento (ver a Figura 8 no encarte em cores).[5]

Essas "rodovias do cérebro" são construídas durante o terceiro trimestre de gestação. Durante a construção do córtex, cada neurônio excitatório em crescimento manda seu axônio explorar as regiões vizinhas, numa distância que pode chegar a vários centímetros, como um Cristóvão Colombo do cérebro. Essa exploração é guiada e canalizada por mensagens químicas, moléculas cujas concentrações variam conforme as regiões e atuam como marcadores espaciais. A cabeça do axônio literalmente fareja esse caminho químico deixado por nossos genes e deduz a direção que tem de seguir. Portanto, sem qualquer intervenção vinda do mundo exterior, o cérebro se auto-organiza para formar uma rede de conexões entrecruzadas, algumas das quais são específicas da espécie humana. Como veremos mais adiante, essa rede pode ser aprimorada pelo aprendizado – mas seu andaime inicial é inato e construído no útero.

Haveria nisso motivo de surpresa? Há apenas 20 anos, muitos pesquisadores consideravam extremamente improvável que o cérebro fosse mais do que uma massa desorganizada de conexões aleatórias.[6] Eles não podiam imaginar que nosso DNA, que contém somente um número limitado de genes, pudesse abrigar um plano detalhado dos circuitos altamente especializados que dão suporte à visão, à linguagem e às habilidades motoras. Esse é um raciocínio equivocado. Nosso genoma contém todos os detalhes de nosso corpo: sabe como fazer um coração com quatro cavidades; constrói corriqueiramente dois olhos, 24 vértebras, o ouvido interno com seus três canais perpendiculares, dez dedos e suas falanges, todos com uma reprodutibilidade extrema... então, por que não faria um cérebro com múltiplas sub-regiões internas?

As pesquisas recentes em imagens biológicas revelaram que, desde os dois primeiros meses da gravidez, quando os dedos da mão ainda estão brotando, eles já são invadidos por três nervos – o radial, o mediano e o ulnar, cada um se dirigindo para pontos terminais específicos (ver a Figura 8 no encarte em cores).[7] A mesma mecânica de alta precisão pode portanto existir no cérebro: assim como o broto da mão se parte em cinco dedos, o córtex se subdivide em algumas dúzias de regiões altamente especializadas, separadas por limites bem marcados (ver a Figura 9 no encarte em cores).[8] Já nos primeiros meses da gravidez, muitos genes são expressos seletivamente em pontos diferentes do córtex.[9] Por volta das 28 semanas de gestação, o cérebro começa a dobrar-se e aparecem os principais sulcos que caracterizam o cérebro humano. Nos fetos de 35 semanas, todas as principais dobras do córtex já estão bem formadas e a assimetria característica da região temporal, onde se abrigam as áreas da linguagem, já pode ser vista.[10]

A AUTO-ORGANIZAÇÃO DO CÓRTEX

Durante a gravidez, à medida que as conexões corticais se desenvolvem, o mesmo acontece com as dobras corticais correspondentes. No segundo trimestre, o córtex tem inicialmente um aspecto liso; mas logo aparece um primeiro conjunto de pregas que faz lembrar o cérebro dos macacos; e finalmente começamos a ver as dobras secundárias e terciárias típicas do cérebro humano – dobras por cima de dobras por cima de dobras. Pouco a pouco, essa epigênese se torna cada vez mais sujeita à atividade do sistema nervoso. Dependendo do *feedback* que o cérebro recebe dos sentidos, alguns circuitos se estabilizam, ao passo que outros, inúteis, degeneram. Com isso, o modo de se dobrar do córtex motor acaba sendo ligeiramente diferente nos canhotos e nos destros. Curiosamente, os indivíduos canhotos que foram obrigados em crianças a escrever com a mão direita mostram uma espécie de compromisso: seu córtex motor apresenta a forma típica dos canhotos, mas num tamanho em que se nota a assimetria direita/esquerda que é própria das pessoas destras.[11] Segundo a conclusão dos autores desse estudo, "a morfologia cortical nos adultos guarda um registro acumulado tanto dos vieses inatos quanto da experiência inicial de desenvolvimento".

As dobras corticais no cérebro do feto devem sua formação espontânea a um processo bioquímico de auto-organização dependente tanto dos genes quanto do ambiente químico das células, que requer uma informação genética extremamente limitada e nenhum aprendizado.[12] Essa auto-organização não é tão paradoxal quanto parece – e é onipresente no mundo. Represente o córtex como uma praia de areia em que se formam ondulações e lagos de dimensões variáveis, à medida que as ondas vão e vêm. Ou pense nele como um deserto em que aparecem rugas e dunas pela ação incansável do vento. A verdade é que listras, marcas e células hexagonais emergem em múltiplas escalas em todos os tipos de sistemas biológicos ou físicos, desde as impressões digitais até a pele da zebra, as manchas do leopardo, as colunas de basalto nos vulcões, as dunas do deserto e as nuvens distanciadas de maneira regular num céu de verão. O matemático inglês Alan Turing foi quem primeiro explicou esse fenômeno: tudo que é necessário é um processo de inibição local e amplificação à distância. Quando o vento sopra sobre uma praia, à medida que os grãos de areia começam a se acumular, um processo de autoamplificação se inicia: o montinho que vai se formando tende a atrair outros grãos de areia, enquanto atrás dele o vento rodopia e leva embora a areia; em poucas horas, nasce uma duna. Assim que há inibição local e excitação à distância, pode-se ver surgir uma região densa (a duna), cercada por uma região menos densa (o lado côncavo); este, por sua vez, seguido por outra duna *ad infinitum*. Dependendo das circunstâncias exatas, os padrões que aparecem espontaneamente formam manchas, listras ou hexágonos.

A auto-organização está presente em toda parte no cérebro em desenvolvimento: nosso córtex é cheio de colunas, listras e bordas definidas. A segregação espacial parece ser um dos mecanismos pelos quais os genes configuram módulos neuronais especializados para processar tipos diferentes de informação. O córtex visual, por exemplo, é coberto por faixas alternadas que processam a informação proveniente dos olhos esquerdo e direito – elas são chamadas "colunas de dominância ocular" e emergem espontaneamente no cérebro em desenvolvimento, usando a informação que surge da atividade intrínseca da retina. Mas mecanismos de auto-organização semelhantes podem ocorrer num nível mais alto, não necessariamente ladrilhando a superfície do córtex, mas cobrindo espaços mais abstratos. Um dos exemplos mais espetaculares é a existência de *células de grade* – neurônios que codificam a localização de um rato, pavimentando o espaço por meio de uma grade de triângulos e hexágonos (ver a Figura 10 no encarte em cores).

As células de grade são neurônios localizados numa região específica do cérebro do rato chamada "córtex entorrinal". Edward e May-Britt Moser ganharam o Prêmio Nobel em 2014 por terem descoberto suas notáveis propriedades geométricas. Eles foram os primeiros a registrar os neurônios no córtex entorrinal enquanto o animal circulava por um local muito grande.[13] Nós já sabíamos que numa região próxima chamada "hipocampo", os neurônios se comportavam como "células de lugar": elas emitiam sinais somente se o animal se encontrava num determinado lugar da sala. A descoberta revolucionária dos Moser foi que as células-grade respondiam não só a um determinado lugar, mas a todo um conjunto de posições. Ademais, aquelas localizações privilegiadas que faziam com que uma célula emitisse sinais se encontravam dispostas de maneira muito regular: elas formavam uma rede de triângulos equiláteros, que se agrupavam formando hexágonos, um pouco como as manchas na pele de uma girafa ou as colunas de basalto nas rochas vulcânicas! Sempre que o animal faz uma caminhada, mesmo no escuro, o envio de sinais por parte de cada célula informa ao rato em que lugar ele se encontra em relação a uma rede de triângulos que abarca a totalidade do espaço. O comitê do Nobel deu corretamente a esse sistema o nome de "GPS do cérebro": ele fornece um sistema neural de coordenadas confiável, que mapeia o espaço exterior.

No entanto, qual o motivo de os mapas neuronais usarem triângulos e hexágonos, em vez dos retângulos e linhas perpendiculares de nossos mapas comuns? Desde Descartes, os matemáticos e cartógrafos sempre confiaram em dois eixos perpendiculares chamados "coordenadas cartesianas" (x e y, abscissa e ordenada, longitude e latitude). Por que o cérebro do rato prefere confiar num conjunto de triângulos e hexágonos? Muito provavelmente porque os neurônios das células-grade se auto-organizam durante o crescimento e, na natureza, essa auto-organização produz hexágonos com frequência, como na pele da girafa, nas colmeias e nas colunas vulcânicas. Os físicos compreendem agora por que as formas hexagonais são tão onipresentes: elas emergem espontaneamente sempre que um sistema parte de um estado desorganizado, isto é "quente", e lentamente se resfria, acabando por congelar-se como estrutura estável (ver a Figura 10 no encarte em cores). Os pesquisadores têm proposto uma teoria semelhante para a emergência das células-grade no córtex entorrinal durante o desenvolvimento do cérebro: grupos desorganizados de neurônios se estabilizam progressivamente, formando um conjunto organizado de células de grade, com hexágonos emergindo como uma atração espontânea da dinâmica do córtex.[14] De acordo com essa teoria, nenhuma sinalização orientadora é exigida para que o rato crie um mapa com características de grade. Com efeito, o engendramento desse circuito não envolve nenhum aprendizado: ele emerge da dinâmica do córtex em desenvolvimento.

Essa teoria da auto-organização dos mapas cerebrais está começando a ser testada com sucesso. Experimentos extraordinários mostram que o GPS do cérebro emerge mesmo muito cedo durante o desenvolvimento do rato. Dois grupos independentes de pesquisadores conseguiram implantar eletrodos em ratos recém-nascidos, antes mesmo que começassem a andar.[15] Usando essa preparação inicial, procuraram verificar se as células-grade já estavam presentes no córtex entorrinal. Eles também testaram células de lugar (aquelas que respondem a uma localização única) e células de direção da cabeça, um terceiro tipo de neurônio que funciona como a bússola de uma embarcação: cada neurônio dispara quando o animal se move numa certa direção, por exemplo, noroeste ou sudeste. O que os pesquisadores descobriram é que todo esse sistema é praticamente inato: as células de direção da cabeça estão presentes desde o primeiro momento que foi possível registrar, e as células de lugar e de grade emergem um ou dois dias depois que o bebê rato começou a andar por aí.

Os dados são magníficos, mas não têm nada de surpreendente: para muitos animais, sejam eles formigas ou aves, répteis ou mamíferos, os mapeamentos são coisa séria. Assim que os filhotes de cachorro, gatinhos ou passarinhos deixam o ninho e começam a explorar o mundo, é crucial para sua sobrevivência que saibam a todo momento onde estão e possam encontrar o caminho da volta para casa, onde as mães os esperam. Muitas eras atrás, a evolução parece ter encontrado um meio para dotar o cérebro nascente de uma bússola, um mapa e um registro dos lugares que ele visita.

E esse GPS neuronal existe mesmo no cérebro humano? Sim. Sabemos agora, por meios indiretos, que o cérebro adulto também é dotado de um mapa neuronal com simetria hexagonal, exatamente no mesmo lugar que nos ratos (o córtex entorrinal).[16] E sabemos também que as crianças muito pequenas já têm uma noção de espaço. As crianças pequenas não têm dificuldade para se orientar num quarto: se forem levadas do ponto A para o ponto B, e depois para o ponto C, elas saberão voltar em linha reta de C para A e, surpreendentemente, fazem isso mesmo quando são cegas de nascença. O jovem da espécie humana possui então, como os ratos, um módulo mental para a navegação no espaço.[17] Ainda não conseguimos ver esse mapa diretamente no cérebro do bebê, porque continua sendo extraordinariamente difícil conseguir imagens de um cérebro em ação nessa idade muito jovem (tente fazer uma ressonância magnética num bebê que esteja engatinhando!), mas temos certeza de alcançar sucesso algum dia, tão logo se tornem disponíveis métodos para obter imagens de um cérebro em movimento.

Eu poderia continuar dando exemplos de módulos especializados presentes no cérebro do bebê. Sabemos, por exemplo, que com poucos meses (embora talvez não ao nascer) seu córtex visual contém uma região que manifesta preferência por faces, mais do que por imagens de casas.[18] A formação dessa região parece resultar parcialmente de aprendizado, mas é canalizada com precisão, guiada e restringida pela conectividade do cérebro. Essas conexões garantem que a mesma localização, com uma margem de poucos milímetros, se especialize para faces em todos os indivíduos – e acaba formando um dos módulos mais específicos do córtex, um ponto em que nada menos que 98% dos neurônios se especializam em faces e mal respondem a outras imagens.

Tomando outro exemplo: também sabemos que o córtex parietal do bebê já responde ao número dos objetos,[19] numa localização que coincide com aquela que é ativada quando o ser humano adulto calcula 2 + 2, ou quando um macaco memoriza um número de objetos. Nos macacos, o neurocientista alemão Andreas Nieder demonstrou com sucesso que essa região contém neurônios sensíveis ao número de objetos: há neurônios especializados para um objeto, para dois, três e assim por diante... e esses neurônios estão presentes mesmo se o macaco nunca foi treinado para realizar uma tarefa numérica. Pensamos por isso que esses módulos emergem inicialmente numa base inata, mesmo que o ambiente os modele em seguida. Meus colegas e eu propusemos um modelo matemático exato para a auto-organização dos neurônios numéricos, desta vez baseado numa propagação por ondas ao longo da superfície do córtex em desenvolvimento. Essa teoria é capaz de explicar as propriedades dos neurônios numéricos em cada detalhe. No modelo, essas células acabam formando uma espécie de linha numérica – uma cadeia linear que emerge espontaneamente de uma rede de neurônios conectados ao acaso, na qual os números um, dois, três, quatro etc. ocupam posições sucessivas.[20]

O conceito de auto-organização distingue-se radicalmente do ponto de vista – clássico mas equivocado – segundo o qual o cérebro é uma lousa em branco, amplamente desprovida de uma estrutura inicial e dependente do contexto para configurar essa estrutura. Ao contrário, poucos dados ou mesmo nenhum são necessários para que o cérebro desenvolva um mapa ou uma linha numérica. A auto-organização também distingue o cérebro das redes neurais artificiais que predominam atualmente entre as abordagens da inteligência artificial inspiradas na engenharia. Atualmente, a inteligência artificial se tornou quase sinônimo de "grande quantidade de dados" – porque essas redes são incrivelmente famintas de dados, e só começam a agir de forma inteligente depois de alimentadas com gigabytes de dados. Diferente delas, nosso cérebro não precisa de tanta experiência. Ao contrário, os principais nós de nosso cérebro, os módulos em que nosso conhecimento nuclear fica armazenado, parecem desenvolver-se de maneira bastante espontânea, talvez com base apenas em simulação interna.

Somente um punhado de cientistas da computação contemporâneos, como o professor do MIT Josh Tenenbaum, estão tentando seriamente incorporar esse tipo de auto-organização na inteligência artificial. Tenenbaum e colegas estão trabalhando no "projeto de bebê virtual" – um sistema que seria capaz de gerar autonomamente milhões de pensamentos e imagens. Esses dados gerados internamente serviriam então de base para aprender no restante do sistema, sem necessidade de dados externos. Nessa visão radical, mesmo antes do nascimento, os fundamentos de nossos circuitos cerebrais nucleares surgem por auto-organização, por um *bootstrapping* feito por eles a partir de uma base de dados gerada no interior do sistema.[21] A maior parte do trabalho de base inicial ocorre internamente, na ausência de qualquer interação com o mundo exterior, e somente os ajustes finais ficam por conta do aprendizado, modelados pelos dados adicionais que recebemos do ambiente.

A conclusão que emerge dessa linha de pesquisa reforça o poder compartilhado de genes e auto-organização no desenvolvimento do cérebro humano. Ao nascer, o cérebro da criança está dobrado quase como o de um adulto. Já se encontra subdividido em áreas sensoriais e áreas cognitivas, que são interconectadas por feixes de fibras definidos e passíveis de reprodução. Abriga uma coleção de módulos parcialmente especializados, cada um projetando um tipo particular de representação do mundo exterior. As células de grade do córtex entorrinal desenham planos bidimensionais, perfeitos para codificar e navegar o espaço. Como veremos mais adiante, outras regiões, entre as quais o córtex parietal, traçam linhas, excelentes para quantificar quantidades lineares que incluem o número, o tamanho e a passagem do tempo; e a área de Broca projeta estruturas arbóreas, ideais para codificar a sintaxe das línguas. De nossa evolução, herdamos um conjunto de regras fundamentais, dentre as quais selecionaremos mais tarde aquelas que melhor representam as situações e os conceitos que teremos de aprender durante a vida.

AS ORIGENS DA INDIVIDUALIDADE

Ao afirmar a existência de uma natureza universalmente humana, de circuitos cerebrais inatos, criados pelos genes e pela auto-organização, não pretendo negar a existência de diferenças individuais. Sempre que os examinamos mais de perto e mais a fundo, nossos cérebros exibem traços únicos – isso desde seus primeiros momentos. Por exemplo, nossas dobras corticais, exatamente como as impressões digitais, são definidas antes do nascimento e variam de maneiras singulares – mesmo em gêmeos idênticos. Da mesma forma, a robustez e a densidade de nossas conexões corticais de longa distância, inclusive de suas trajetórias exatas, variam em medida considerável, tornando único cada um de nossos "conexômios".* É,

---

* N.T.: O termo inglês, *connectome(s)*, é, como indicam as aspas, uma palavra inventada. O mesmo vale para o decalque *conexômios*, que usei aqui.

contudo, importante considerar que essas variações giram em torno de um mesmo tema. O plano geral do cérebro do *Homo sapiens* segue um esquema fixo, semelhante à sucessão de acordes que os músicos de jazz memorizam quando aprendem uma melodia. É somente a essa grade humana-universal que os caprichos de nossos genomas e as peculiaridades de nossas gestações superpõem suas improvisações pessoais. Nossa individualidade é real, mas nada de exagerar: cada um de nós não passa de uma variação da linha melódica *Homo sapiens*. Em cada um de nós, quer sejamos negros ou brancos, asiáticos ou indígenas americanos, vivendo em qualquer lugar do planeta, a arquitetura cerebral é sempre óbvia. A esse respeito, o córtex de qualquer ser humano difere do de nosso parente vivo mais próximo, o chimpanzé, tanto quanto uma improvisação sobre a canção "My Funny Valentine" difere, por exemplo, da de "My Romance".

Pelo fato de compartilharmos a mesma estrutura inicial de cérebro, o mesmo conhecimento nuclear e os mesmos algoritmos de aprendizado que nos permitem adquirir talentos adicionais, acabamos por partilhar frequentemente os mesmos conceitos. O mesmo potencial humano está presente em todas as pessoas – quer se trate do potencial para a leitura, para a ciência ou para a matemática, mesmo em cegos, surdos ou mudos. Como o filósofo Roger Bacon (1220-1292) observou no século XIII, "O conhecimento das matérias matemáticas é quase inato em nós... Esta é a mais fácil das ciências, um fato que fica óbvio, pois não é rejeitado pelo cérebro de ninguém; homens comuns e pessoas completamente iletradas sabem contar e calcular". O mesmo, obviamente, pode ser dito da linguagem – não existe praticamente nenhuma criança que não tenha uma tendência, poderosa e inata para adquirir a língua de seu entorno imediato, ao passo que, conforme já ficou assinalado, nenhum chimpanzé, mesmo aqueles que foram adotados por famílias humanas ao nascer, resmunga mais do que algumas palavras ou produz mais do que alguns sinais.

Em resumo, diferenças individuais são reais – mas quase sempre de grau e não de tipo. É somente nas pontas da distribuição normal da organização do cérebro que as variações neurobiológicas acabam por criar diferenças cognitivas reais. Cada vez mais, estamos descobrindo que crianças com desordens do desenvolvimento se localizam nos extremos dessa distribuição. Seus cérebros parecem ter tomado o rumo errado no caminho de desenvolvimento que leva da herança genética para a migração neuronal e a auto-organização de circuitos durante a gravidez.

A demonstração científica é cada vez mais sólida no caso da dislexia, uma desordem do desenvolvimento que prejudica a capacidade de aprender a ler, ao mesmo tempo que deixa intactas a inteligência e outras faculdades. Se você é disléxico, qualquer irmão seu tem uma chance de 50% de sofrer de dislexia, e isso aponta para a forte determinação genética dessa desordem do desenvolvimento. Pelo menos quatro genes têm sido até agora implicados na dislexia – e é interessante observar que a maioria desses genes afeta a capacidade dos neurônios de migrar para suas localizações finais no córtex, durante a gravidez.[22] A ressonância magnética também mostra anomalias profundas nas conexões que sustentam a leitura, no hemisfério esquerdo.[23] De forma decisiva, é possível detectar as anomalias bem cedo: em crianças com predisposição genética para a dislexia, aos seis meses de idade um déficit no reconhecimento de fonemas da língua falada já separa aquelas que desenvolverão a dislexia das que se tornarão leitoras normais.[24] Na verdade, é sabido que os déficits fonológicos são um dos principais fatores na emergência da dislexia – mas eles não são a única causa: o circuito da leitura é suficientemente complicado para conter muitos pontos em que pode falhar. Já foram descritos vários tipos de dislexia, entre eles o déficit de atenção, que faz com que a criança misture as letras em palavras próximas,[25] e déficits visuais, que causam confusões em espelho.[26] A dislexia parece localizar-se no extremo de uma curva em forma de sino das capacidades visuais, atencionais e fonológicas, que vai desde a plena normalidade até déficits graves.[27] Todos nós compartilhamos a mesma constituição de *Homo sapiens*, mas somos ligeiramente diferentes na medida quantitativa de nossa herança, devido provavelmente a variações semialeatórias no traçado inicial de nossos circuitos neurais.

Algo virtualmente igual poderia ser dito sobre outros déficits de desenvolvimento. Por exemplo, a discalculia tem sido relacionada com déficits iniciais de matéria cinzenta e matéria branca nos circuitos dorsais parietais e frontais que dão suporte ao cálculo e à matemática.[28] As crianças prematuras, que podem sofrer de infartos periventriculares nas regiões parietais que dão suporte à noção de número, correm um risco maior de discalculia.[29] Uma desorganização neurológica que ocorra muito cedo pode causar a discalculia, quer impactando diretamente o conhecimento nuclear dos conjuntos e quantidades, quer por desconectá-lo de outras áreas envolvidas na aquisição de palavras que denotam números e símbolos da aritmética. Ambos os casos resultam na predisposição das crianças para terem dificuldades no aprendizado da matemática. Elas tendem a precisar de ajuda específica para fortalecer suas intuições inicialmente fracas em relação a quantidades.

Com nossas cabeças que pensam em termos de tudo ou nada, tendemos a exagerar as consequências dessas descobertas científicas para as causas genéticas dos déficits de desenvolvimento. Nenhum dos genes envolvidos na dislexia, discalculia, ou mesmo em qualquer outra síndrome do desenvolvimento, incluindo o autismo e a esquizofrenia, tem um determinismo de 100%. No máximo, inclinam a balança – mas o ambiente também tem enorme participação na trajetória de desenvolvimento da criança. Meus colegas da educação especial são categóricos: nenhuma dislexia ou discalculia é tão forte a ponto de ficar fora do alcance da reabilitação. É tempo de nos voltarmos para esse segundo maior fator no desenvolvimento cerebral: a plasticidade do cérebro.

O aporte da cultura

*Todo mundo sabe que a habilidade de um pianista [...] requer
muitos anos de ginástica mental e muscular. Para compreender
esse importante fenômeno, é necessário aceitar que, para além
do fortalecimento de percursos orgânicos preestabelecidos,
são criados novos percursos pela ramificação e crescimento
progressivo de processos terminais dendríticos e axônicos.*

Santiago Ramón y Cajal (1904)

Insisti ainda há pouco na contribuição da natureza para a construção de nosso cérebro – a interação dos genes com a auto-organização. É claro que a cultura é igualmente importante. A organização inicial do cérebro não permanece a mesma para sempre: a experiência a refina e enriquece. Essa é a outra face da moeda: quais são as mudanças trazidas pelo aprendizado no cérebro de uma criança? Para compreender isso, precisamos retornar cem anos no tempo, até as descobertas fundamentais do grande anatomista espanhol Santiago Ramón y Cajal (1852-1934).

Cajal é um dos heróis da neurociência. Tendo à mão seu microscópio, foi o primeiro a mapear a micro-organização do cérebro. Desenhista genial, produziu representações realísticas e simplificadas dos circuitos neurais, verdadeiras obras-primas que figuram entre os principais trabalhos da ilustração científica. Acima de tudo, porém, foi capaz de passar da observação para a interpretação, e da anatomia para a função, com um discernimento impressionante. Embora seu microscópio lhe mostrasse somente a anatomia *post-mortem* dos neurônios e seus circuitos, conseguiu tirar inferências ousadas e exatas sobre o modo como eles funcionam.

A maior descoberta de Cajal, que lhe valeu um Prêmio Nobel em 1906, foi que o cérebro é constituído por células nervosas diferenciadas (os neurônios) e não por uma rede contínua, um *reticulum*, como se vinha pensando até então. Ele também se deu conta de que, à diferença das outras células – como os glóbulos vermelhos do sangue, que são mais ou menos redondos e compactos – os neurônios assumem formas incrivelmente complexas. Cada neurônio tem uma enorme árvore, composta de alguns milhares de ramificações, cada uma menor que a seguinte, chamadas "dendritos" (*dendron* significa "árvore" em grego). Populações de neurônios se juntam para formar uma floresta inextricável de arborizações neurais.

Essa complexidade não desanimou nosso neurocientista espanhol. Em diagramas que ficaram famosos na história da neurociência e que retratavam detalhadamente a anatomia do córtex e do hipocampo, Cajal acrescentou algo eminentemente simples e de grande relevância teórica: as flechas! As flechas de Cajal indicam a direção em que fluem os impulsos nervosos: dos dendritos para o corpo celular do neurônio, percorrendo por fim o axônio. Era uma especulação arrojada, mas que se revelou correta. Cajal compreendeu que a forma dos neurônios correspondia às suas funções; com sua árvore dendrítica, um neurônio recolhe informação de outras células, e essas informações convergem no corpo da célula, onde o neurônio as compila para depois emitir uma única mensagem. Essa mensagem, chamada "potencial de ação" ou "espiga", é então transferida seguindo o axônio, um longo cipó parecido com uma trepadeira que alcança milhares de outros neurônios, às vezes vários centímetros distante.

Cajal conseguiu inferir um outro fato de importância capital: que os neurônios se comunicam entre si através das sinapses. Ele foi o primeiro a compreender que cada neurônio é uma célula distinta – mas seu microscópio também revelou que essas células entram em contato em pontos determinados. Essas zonas de junção são o que chamamos hoje de "sinapses" (Cajal fez a descoberta, mas o nome foi cunhado em 1897 pelo grande fisiologista inglês Charles Sherrington [1857-1952]). Cada sinapse é o ponto de encontro de dois neurônios ou, mais precisamente, o lugar em que o axônio de um neurônio encontra o dendrito do outro neurônio. Um neurônio "pré-sináptico" manda seu axônio para longe até encontrar o dendrito do segundo neurônio, "pós-sináptico", e se conecta com ele.

O que acontece na sinapse? Um outro ganhador de prêmio Nobel, o neuropsicólogo Thomas Südhof, dedicou toda a sua investigação a essa questão e concluiu que as sinapses são as unidades de computação do sistema nervoso – os autênticos nano-processadores do cérebro. Tenha presente que o nosso cérebro contém cerca de mil trilhões de sinapses. A complexidade de um tal maquinário é simplesmente inigualável. Aqui, eu só posso resumir seus traços mais simples. A mensagem que viaja no axônio é elétrica, mas a maioria das sinapses a transformam numa mensagem química. O final do axônio, o "botão terminal" próximo da sinapse, contém vesículas, pequenos bolsos recheados de moléculas chamadas "neurotransmissores" (glutamato, por exemplo). Quando o sinal elétrico chega ao botão terminal de um axônio, as vesículas se abrem e as moléculas fluem pelo espaço sináptico que separa os dois neurônios. É por isso que chamamos essas moléculas "neurotransmissores": elas transmitem uma mensagem de um neurônio para o seguinte. Um momento depois de serem liberadas do terminal pré-sináptico, as moléculas aderem à membrana do segundo neurônio, o pós-sináptico, em pontos particulares chamados "receptores". Os neurotransmissores estão para os receptores como as chaves estão para as fechaduras: literalmente, eles abrem portas nas membranas do neurônio pós-sináptico. Íons, isto é, átomos carregados positiva ou negativamente, escoam para dentro desses canais abertos e geram uma corrente elétrica no neurônio pós-sináptico. O ciclo está agora completo: a mensagem mudou de elétrica para química, e depois, inversamente, de química para elétrica e, nesse processo, cruzou o espaço entre os dois neurônios.

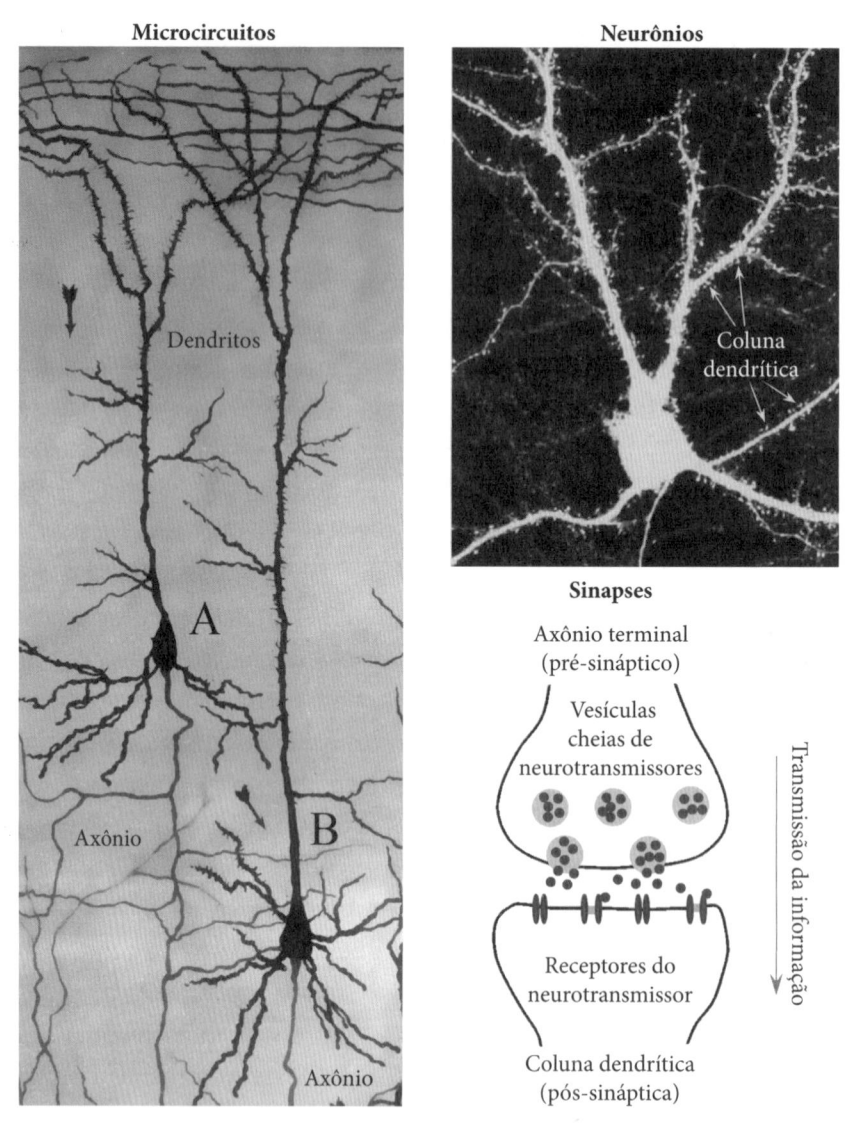

Microcircuitos

Dendritos

A

Axônio

B

Axônio

Neurônios

Coluna
dendrítica

Sinapses

Axônio terminal
(pré-sináptico)

Vesículas
cheias de
neurotransmissores

Transmissão da informação

Receptores do
neurotransmissor

Coluna dendrítica
(pós-sináptica)

Os neurônios, as sinapses e os microcircuitos que eles formam são o equipamento material da plasticidade do cérebro; eles sofrem ajustamento cada vez que aprendemos. Cada neurônio é uma célula diferente, com "árvores" chamadas "dendritos" (no alto à esquerda), que recebem informação de outros neurônios, e um axônio (embaixo à esquerda), que manda mensagens aos outros neurônios. O microscópio localiza facilmente as colunas dendríticas, que são os corpos em forma de cogumelo que abrigam as sinapses – os pontos de conexão entre dois neurônios. Sempre que aprendemos, todos esses elementos podem sofrer mudanças: o tamanho das colunas dendríticas, o número de ramificações dos dendritos e axônios, e mesmo o número de folhas da mielina, que isola os axônios e determina sua velocidade de transmissão.

O que isso tem a ver com aprendizado? Bem, nossas sinapses estão mudando constantemente, ao longo de nossas vidas, e essas mudanças refletem aquilo que aprendemos.[1] Cada sinapse é uma pequena unidade industrial química, e muitos elementos dessa unidade podem mudar no decorrer do aprendizado: o número de vesículas, seu tamanho, o número de receptores, sua eficiência, e mesmo o tamanho ou a forma da própria sinapse... Todos esses parâmetros afetam a força com que a mensagem elétrica pré-sináptica será transmitida ao segundo neurônio, o pós-sináptico – e eles proporcionam um espaço de armazenamento útil para a informação aprendida.

Além disso, essas mudanças na força sináptica não acontecem ao acaso: tendem a estabilizar a atividade dos neurônios, reforçando sua capacidade de se excitar reciprocamente caso já o tenham feito no passado. A regra básica é tão elementar que já tinha sido proposta como hipótese em 1949 pelo psicólogo Donald Hebb (1904-1985). Pode ser resumida nesta fórmula simples: *neurônios que disparam juntos permanecem conectados*. Quando dois neurônios são ativados ao mesmo tempo ou em sequência breve, sua conexão se fortalece. Mais precisamente, se o neurônio pré-sináptico emissor dispara, e o neurônio pós-sináptico dispara alguns milissegundos depois, então a sinapse fica fortalecida: no futuro, a transmissão entre esses dois neurônios ficará ainda mais eficiente. Se, ao contrário, a sinapse não consegue se fazer sentir, de modo que o neurônio pós-sináptico deixa de disparar, então a sinapse se enfraquece.

Entendemos agora por que esse fenômeno estabiliza a atividade neuronal: ele fortalece os circuitos que trabalharam bem no passado. As mudanças sinápticas que seguem a regra de Hebb aumentam a probabilidade de que o mesmo tipo de atividade aconteça de novo. A plasticidade sináptica torna possíveis vastas combinações, cada uma delas composta de milhões de neurônios que se sucedem um ao outro numa ordem precisa e reprodutível. Um rato que atravessa um labirinto passando pelo melhor caminho, um violinista que derrama de seus dedos uma fonte de notas, uma criança que recita de forma perfeita um poema... cada uma dessas circunstâncias desperta uma sinfonia neural em que cada movimento, cada nota ou palavra é registrada por centenas de milhões de sinapses.

Naturalmente, o cérebro não guarda uma lembrança de todos os acontecimentos de nossa vida. Somente os momentos que considera mais importantes ficam impressos nas sinapses. Para esse fim, a plasticidade sináptica é modulada por vastas redes de neurotransmissores, particularmente a acetilcolina, a dopamina e a serotonina, que sinalizam quais episódios são suficientemente importantes para serem lembrados. A dopamina, por exemplo, é o neurotransmissor associado com a recompensa: comida, sexo, drogas... e se você quer saber, sim, também o rock 'n' roll![2] O circuito da dopamina marca tudo aquilo que amamos, todo estímulo do qual "somos dependentes" e assinala ao resto do cérebro que aquilo que estamos vivendo é positivo e melhor do que o esperado. A acetilcolina, por outro lado, liga-se geralmente a todos os momentos importantes. Seus efeitos são pesados. Por exemplo, você é capaz de lembrar detalhes muito particulares daquilo que estava fazendo no dia 11 de setembro de 2001, quando soube do ataque ao World Trade Center, porque naquele dia, um furacão de neurotransmissores passou por seus circuitos cerebrais, alterando intensamente as sinapses. Um determinado circuito é particularmente crucial: a amígdala, um grupo subcortical de neurônios ativado principalmente por emoções fortes, manda sinais a seu vizinho, o hipocampo, que guarda os principais episódios de nossa existência. Desse modo, as modificações sinápticas realçam em primeiro lugar os fatos de nossas vidas que os circuitos emocionais de nosso cérebro consideram os mais significativos.

A capacidade das sinapses de se modificarem de acordo com a atividade de seus neurônios pré e pós-sinápticos foi verificada inicialmente sob condições artificiais. Os experimentadores precisaram produzir espasmos nos neurônios, estimulando-os num ritmo frenético com uma corrente elétrica alta, até que a força de suas sinapses mudasse. Depois dessa experiência traumática, as sinapses ficaram modificadas por várias horas, um fenômeno chamado "potenciação de longo termo", que parecia ideal para manter memórias por longo prazo.[3] Mas esse mecanismo era de fato usado pelo cérebro para armazenar informações em condições normais? A primeira evidência veio de um animal marinho, o *Apolysia californica*, uma lesma marinha de neurônios gigantescos. Essa criatura não é dotada de um cérebro no sentido habitual do termo, mas em compensação tem grandes feixes de células nervosas, chamadas "gânglios". Nessas estruturas, o vencedor do Prêmio Nobel Eric Kandel identificou toda uma cascata de modificações sinápticas e moleculares quando o animal ficou condicionado para esperar comida, um pouco como o cachorro de Pavlov.[4]

Logo, com a evolução das técnicas de gravação e visualização das sinapses, acumularam-se evidências da plasticidade sináptica no aprendizado. As mudanças sinápticas ocorrem precisamente nos circuitos que o animal usa para aprender. Quando um camundongo aprende a evitar o lugar onde recebeu um pequeno choque elétrico, mudam as sinapses do hipocampo, região responsável pela memória espacial e episódica:[5] as conexões entre o hipocampo e a amígdala criam uma ligação permanente para essa experiência traumática. Quando o camundongo fica aterrorizado por um som, as sinapses que conectam a amígdala ao córtex auditivo sofrem uma mudança parecida.[6] Além disso, essas mudanças não só ocorrem durante o aprendizado, como parecem desempenhar um papel causal nele. A prova é que se, nos minutos que se seguem a um acontecimento traumático, nós interferirmos nos mecanismos moleculares que permitem que as sinapses sofram mudanças relacionadas ao aprendizado, o animal acaba por não lembrar nada.[7]

O RETRATO DE UMA MEMÓRIA

O que é uma memória? E o que é seu fundamento físico no cérebro? A maioria dos pesquisadores concorda com a seguinte explicação, que distingue períodos de codificação e períodos de rememoração.[8]

Comecemos pela codificação. Cada uma de nossas percepções, ações e pensamentos conta com a atividade de um conjunto específico de neurônios (ao passo que outros ficam inativos ou mesmo inibidos). A identidade desses neurônios ativos, distribuídos em várias regiões do cérebro, define o conteúdo de nossos pensamentos. Quando eu vejo, digamos, Donald Trump no Salão Oval, alguns neurônios respondem à sua face (na região temporal inferior), outros à sua voz (na região temporal superior), outros à decoração de seu gabinete (na região para-hipocampal), e assim por diante. Alguns neurônios específicos podem fornecer determinadas informações, mas a memória como um todo está sempre codificada por vários grupos interconectados de neurônios. Se eu encontrar com uma colega no escritório, a atividade em cascata de um grupo ligeiramente diferente de neurônios me permitirá, em princípio, evitar que eu confunda essa colega com o presidente, e seu escritório com o famoso Salão Oval. Grupos diferentes de neurônios codificam faces e lugares diferentes – e como esses neurônios estão estreitamente conectados, a simples vista da Casa Branca pode evocar a cara de Trump, ao passo que eu posso ter dificuldade para reconhecer minha colega fora de contexto, por exemplo, se cruzo com ela na academia de ginástica.

Suponhamos agora que, depois de ver o presidente no Salão Oval, meu sistema emocional julgue essa experiência suficientemente importante para ser armazenada na memória. Como faz o meu cérebro, para conseguir gravá-la? Para consolidar o evento, os neurônios que foram recentemente ativados sofrem mudanças físicas substanciais. Eles modificam a força de suas interconexões, de modo a aumentar o apoio do grupo e tornar mais provável que esse conjunto de neurônios dispare no futuro. Algumas sinapses tornam-se fisicamente maiores e podem mesmo ser duplicadas. Os neurônios-alvos às vezes criam novas colunas, botões terminais ou dendritos. Todas essas modificações anatômicas implicam a expressão de novos genes, no decorrer de várias horas, ou mesmo dias. Essas mudanças são as bases físicas da aprendizagem: coletivamente, elas formam um substrato para a memória.

Depois que uma memória sináptica está formada, os neurônios podem descansar: quando eles param de disparar, a memória fica dormente, inconsciente, mas inscrita na própria anatomia de meus circuitos neuronais. No futuro, graças a essas conexões, um sinal ou estímulo externo (por exemplo, uma foto do gabinete presidencial) pode bastar para produzir uma avalanche de atividade neuronal no circuito original. Essa avalanche restabelecerá um padrão de descargas neurais semelhante ao momento em que a memória foi criada, permitindo, no limite, que eu reconheça a face de Donald Trump. De acordo com essa teoria, cada memória restabelecida é uma reconstrução: lembrar é tentar reproduzir exatamente o mesmo padrão de disparos que ocorreram nos mesmos circuitos cerebrais durante uma experiência passada.

Portanto, a memória não pode ser atribuída a uma única região do cérebro – ela se distribui pela maioria senão pela totalidade dos circuitos cerebrais, porque cada um deles é capaz de mudar suas sinapses em resposta a um padrão frequente de atividade neural. Mas nem todos os circuitos desempenham o mesmo papel. Mesmo que a terminologia continue vaga, e que continue a mudar, os pesquisadores distinguem pelo menos quatro tipos de memórias.

- A memória de trabalho retém uma representação mental em forma ativa por alguns segundos. Vale-se principalmente do disparo intenso de muitos neurônios nos córtices parietal e pré-frontal, que, por sua vez, apoiam neurônios em outras regiões mais periféricas.[9] A memória de trabalho é aquilo que, tipicamente, permite guardar na mente um número de telefone: pelo tempo que toma digitar esse número no nosso celular, certos neurônios se apoiam reciprocamente, e assim mantêm a informação num estado ativo. Esse tipo de memória baseia-se sobretudo na manutenção de um estado de atividade ininterrupto – embora tenha sido descoberto recentemente que ele envolve também mudanças sinápticas de curta duração[10] que permitiriam aos neurônios ficar dormentes por um breve tempo e voltar rapidamente a seu estado ativo. Seja como for, a memória de trabalho nunca dura mais do que poucos segundos: assim que algo diferente nos distrai, o conjunto de neurônios ativos desvanece. É a reserva de curto prazo do cérebro, que mantém na mente somente as informações mais "quentes" e mais recentes.

- Memória episódica: O hipocampo, uma estrutura localizada nas profundezas dos hemisférios cerebrais abaixo do córtex, registra o desdobrar-se dos episódios de nossas vidas diárias. Os neurônios no hipocampo parecem memorizar o contexto de cada evento: codificam quando, como e com quem as coisas aconteceram. Eles armazenam cada episódio por meio de mudanças sinápticas, de modo que possamos lembrá-las mais tarde. O famoso paciente H.M., cujos hipocampos em ambos os hemisférios tinham sido desligados cirurgicamente, não conseguia lembrar-se de nada: vivia num eterno presente, incapaz de acrescentar a mais leve lembrança nova à sua biografia mental. Dados recentes sugerem que o hipocampo está envolvido em todos os tipos de aprendizado rápido. Se a informação aprendida for única, seja ela um evento específico ou uma nova descoberta digna de interesse, os neurônios do hipocampo lhe atribuirão uma sequência específica de disparos.[11]

- Memória semântica: As memórias não parecem ficar no hipocampo para sempre. De noite, o cérebro as reproduz e as manda para uma nova localização no interior do córtex. Ali, são transformadas em conhecimento permanente: nosso cérebro extrai a informação contida nas experiências pelas quais passamos, a generaliza e integra em nossa grande biblioteca de conhecimento do mundo. Passados alguns dias, ainda lembramos o nome do presidente, sem ter a menor recordação de onde e quando o ouvimos pela primeira vez: de episódica, a memória passou agora para semântica. Aquilo que, de início, era apenas um episódio isolado foi transformado em conhecimento de longa duração, e seu código neural passou do hipocampo para os circuitos corticais relevantes.[12]

- Memória procedural: Quando repetimos várias vezes a mesma atividade (amarrar os sapatos, recitar um poema, fazer contas, executar malabarismos, tocar violino, andar de bicicleta...), alguns neurônios no córtex e outros circuitos subcorticais acabam se modificando, para que as informações fluam melhor no futuro. O disparo dos neurônios torna-se mais eficiente e mais fácil de reproduzir, livre de qualquer interferência, capaz de acontecer sem erros e com a precisão de um relógio. É a memória procedural: o registro compacto e inconsciente de esquemas de atividades rotineiras. Aqui, não intervém o hipocampo: pela prática, a memória fica conservada num local de armazenamento implícito, que envolve principalmente um conjunto subcortical de circuitos chamados "gânglios basais". É por isso que o paciente H.M., mesmo que não tivesse nenhuma memória consciente episódica, relacionada com o hipocampo, ainda conseguia aprender novos procedimentos. Os pesquisadores chegaram a ensiná-lo a escrever de trás para frente olhando para sua própria mão num espelho. Não tendo lembrança das muitas vezes que tinha executado esse exercício anteriormente, ele ficava boquiaberto ao descobrir quanto era bom em uma coisa que ele achava ser uma brincadeira totalmente nova!

SINAPSES VERDADEIRAS E MEMÓRIAS FALSAS

No inesquecível *Brilho eterno de uma mente sem lembranças,* o diretor francês Michel Gondry imagina uma empresa que se especializa em apagar seletivamente as memórias dos cérebros das pessoas. Não seria útil apagar as lembranças que envenenam nossas vidas, por exemplo, aquelas que causam estresse pós-traumático nos veteranos de guerra? Ou, inversamente, não poderíamos pintar o enredo ilusório de uma memória falsa?

O domínio que têm os cientistas dos circuitos envolvidos na memória é tal que já não estamos tão longe do sonho de Michel Gondry. Ambos os tipos de manipulação foram executados em camundongos pela equipe de um outro vencedor do Prêmio Nobel, o professor Susumu Tonegawa. Num primeiro momento, ele colocou um camundongo num quarto e aplicou nele choques elétricos fracos. Então, o camundongo evitou o lugar em que esse fato desagradável tinha acontecido, indicando que o episódio tinha criado raízes em sua memória. Os colegas de Tonegawa conseguiram visualizar o resultado. Usando um sofisticado microscópio de dois fótons, puderam rastrear os neurônios ativos a cada instante e constataram que, no hipocampo, diferentes grupos de neurônios eram ativados para o espaço A – que tinha sido associado com o choque elétrico – e para o espaço B, onde nada tinha acontecido.

Então, os pesquisadores testaram se poderiam brincar com essas memórias episódicas. Enquanto o animal estava fisicamente localizado no espaço A, voltaram a lhe dar choques elétricos leves, mas desta vez ativaram artificialmente a população de neurônios que codificavam o espaço B. Esse condicionamento artificial deu resultados; em seguida, quando o camundongo voltou para o espaço B, ficou alarmado e gelou de medo. A lembrança ruim foi então ligada ao espaço B, onde não tinha acontecido nada.[13] Reativar um grupo significativo de neurônios tinha bastado para despertar uma lembrança e ligá-la a uma informação nova.

A equipe de Tonegawa transformou, então, a lembrança ruim numa lembrança boa. Seria possível apagar a memória ruim? Sim, seria. Reativando os mesmos neurônios do espaço B quando os camundongos foram colocados na presença de parceiros do sexo oposto – garantia de um bom momento –, os pesquisadores conseguiram apagar a associação com o choque elétrico. Os camundongos, longe de evitar o amaldiçoado espaço B, começaram a explorá-lo freneticamente, como se estivessem procurando os parceiros eróticos de que se lembravam.[14]

Um outro grupo de pesquisadores adotou uma estratégia levemente diferente: voltaram a acordar o grupo inicial de neurônios enquanto, ao mesmo tempo, enfraqueciam as sinapses que os ligavam. De novo, nos dias que se seguiram, o camundongo já não mostrava a menor recordação do trauma inicial.[15]

Na mesma linha de pensamento, o pesquisador francês Karim Benchenane conseguiu implantar uma nova memória no cérebro do rato enquanto este dormia.[16] Sempre que um animal adormece, os neurônios em seu hipocampo reativam espontaneamente as memórias da véspera, em especial dos lugares onde o animal esteve (voltaremos a falar disso mais detalhadamente no capítulo "A consolidação"). Tirando proveito disso, Benchenane esperou que o camundongo adormecido reativasse os neurônios associados com um determinado lugar de seu recinto – e então injetou no animal uma pequena dose de dopamina, o neurotransmissor do prazer. Assim que acordou, o camundongo correu o mais rápido que pôde para esse lugar! Aquilo que havia sido, inicialmente, uma localização como qualquer outra tinha ganhado, durante a noite, um destaque muito especial na memória, tão viciante como a doçura da Provença ou o primeiro lugar em que ficamos apaixonados.

Mais próximo de nós seres humanos, alguns experimentos com animais começaram a imitar os efeitos que a escolarização exerce sobre o cérebro. O que acontece quando um macaco aprende letras, números ou a usar ferramentas?[17] O pesquisador japonês Atsushi Iriki mostrou que um macaco consegue aprender a usar um ancinho para juntar pedaços de algum alimento que foram colocados longe demais para serem apanhados com a mão. Depois de alguns milhares de testes, o animal ficou rápido como um velho *croupier* de cassino: bastavam-lhe apenas alguns décimos de segundo para trazer para perto de si cada bocado do alimento, com um movimento rápido do punho. O macaco até descobriu um jeito para usar um ancinho de comprimento médio para aproximar um segundo ancinho, mais comprido, e assim puxar uma comida mais distante! Esse tipo de aprendizado com ferramentas desencadeou toda uma avalanche de mudanças no cérebro. O gasto de energia aumentou numa área específica do córtex, a região parietal anterior – a mesma área que os seres humanos usam para controlar os movimentos das mãos, escrever, pegar um objeto ou manusear um martelo ou um alicate. Novos genes foram expressos, as sinapses floresceram, as árvores dendríticas e de axônios se multiplicaram – e todas essas conexões extra resultaram num acréscimo de 23% na espessura do córtex nesse hábil macaco. Feixes inteiros de conexões também passaram por alterações radicais: axônios vindos de uma região distante, na junção com o córtex temporal, cresceram vários milímetros e invadiram uma parte da região parietal anterior, que antes não tinha conexões com esses neurônios.

Esses exemplos ilustram o grau em que os efeitos da plasticidade do cérebro se estendem no tempo e no espaço. Reexaminemos os principais pontos. Um conjunto de neurônios que codificam um evento ou um conceito que queremos memorizar é ativado em nosso cérebro. Como é salva essa lembrança? No começo há a sinapse, o ponto de contato microscópico entre dois neurônios. Sua força é aumentada quando os neurônios que ela liga são ativados juntamente em rápida sucessão – essa é a famosa regra de Hebb: neurônios que disparam juntos conservam sua conexão. Uma sinapse que se fortalece é como uma fábrica que aumenta sua produtividade: recruta mais neurotransmissores do lado pré-sináptico e mais moléculas receptoras do lado pós-sináptico. Também cresce em tamanho para acomodá-los.

À medida que um neurônio aprende, seu próprio formato muda. Uma estrutura em forma de cogumelo chamada "espinha dendrítica" se desenvolve no lugar do dendrito em que a sinapse pousou. Se necessário, uma segunda sinapse aparece para duplicar a primeira. Outras sinapses que aterrissam no mesmo neurônio são também fortalecidas.[18]

Portanto, quando o aprendizado é prolongado, a própria anatomia do cérebro acaba mudando. Com os avanços recentes da microscopia – em particular, com a revolução trazida pelos microscópios de dois fótons, que utilizam o laser e a física quântica –, é possível ver diretamente os botões sinápticos e axônicos crescerem a cada episódio de aprendizado, como se fossem árvores na primavera. Quando somadas, as mudanças dendríticas e axônicas podem ser substanciais, da ordem de milímetros, e elas estão começando a se tornar detectáveis nos seres humanos através de imagens por ressonância magnética. Aprender a tocar música,[19] a ler,[20] a fazer malabarismos[21] ou mesmo a dirigir um táxi numa cidade grande[22] resulta em aumentos detectáveis na espessura do córtex e na força das conexões que ligam as regiões corticais: as rodovias do cérebro melhoram quanto mais fazemos essas coisas.

As sinapses são o protótipo do aprendizado, mas não são o único mecanismo de mudança no cérebro. Quando aprendemos, a explosão de novas sinapses frequentemente força os neurônios a também soltar galhos extras, tanto nos axônios como nos dendritos. Longe da sinapse, os axônios úteis se envolvem num invólucro isolante – a mielina, semelhante à fita adesiva com que se costuma enrolar os fios elétricos para isolá-los. Quanto mais um axônio é usado, mais as camadas desse revestimento se desenvolvem, assim isolando-o cada vez melhor e permitindo que transmita informações numa velocidade mais alta.

Além disso, os neurônios não são os únicos parceiros do jogo do aprendizado. À medida que o aprendizado avança, todo o seu contexto também avança, incluindo as células gliais do entorno, que os alimentam e curam, e mesmo a rede vascular das veias e artérias que os abastecem de oxigênio, glicose e nutrientes. Nesse ponto, todo um circuito neural e sua estrutura de suporte sofreram mudanças.

Alguns pesquisadores contestam o dogma de que as sinapses são o agente indispensável de todo aprendizado. Dados recentes sugerem que as células de Purkinje, um tipo especial de neurônios do cerebelo, podem memorizar intervalos de tempo, e que as sinapses não têm nada a ver com esse processo de aprendizado: o mecanismo parece ser meramente interno às células.[23] É bem possível que a dimensão do tempo, que é uma especialidade do cerebelo, seja armazenada na memória usando um recurso evolutivo diferente, um recurso não baseado nas sinapses. Cada neurônio cerebelar, por si só, parece ser capaz de armazenar vários intervalos de tempo, talvez por meio de mudanças químicas estáveis em seu DNA.

Uma outra fronteira da pesquisa consiste em esclarecer como essas mudanças induzidas pelo aprendizado, sendo ou não sinápticas, conseguem implementar os tipos mais elaborados de aprendizado de que o cérebro humano é capaz, com base na "linguagem do pensamento" e a recombinação dos conceitos existentes. Como vimos, os modelos convencionais de redes neurais artificiais proporcionam uma explicação razoavelmente satisfatória de como milhões de sinapses sujeitas a mudança nos permitem aprender a reconhecer um número, um objeto ou uma face. Mas não existe um modelo realmente satisfatório de como as mudanças sinápticas nas redes neurais subjazem à aquisição da linguagem ou das regras matemáticas. Passar do domínio das sinapses para as regras simbólicas que aprendemos na aula de matemática continua sendo um desafio até hoje. Mantenhamos a mente aberta, porque estamos longe de compreender completamente todos os códigos biológicos por meio dos quais nosso cérebro guarda nossas memórias.

A NUTRIÇÃO COMO
UM INGREDIENTE-CHAVE DO APRENDIZADO

O que é certo é que, quando aprendemos, passamos por grandes mudanças biológicas: não somente os neurônios passam por mudanças em seus andaimes de dendritos e axônios, mas também as células gliais. Todas essas transformações levam tempo. Cada experiência de aprendizado requer uma sequência em cascata de mudanças biológicas, que podem prolongar-se por vários dias. Muitos genes que se especializam em plasticidade precisam ser expressos, para que as células produzam as proteínas e membranas necessárias para estabelecer novas sinapses, novos dendritos e axônios. Esse processo consome muita energia: o cérebro de uma criança pequena gasta até 50% do total da energia do corpo. Glicose, oxigênio, vitaminas, ferro, iodinas, ácidos graxos... uma grande variedade de nutrientes é indispensável para o perfeito crescimento do cérebro. O cérebro não se alimenta somente de estimulação intelectual. Para fazer e desfazer alguns milhões de sinapses por segundo, exige-se uma dieta balanceada, oxigenação e exercício físico.[24]

Um episódio triste ilustra quão dependente é o cérebro em desenvolvimento de uma alimentação correta. Em novembro de 2003, crianças em Israel sofreram repentinamente de uma enfermidade desconhecida.[25] Da noite para o dia, dúzias de bebês inundaram os hospitais pediátricos pelo país afora. Eles apresentavam sintomas neurológicos graves: letargia, vômitos, deficiências de visão, problemas em manter a atenção por períodos prolongados, que às vezes levavam ao coma, e em um ou dois casos foram fatais. Começou então uma corrida contra o relógio. O que era essa nova doença e o que tinha causado seu repentino surto?

A investigação acabou por rastrear um problema de nutrição. Todos os bebês enfermos tinham sido alimentados por mamadeira, usando o mesmo leite em pó à base de soja. A análise da fórmula desse leite confirmou o pior dos receios: de acordo com a etiqueta, o leite deveria conter 385 miligramas de tiamina, mais conhecida como vitamina B1. Na realidade, não havia vestígio desse componente no leite. Contactado, o fabricante admitiu ter alterado a composição no começo do ano de 2003: por razões econômicas, ele tinha parado de acrescentar a tiamina. Mas essa vitamina é um nutriente essencial para o cérebro. Pior ainda, o corpo não armazena a tiamina e, portanto, sua ausência na dieta da pessoa leva rapidamente a uma deficiência comprometedora.

Os neurologistas já sabiam que o déficit de tiamina em adultos causa um transtorno neurológico grave, a síndrome de Wernicke-Korsakoff, encontrada mais frequentemente em alcoólatras. Na fase aguda, essa deficiência leva à encefalopatia de Wernicke, que pode ser letal. Confusão mental, transtornos no movimento dos olhos, incapacidade de coordenar os movimentos e atenção deficiente, levando às vezes ao coma e à morte... seus sintomas se assemelhavam em tudo aos dos bebês de Israel.

A prova final foi dada pela intervenção terapêutica. Assim que a vitamina B1, essencial, foi recolocada na dieta das crianças, o estado de saúde delas melhorou em poucos dias e elas puderam voltar para casa. Estima-se que entre seiscentos e mil bebês israelenses foram privados da tiamina por um período de duas a três semanas, durante o primeiro mês de vida. Fica claro que o restabelecimento de uma dieta balanceada os salvou. Todavia, anos depois, esses bebês apresentaram grandes deficiências de linguagem. O psicólogo israelense Naama Friedmann testou cerca de sessenta deles aos 6 e 7 anos. A maioria sofria de graves deficiências na produção e compreensão da linguagem. Sua gramática era particularmente anormal: depois de ler ou ouvir uma sentença, tinham dificuldades para entender quem fazia o que para quem. Mesmo a tarefa simples de dar nome a uma imagem, como a de um carneiro, era difícil para alguns deles. Mas seu processamento conceptual parecia intacto: eram capazes de associar, por exemplo, a imagem de uma bola de lã com um carneiro, e não com um leão. E, sob todos os outros aspectos, em particular com respeito à inteligência (o famoso teste de QI) resultaram ser normais.

Essa história triste mostra os limites da plasticidade do cérebro. O aprendizado de uma língua depende obviamente de uma imensa plasticidade do cérebro dos bebês. Qualquer bebê é capaz de aprender qualquer língua do mundo, desde os tons do chinês até os cliques do banto sul-africano, porque seu cérebro muda adequadamente em resposta à imersão numa comunidade particular. Todavia, essa plasticidade não é nem infinita nem mágica: é um processo estritamente material que requer aportes nutricionais e energéticos específicos; e até mesmo umas poucas semanas de privação podem levar a déficits permanentes. Como a organização do cérebro é altamente modular, esses déficits podem restringir-se a um domínio cognitivo específico, como a gramática ou o vocabulário. A bibliografia pediátrica está cheia de exemplos desse tipo. Eu poderia ter mencionado a síndrome do alcoolismo fetal, que é causada pela exposição do feto ao álcool ingerido pela mãe. O álcool é um teratógeno, isto é, uma substância que causa malformações do corpo e do cérebro do embrião: é um autêntico veneno para o sistema nervoso em desenvolvimento, algo que precisaria claramente ser evitado durante todo o período da gravidez. Para que as árvores dendríticas possam desenvolver-se, o jardim do cérebro tem que receber todos os nutrientes de que precisa.

OS PODERES E OS LIMITES
DA CAPACIDADE SINÁPTICA

Num cérebro bem alimentado, até onde pode ir a plasticidade? Ela consegue reorganizar completamente o cérebro? A anatomia do cérebro consegue mudar drasticamente de acordo com a experiência? A resposta é não. A plasticidade é um ajuste variável, fundamental para o aprendizado, mas restrito e delimitado por todo o tipo de restrições genéticas que fazem de nós aquilo que somos: a conjunção de um genoma fixo e de experiências únicas.

Chegou a hora de contar mais sobre Nico, o jovem artista cuja arte apresentei no primeiro capítulo (ver a Figura 1 no encarte em cores). Nico cria suas esplêndidas pinturas usando somente um hemisfério do cérebro, o esquerdo. Aos 3 anos e 7 meses, passou por uma intervenção cirúrgica chamada "hemisferectomia" – a remoção quase completa de um hemisfério – para acabar com uma epilepsia devastadora.

Apoiado pela família, por médicos e pelo pesquisador Antonio Battro, da Harvard School of Education, Nico conseguiu frequentar a escola fundamental em Buenos Aires e cursou o ensino médio em Madri até os 18 anos. Atualmente, tanto sua linguagem oral e escrita, quanto sua memória e habilidades espaciais são excelentes. Conseguiu inclusive um diploma em Informática. Acima de tudo, tem um notável talento para o desenho e a pintura. Seria esse um bom argumento de como funciona a plasticidade do cérebro? Sem dúvida, considerando que o hemisfério esquerdo de Nico dominou muitas funções que, em uma pessoa normal, são tradicionalmente associadas com o hemisfério direito. Por exemplo, Nico consegue prestar atenção na totalidade de um quadro e pode copiar a disposição espacial de um desenho; ele também compreende a ironia e as entonações de uma conversa e consegue adivinhar os pensamentos das pessoas com quem conversa. Se as mesmas lesões que ele sofreu tivessem ocorrido no cérebro de um adulto, provavelmente essas funções estariam irremediavelmente comprometidas.

No entanto pode ser demonstrado que a plasticidade de Nico é limitada: ela foi canalizada e em grande parte confinada aos circuitos neurais, que são os mesmos que nas outras crianças. Quando escaneamos Nico com uma bateria completa de testes, descobrimos que ele tinha conseguido encaixar todos os talentos aprendidos, em seu hemisfério esquerdo intacto, sem abalar sua organização usual. É que todas as funções tradicionalmente localizadas à direita tinham ido parar nos lugares do hemisfério esquerdo simétricos em relação a suas posições usuais! Por exemplo, a região cortical que reage a faces e que se localiza habitualmente no lobo temporal direito estava agora localizada no hemisfério esquerdo em Nico – mas num ponto muito preciso, exatamente simétrico a seu lugar usual, um lugar frequentemente ativado (fracamente) pelas faces em crianças normais. Portanto, embora seu cérebro se tivesse reorganizado, permanecia subordinado às pesadas restrições de uma organização preexistente que é comum a todos os seres humanos. Os grandes feixes de fibra das conexões que, a partir do nascimento e mesmo no útero, correm atravessando todos os cérebros dos bebês tinham forçado seu aprendizado a se manter nos limites estreitos de um mapa cortical universal.

Os dons e as limitações da plasticidade cerebral nunca ficam tão óbvios como quando consideramos as habilidades visuais. Como seria de esperar, Nico é hemianóptico, o que significa que sua visão se divide em duas metades: uma metade direita, na qual ele enxerga perfeitamente (por ambos os olhos), e uma metade esquerda, na qual ele é totalmente cego (mais uma vez: em ambos os olhos). Sempre que ele olha para alguma coisa, a parte direita aparece normal, ao passo que a parte esquerda fica invisível – ele precisa mudar de olho para ver esta parte. De fato, devido ao cruzamento dos caminhos visuais, os *inputs* vindos do lado esquerdo do campo visual, que normalmente iriam dar no hemisfério direito de Nico, agora caem num vazio e não podem ser processados. Vinte anos de experiência visual não permitiram que o cérebro de Nico corrigisse esse problema fundamental de circuitos cerebrais. A plasticidade de suas conexões visuais era obviamente demasiado modesta, e o desenvolvimento dessa parte de seu cérebro se congelou cedo demais na infância para evitar que ele ficasse cego no lado esquerdo de seu campo visual.

Falemos agora de outro jovem paciente: uma menina de 10 anos que conhecemos somente pelas iniciais, A.H.[26] Como Nico, essa criança só tem seu hemisfério esquerdo, mas, à diferença de Nico, sofreu uma malformação embrionária que fez com que seu hemisfério direito parasse de se desenvolver antes da sétima semana de gestação. Em outras palavras, A.H. passou praticamente toda a vida sem o hemisfério direito. Por acaso a plasticidade, atuando desde cedo, mudou seu cérebro? Não, mas conseguiu intervir um pouco mais do que no caso de Nico. À diferença dele, ela consegue enxergar alguma luz, forma e movimento em seu campo visual esquerdo, aquele que deveria ter-se projetado para seu hemisfério direito inexistente. Sua visão está longe de ser perfeita, mas ela de fato detecta luz e movimento em uma região próxima do centro da visão. A neuroimagem mostra que suas áreas cerebrais visuais estão parcialmente reprogramadas (ver a Figura 11 no encarte em cores). No fundo de seu hemisfério esquerdo intacto, no interior do córtex occipital, que abriga a visão, há um mapa perfeitamente normal da parte direita do mundo – mas também alguns pequenos remendos anormais, que respondem à parte esquerda. Pareceria que os axônios vindos de metade de sua retina, que normalmente teria sido cega, foram redirecionados para o outro lado do cérebro. Esse é um caso extremo de plasticidade pré-natal – e ainda assim, a reorganização é somente parcial e totalmente insuficiente para restabelecer a visão normal. No sistema visual, predominam as restrições genéticas, e a plasticidade só funciona dentro de limites estreitos que lhe são próprios.

Os cientistas tinham curiosidade de saber até que ponto esses limites genéticos poderiam ser impulsionados. Em um experimento particularmente famoso, o neurocientista do MIT Mriganka Sur realizou a façanha de transformar o córtex auditivo de um furão num córtex visual.[27] Com uma pequena intervenção cirúrgica no feto do furão, ele separou os circuitos auditivos que normalmente caminham da cóclea até o tronco encefálico, e depois até uma região bem determinada do tálamo auditivo, e finalmente entram no córtex auditivo. Invariavelmente, esses furões acabavam por ficar surdos, mas então ocorreu uma curiosa reorientação, e as fibras visuais começaram a invadir esse circuito auditivo que tinha ficado desconectado, como se estivessem substituindo os *inputs* auditivos faltantes. E assim, uma área inteira que deveria ter sido dedicada à audição passou a responder pela visão. Ela continha um mapa completo de neurônios sensíveis à luz e a linhas orientadas, como qualquer córtex visual. As sinapses se adaptaram espontaneamente à nova configuração e começaram a codificar as correlações entre neurônios que, originalmente, se destinariam à audição, mas tinham sido reciclados para dar origem a processadores da visão.

Deveríamos concluir desses dados que a plasticidade cerebral é "sólida" e que a experiência é que "organiza o córtex", como proclamariam os mais ardorosos defensores da "tábula rasa"?[28] Essa não é de forma alguma a conclusão de Sur. Pelo contrário, ele insiste que essa é uma situação patológica e que a reorganização está longe de ser perfeita: no córtex auditivo, os mapas visuais não são tão bem diferenciados quanto deveriam ser. O córtex visual está geneticamente preparado para dar suporte à visão. Durante o desenvolvimento normal, cada região cortical se especializa bem cedo, sob a influência de numerosos genes ligados ao desenvolvimento. Os axônios avançam por caminhos químicos predeterminados, que traçam protomapas no cérebro em desenvolvimento. Somente no final da estrada eles são submetidos à influência crescente da atividade neuronal entrante, e assim podem adaptar-se a ela. O desenho da tapeçaria é fixo e somente algumas laçadas de fio pequenas, embora significativas, podem ser alteradas.

Também é importante compreender que quando mudam as sinapses, mesmo sendo por influência da atividade neural, não é necessariamente o ambiente que está deixando marcas no cérebro. Ao contrário, pode ser que o próprio cérebro use a plasticidade sináptica para *auto*-organizar-se: inicialmente, ele gera padrões de atividades apenas a partir de seu próprio interior, em completa ausência de *inputs* vindos do ambiente, em seguida usa esses padrões de atividade, em combinação com a plasticidade sináptica, para organizar seus próprios circuitos. No útero, mesmo antes de receberem qualquer *input* sensorial, o cérebro, os músculos e mesmo a retina já exibem uma atividade espontânea (é por isso que os fetos se movimentam no ventre). Os neurônios são células excitáveis: eles podem disparar espontaneamente e seus potenciais de ação se auto-organizam, originando fortes ondas que viajam pelo tecido cerebral. Ainda na barriga da mãe, ondas aleatórias de colunas neuronais fluem pelas retinas dos fetos; quando as ondas alcançam o córtex, mesmo sem carregar qualquer informação visual no sentido estrito do termo, ajudam a organizar mapas visuais corticais.[29] Portanto, a plasticidade sináptica atua inicialmente sem exigir qualquer interação com o mundo exterior. É somente durante o terceiro trimestre de gestação que a linha entre natureza e cultura começa a ficar embaçada, à medida que o cérebro, já bem formado, passa a se ajustar tanto ao mundo interior como ao exterior.

Mesmo depois do nascimento, um processo neuronal de disparos desligado dos *inputs* sensoriais continua a circular através do córtex. Muito lentamente, essa atividade endógena se modifica sob a influência dos órgãos sensoriais. Pode-se dar uma interpretação precisa desse processo no quadro teórico do "cérebro bayesiano".[30] A atividade endógena inicial representa aquilo que os estatísticos chamam o *prior*: as expectativas do cérebro, seus pressupostos evolucionários anteriores a qualquer interação com o ambiente. Mais tarde, esses pressupostos se ajustam gradualmente às sinalizações do ambiente, de modo que, depois de alguns meses de vida, a atividade neuronal espontânea se assemelha àquilo que os estatísticos chamam o *posterior*: as distribuições de probabilidades do cérebro mudaram de modo a refletir cada vez mais fielmente as estatísticas do mundo real. Durante o desenvolvimento do cérebro, os modelos interiores que carregamos em nossos circuitos neuronais sofrem um refinamento, à medida que cada um compila estatísticas com base em seus *inputs* sensoriais. O resultado final é um compromisso, uma escolha do melhor modelo interno dentre aqueles que nossa organização *prior* nos disponibiliza.

O QUE É UM PERÍODO SENSÍVEL?

Acabamos de ver que a plasticidade do cérebro é ao mesmo tempo vasta e limitada. Todos os feixes de conexões podem e precisam mudar enquanto vivemos, amadurecemos e aprendemos. Mas os feixes mais importantes já estão instalados desde o nascimento, e continuam a ser essencialmente os mesmos em todos nós. Tudo que aprendemos resulta de pequenos ajustes, que ocorrem principalmente no nível dos microcircuitos e são frequentemente da escala de poucos milímetros. À medida que os neurônios amadurecem e seus ramos terminais criam novos botões sinápticos direcionados a outros neurônios, os circuitos que eles formam ficam firmemente arraigados dentro de um envelope genético limitado. Em resposta ao ambiente, os caminhos neuronais podem alterar sua conectividade local, sua força e também sua mielinização, cercando-se de uma cobertura isolante de mielina, que acelera o fluir das mensagens e assim facilita a transmissão de informações de uma região para outra; ainda assim eles não podem reorientar-se a seu bel-prazer.

A restrição espacial referente à conectividade de longa distância vem junto com uma restrição temporal: em muitas regiões do cérebro, a plasticidade é máxima somente durante um lapso de tempo limitado, chamado "período sensível". Esse período começa na primeira infância, atinge um pico e depois decresce com a idade. O processo leva alguns anos e varia de uma região do cérebro para a outra: as áreas sensoriais atingem sua plasticidade máxima por volta de 1 ou 2 anos de idade, ao passo que as regiões de ordem superior como o córtex pré-frontal chegam a seu pico muito mais tarde na infância, ou mesmo na adolescência. O que é certo, porém, é que, à medida que envelhecemos, a plasticidade diminui e o aprendizado, ainda que não fique completamente congelado, se torna cada vez mais difícil.[31]

O motivo pelo qual afirmo que os bebês são verdadeiras máquinas de aprender é que, durante os seus primeiros anos, seus cérebros são a sede de uma plasticidade sináptica em plena fervura. Os dendritos de seus neurônios piramidais se multiplicam numa velocidade impressionante. Ao nascer o bebê, seu córtex se parece com uma floresta pela qual passou um furacão, esparsamente povoada por troncos espalhados e nus. Os primeiros seis meses de vida são literalmente uma primavera para o cérebro do recém-nascido, quando as conexões neuronais e as ramificações se multiplicam até formarem uma caatinga impenetrável.[32]

Essa complexificação progressiva das árvores neuronais poderia sugerir que o ambiente deixa suas marcas no cérebro e o força a crescer à medida que armazena um número cada vez maior de dados. A realidade, porém, tem mais idas e vindas. No cérebro imaturo, a proporção de sinapses não resulta diretamente do tanto de aprendizagem que ocorre. Ao contrário, são criadas em quantidades excessivas e o papel do meio ambiente é conservá-las ou podá-las, dependendo de sua utilidade para o organismo. Na primeira infância, a densidade das sinapses chega a ser o dobro da do adulto, e só então começa a decrescer lentamente. Em cada região do córtex, ondas incessantes de superprodução são seguidas por uma retração seletiva das sinapses inúteis ou, ao contrário, por uma multiplicação das sinapses e dos ramos dendríticos e axionais que demonstraram eficácia. Lembre-se disso da próxima vez que olhar para uma criança pequena: a cada segundo que passa, vários milhões de sinapses são criados e descartados em seu cérebro. Essa efervescência explica em grande medida a existência de períodos sensíveis. Na primeira infância, toda a folhagem dendrítica e sináptica ainda é maleável; quanto mais o cérebro amadurecer, mais o aprendizado ficará restrito a mudanças marginais.

Recém-nascido 1 mês 3 meses 6 meses

1 ano 2 anos 4 anos 6 anos

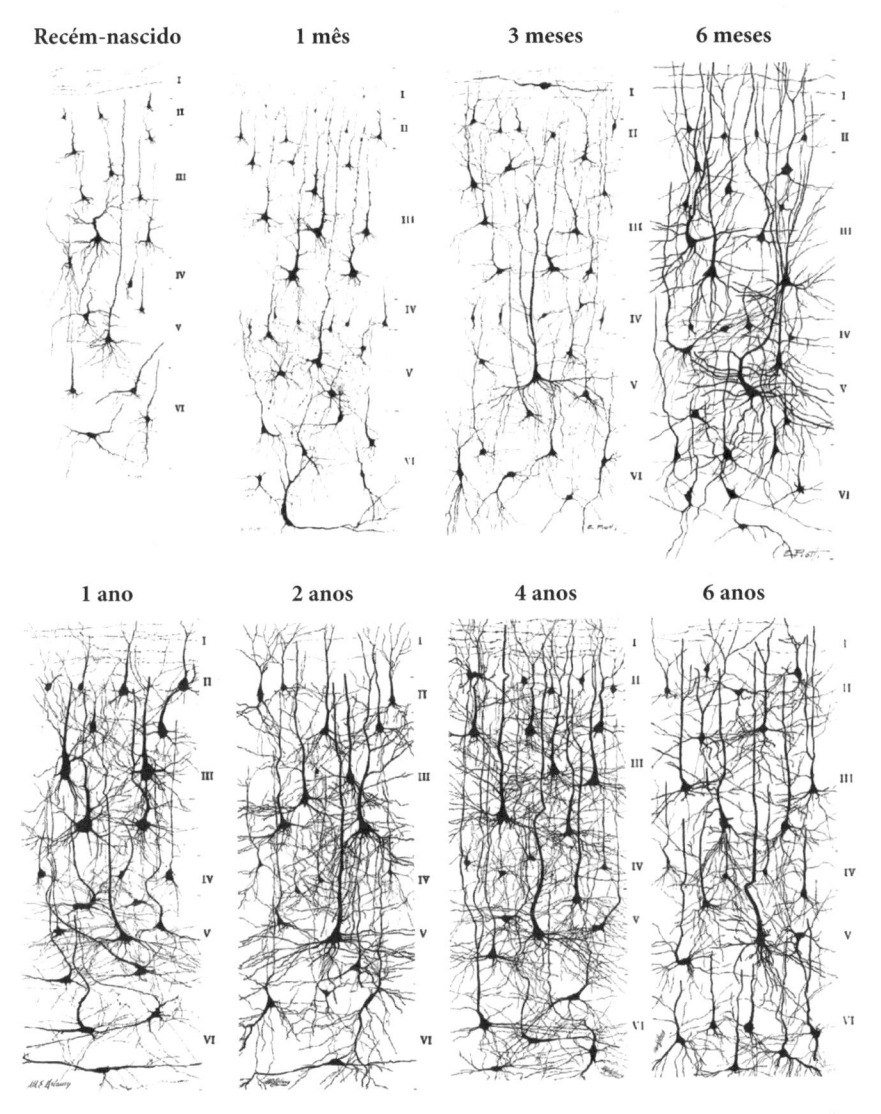

Nos dois primeiros anos de vida, as árvores neuronais crescem de forma selvagem até formar uma caatinga impenetrável. No cérebro da criança de 2 anos, o número de sinapses é quase o dobro do de um adulto. No decorrer do desenvolvimento, as árvores dendríticas vão sendo progressivamente podadas por influência da atividade neuronal. As sinapses úteis são preservadas e se multiplicam, enquanto as desnecessárias são eliminadas.

Um fato digno de nota é que essas ondas de superproduções e podas sinápticas não ocorrem ao mesmo tempo em todos os lugares.[33] O córtex visual primário, como outras regiões sensoriais, amadurece muito mais cedo do que as áreas corticais responsáveis pelas funções cognitivas superiores. O princípio organizador consiste aparentemente em estabilizar rapidamente os *inputs* do cérebro congelando a organização cortical nas áreas sensoriais iniciais e deixando por mais tempo as áreas corticais responsáveis pelas funções cognitivas superiores livres para mudarem. Assim, as regiões mais altas na hierarquia cortical, como o córtex pré-frontal, são as últimas a se estabilizarem: elas continuam a mudar durante a adolescência e depois. Na espécie humana, o pico da superprodução sináptica decai por volta dos 2 anos de idade no córtex visual, por volta dos 3 no córtex auditivo, e entre 5 e 10 anos no córtex pré-frontal.[34] A mielinização – o aparecimento de um material isolante ao redor dos axônios – segue esse mesmo padrão:[35] no primeiro mês de vida, os neurônios das áreas sensoriais são os primeiros a ganhar com o aparecimento de uma camada protetora de mielina. Como resultado, o processamento da informação visual se acelera consideravelmente: o tempo de transmissão de informações desde a retina até as áreas visuais diminui de um quarto para um décimo de segundo nas primeiras semanas de vida.[36] Esse material isolante leva muito mais tempo para alcançar os feixes de fibras que vão até o córtex frontal, a sede do pensamento abstrato, da atenção e do planejamento. Durante anos, as crianças pequenas contam com um cérebro híbrido: seus circuitos sensoriais e motores estão quase maduros, ao passo que suas áreas de nível superior continuam operando na baixa velocidade própria dos circuitos em que não entrou a mielina. O resultado é que, durante o primeiro ano de vida elas levam até quatro vezes mais tempo do que um adulto para tomar consciência de informações básicas, tais como a presença de uma face.[37]

Em sincronia com essas ondas sucessivas de superproduções sinápticas e mielinização, os períodos sensíveis para o aprendizado começam e terminam em tempos diferentes, dependendo das regiões cerebrais envolvidas. Áreas sensoriais iniciais estão entre as primeiras a perder a capacidade de aprender. O exemplo mais bem estudado, tanto em seres humanos quanto em animais, é a visão binocular.[38] Para computar a profundidade, o sistema visual combina as informações vindas dos dois olhos. Essa "fusão binocular", contudo, só acontece se o córtex visual recebe *inputs* de alta qualidade de ambos os olhos durante um período sensível bem definido, que dura uns poucos meses para os gatos e uns poucos anos para os seres humanos. Se, durante esse período, um dos olhos permanece fechado, ou desfocado, ou desalinhado, porque a criança sofre de uma vesguice grave, então o circuito responsável pela fusão dos olhos deixa de se formar, resultando disso um prejuízo permanente. Essa condição, conhecida como "ambliopia", ou "olho preguiçoso", precisa ser corrigida nos primeiros anos de vida – se não, o cabeamento do córtex visual fica irremediavelmente comprometido.

Outro exemplo de período sensível é aquele em que ganhamos o domínio dos sons de nossa língua nativa. Os bebês são os campeões da aprendizagem das línguas: ao nascer, distinguem todos os fonemas de todas as línguas possíveis. Nascidos em qualquer lugar e com qualquer *background* genético, só precisam mergulhar num banho linguístico (que pode ser monolíngue, bilíngue ou mesmo trilíngue) e, em poucos meses, sua audição fica sintonizada com a fonologia da língua que os cerca. Em adultos, nós perdemos essa notável capacidade de aprendizado: como vimos, os falantes de japonês podem passar toda uma vida num país de fala inglesa sem nunca serem capazes de distinguir o som /R/ do som /L/, confundindo para todo o sempre "right" com " light", "red" com "led" e "election" com "erection", mas, caro leitor, se você for inglês ou americano, não se julgue superior por isso porque, como falante nativo de inglês, você nunca será capaz de distinguir as versões dental e retroflexa da consoante

/T/ que qualquer falante de hindi distingue na maior moleza, nem as vogais longas e breves do finlandês ou do japonês, nem os quatro tipos de tons do chinês.

Mostra a pesquisa que perdemos essa capacidade por volta do fim do primeiro ano de vida.[39] Como bebês, compilamos inconscientemente estatísticas sobre aquilo que ouvimos, e nosso cérebro se ajusta à distribuição dos fonemas usados pelas pessoas que nos cercam. Por volta dos 12 meses, esse processo converge e algo se congela no cérebro: perdemos a capacidade de aprender. Excetuadas certas circunstâncias extraordinárias, nunca mais seremos capazes de nos fazer passar por falantes nativos de japonês, finlandês ou hindi – nossa fonologia estará (quase) petrificada. Exige-se um esforço imenso para que o adulto possa recuperar a capacidade de distinguir os sons de uma língua estrangeira. Somente mediante uma reabilitação intensa e específica, que num primeiro momento exagera as diferenças entre /R/ e /L/ de modo a torná-las audíveis, e depois as reduz gradualmente, um japonês adulto consegue recuperar parcialmente a discriminação dessas duas consoantes.[40]

É por isso que os cientistas falam em período sensível e não período crítico: a capacidade de aprender encolhe, mas nunca chega realmente a zero. Na idade adulta, a capacidade residual para adquirir fonemas estrangeiros varia significativamente de pessoa a pessoa. Para a maioria de nós, tentar falar corretamente uma língua estrangeira depois de adultos é uma façanha impossível – e é por isso que a maioria dos turistas franceses em visita aos Estados Unidos soam como o Inspetor Clouseau na *Pantera Cor de Rosa* ("*Vere iz ze téléfawn?*"). É digno de nota, porém, que algumas pessoas conservam a capacidade de aprender a fonologia das línguas estrangeiras, e essa competência pode ser prevista parcialmente a partir do tamanho, forma e número das conexões de seu córtex auditivo.[41] Esses cérebros afortunados parecem ter estabilizado um conjunto de conexões mais flexível – mas certamente eles são exceção, não a regra.

O período sensível para dominar a fonologia de uma língua estrangeira termina cedo: já nos primeiros anos de vida, a criança é muito menos competente do que um bebê de poucos meses. Hierarquicamente, níveis de processamento verbal mais altos, como o aprendizado da gramática, ficam abertos por mais algum tempo, mas começam a se fechar por volta da puberdade. Sabemos disso a partir de estudos sobre crianças que chegam num país estrangeiro como migrantes ou adotadas: elas podem ser excelentes em sua língua, mas é comum que tenham um leve sotaque estrangeiro e cometam ocasionalmente erros de sintaxe que denunciam sua origem. Essa falha é dificilmente detectável nas crianças que entraram no país aos 3 ou 4 anos, mas cresce consideravelmente nos jovens que imigraram durante a adolescência ou já adultos.[42]

Um artigo recente reuniu dados referentes a milhões de aprendizes de segunda língua na internet e usou-os para modelar a curva do aprendizado linguístico humano médio.[43] Os resultados sugerem que as habilidades de aprendizado gramatical declinam lentamente durante a infância e caem abruptamente por volta dos 17 anos. Como aprender leva tempo, os pesquisadores recomendam começar bem antes dos 10.

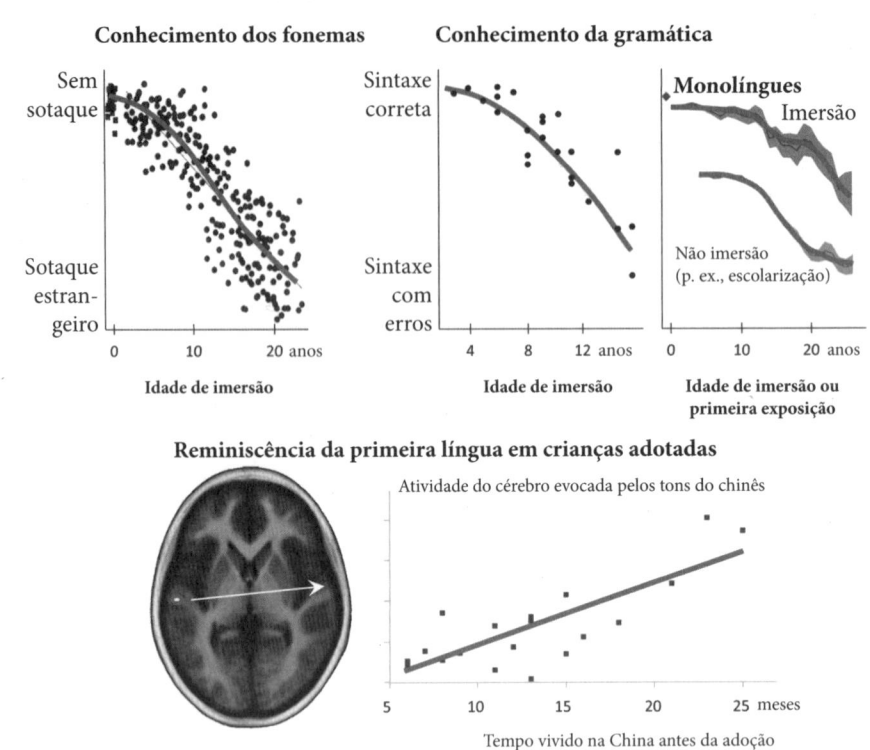

Perda progressiva da fluência na segunda língua

Conhecimento dos fonemas

Sem sotaque — Sotaque estrangeiro

0   10   20 anos

Idade de imersão

Conhecimento da gramática

Sintaxe correta — Sintaxe com erros

4   8   12 anos

Idade de imersão

Monolíngues

Imersão

Não imersão (p. ex., escolarização)

0   10   20 anos

Idade de imersão ou primeira exposição

Reminiscência da primeira língua em crianças adotadas

Atividade do cérebro evocada pelos tons do chinês

5   10   15   20   25 meses

Tempo vivido na China antes da adoção

A capacidade de adquirir uma língua estrangeira decresce drasticamente com a idade, sugerindo o término de um período sensível para a plasticidade do cérebro. Quanto mais tarde você aprende uma língua, mais baixas são suas as chances de ter uma produção isenta do sotaque e de erros gramaticais provenientes da língua de origem (imagens no alto da figura); inversamente, quanto maior for o tempo que as crianças adotadas passaram no país de origem antes de partirem, mais seus cérebros mantêm uma marca adormecida inconsciente de sua primeira língua (ilustração de baixo).

Além disso, realçam a importância de uma permanência imersiva no país pelo qual há interesse, porque nada supera a interação social: o sucesso é muito maior se você precisa falar uma língua estrangeira para pedir o almoço ou para tomar o ônibus certo do que se aprende numa classe ou vendo televisão. Mais uma vez, vale a recomendação "quanto mais cedo melhor": parece que a plasticidade do cérebro para a aprendizagem da gramática encolhe consideravelmente no final da puberdade (embora nem tudo, nessa queda, possa ser atribuído a uma perda da plasticidade do cérebro; é provável que outros fatores ligados à motivação e à socialização também intervenham).

Até o momento, consideramos somente a aquisição de segunda língua, mas reparem que essa situação não é tão simples – essa competência declina num ritmo relativamente lento, durante uma década ou coisa que o valha, e quase nunca cai para zero, possivelmente porque se apoia, pelo menos em parte, num cérebro que já foi moldado pela aquisição de uma primeira língua. O que aconteceria se a criança fosse privada de toda exposição a qualquer língua durante os primeiros anos de vida? Reza a lenda que o faraó Psamético I foi o primeiro a se fazer precisamente essa pergunta. Ele entregou duas crianças aos cuidados de um pastor, que foi proibido rigorosamente de falar com elas – ainda assim, os dois bebês acabaram falando... na língua frígia!* Segundo se conta, essa "experiência" foi repetida pelo imperador Frederico II no século XIII, por Jaime IV, rei da Escócia no século XV e por Jalaluddin Muhammad Akbar, líder do Império Mongol no século XVI – e algumas dessas crianças, privadas de qualquer língua, supostamente morreram (os psicanalistas lacanianos ficam loucos com esta história).

Infelizmente, não é necessário espalhar esse tipo de fábulas, porque essa situação acontece em todos os países do mundo: nascem todo dia crianças surdas que, quando não são ajudadas, ficam presas em sua bolha de silêncio. Sabemos hoje que é essencial, desde o primeiro ano de idade, dar a essas crianças uma língua: ou a língua de sinais, que é a mais natural (as línguas de sinais são línguas reais, e as crianças que as falam se desenvolvem de maneira praticamente normal) ou uma língua falada, quando essas crianças têm a sorte de receber um implante coclear, que recupera

---

* N. T.: O experimento em questão foi narrado pelo historiador grego Heródoto (*Histórias*, Parte 1, livro 2, parágrafo 2), e é conhecido hoje em psicologia como "experimento psamético". Começa quando o faraó Psamético (VII a.e.c.) ordena que os dois bebês sejam afastados de qualquer contato linguístico, e termina quando esses mesmos bebês, já maiores, pedem pão usando palavras que são interpretadas como pertencentes à língua frígia, então falada no país de mesmo nome, que ficava no centro da Anatólia.

parcialmente a audição. Aqui também, a pesquisa mostrou a necessidade de agir muito rapidamente:[44] quando as crianças recebem o implante depois dos oito meses, elas já apresentam déficits permanentes na sintaxe. Não compreendem completamente as sentenças em que certos elementos foram mudados de lugar, por um fenômeno chamado "movimento sintático" (na sentença "*Show me the girl that the grandmother combs*", não é óbvio que o primeiro sintagma nominal, "*the girl*", é de fato o objeto direto do verbo "*combs*", e não seu sujeito).* Quando as crianças surdas recebem o implante coclear depois da idade de 1 ou 2 anos, continuam incapazes de compreender sentenças desse tipo e falham num teste em que se exige que escolham entre uma figura em que a avó penteia o cabelo da menina e outra em que é a menina quem penteia o cabelo da avó.

A primeira infância parece ser uma fase essencial para a aquisição do movimento sintático; por volta do final do primeiro ano de vida, se o cérebro é privado de quaisquer interações linguísticas, sua plasticidade para esse aspecto da sintaxe acaba. Lembrem-se das crianças doentes em Israel em 2003: umas poucas semanas de falta de tiamina, nos primeiros meses de vida, bastaram para que perdessem para sempre a noção da sintaxe. Esses resultados coincidem com outros estudos feitos a respeito de crianças selvagens, que foram abandonadas pela família, como o famoso Victor do Aveyron (aproximadamente 1788-1828), e com pesquisas sobre crianças vítimas de violência, como a menininha americana chamada ironicamente Genie, que cresceu (ou, melhor dizendo, foi impedida de crescer) fechada num armário por mais de 13 anos, sem que ninguém falasse com ela. Devolvidos à civilização depois de tantos anos, Victor e Genie começaram a falar e adquiriram algum vocabulário, mas a gramática ficou para sempre precária.

---

* N. T.: Em inglês, como em português, a posição normal do objeto direto é logo depois do verbo transitivo. No exemplo do autor, "the girl" é objeto direto do verbo "show" mas também do verbo "combs", que está no final da sentença. Na base de "*Show me the girl that the grandmother combs*" está a estrutura "*Show me the girl + the grandmother combs the girl*". O movimento sintático altera essa estrutura subjacente deslocando a segunda ocorrência de "the girl" para o começo da segunda oração, transformando-a ao mesmo tempo no pronome relativo "that".

Portanto, a aquisição da linguagem oferece um exemplo excelente do que é o período sensível nos seres humanos, tanto para a fonologia como para a gramática. É também uma boa ilustração da modularidade do cérebro: ao mesmo tempo que a gramática e os sons da língua se congelam, outras funções como a capacidade de aprender novas palavras e seus significados permanecem abertas pela vida afora. Essa plasticidade residual é precisamente o que nos permite aprender, em qualquer idade, os significados de palavras novas, tais como *fax*, *iPad*, *meme* e *geek*, ou mesmo neologismos engraçados como *askhole* (alguém que faz continuamente perguntas estúpidas que não têm nada a ver) ou *chairdrobe* (a pilha de roupas que amontoamos sobre uma cadeira em vez de guardá-las no guarda-roupas ou na cômoda). Para a aquisição do vocabulário, felizmente, nosso cérebro adulto continua a exibir durante a vida toda um certo nível de plasticidade infantil – embora a razão biológica pela qual os circuitos lexicais não estão sujeitos a um período sensível seja ainda uma incógnita.

UMA SINAPSE PRECISA SER ABERTA OU FECHADA

Por que a plasticidade sináptica se fecha? Que mecanismos biológicos a interrompem? A causa da abertura e fechamento dos períodos sensíveis é um dos principais tópicos da neurociência contemporânea.[45] O fechamento do período sensível parece estar relacionado ao equilíbrio entre excitação e inibição. Nas crianças, os neurônios excitatórios entram rapidamente em atividade, ao passo que os neurônios inibidores se desenvolvem de maneira mais gradual. Alguns neurônios, que contêm uma proteína chamada "parvalbumina", criam progressivamente em torno de si uma matriz dura, uma espécie de treliça chamada "rede perineuronal" que se torna cada vez mais apertada e acaba por impedir que as sinapses cresçam ou circulem. Enredados nessa malha rígida, os circuitos neurais já não têm liberdade para mudar. Se pudéssemos livrar os neurônios dessa camisa de força, por exemplo aplicando um agente farmacológico como a fluoxetina (mais conhecida como Prozac), a plasticidade sináptica poderia voltar. Aí está uma enorme fonte de esperança para o tratamento do AVC, em que os pacientes precisam reaprender habilidades perdidas usando as áreas que foram preservadas ao redor da lesão cerebral.

Outros fatores também entram em jogo no fechamento de um período sensível. Por exemplo, há uma proteína chamada "Lynx1", que, presente num neurônio, inibe os intensos efeitos da acetilcolina sobre a plasticidade sináptica. Portanto, a acetilcolina, que normalmente sinaliza eventos dotados de interesse e eleva a plasticidade sináptica, perde seus efeitos nos circuitos adultos invadidos pela Lynx1. Alguns pesquisadores tentaram restaurar a plasticidade intervindo quer geneticamente por meio da Lynx1, quer farmacologicamente com acetilcolina – com alguns êxitos promissores em animais.

Uma outra possibilidade animadora, talvez mais facilmente aplicável a seres humanos, consiste em utilizar uma corrente que despolariza os neurônios e os leva mais perto de seu limite de disparo.[46] Como resultado, o circuito excitável se torna mais facilmente ativado e passível de ser modificado. Essa terapia promissora é mais um motivo de esperança para os pacientes, particularmente os atingidos por depressão profunda: a aplicação de uma corrente elétrica fraca através do couro cabeludo basta às vezes para recolocar esses pacientes no bom caminho.

Pode-se indagar por que o sistema nervoso persistiria em limitar sua própria plasticidade. Depois de uma fase inicial de intensa plasticidade, deve haver alguma vantagem evolutiva em fechar o período sensível e evitar novas mudanças nos circuitos do cérebro. Simulações das redes neurais mostram que os neurônios de nível inferior, nos estágios iniciais da hierarquia visual, adquirem logo campos receptivos simples e fáceis de reproduzir, como os detectores de contorno. É plausível que, passados os primeiros meses de vida, não haja mais nada a ganhar continuando a atualizá-los, porque esse tipo de detector já está praticamente otimizado. Talvez nossos cérebros poupem o gasto de energia associado com a multiplicação dos brotos sinápticos e axonais. Além disso, mudar a organização das primeiras áreas sensoriais, fundamento em que se baseia toda a percepção, traz o risco de criar o caos

Figura 1
A plasticidade do cérebro consegue às vezes superar obstáculos consideráveis. Aos 3 anos, o hemisfério direito de Nico foi removido cirurgicamente (ver as imagens por ressonância magnética superpostas no centro desta página). Mas essa grave perda não o impediu de tornar-se um artista completo, capaz de pintar cópias excelentes (abaixo) e trabalhos originais (no alto). O aprendizado espremeu todos os talentos de Nico, incluindo a linguagem, a matemática, a leitura e a pintura, num único hemisfério.

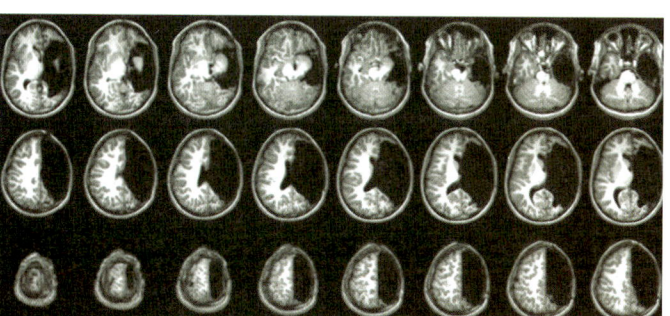

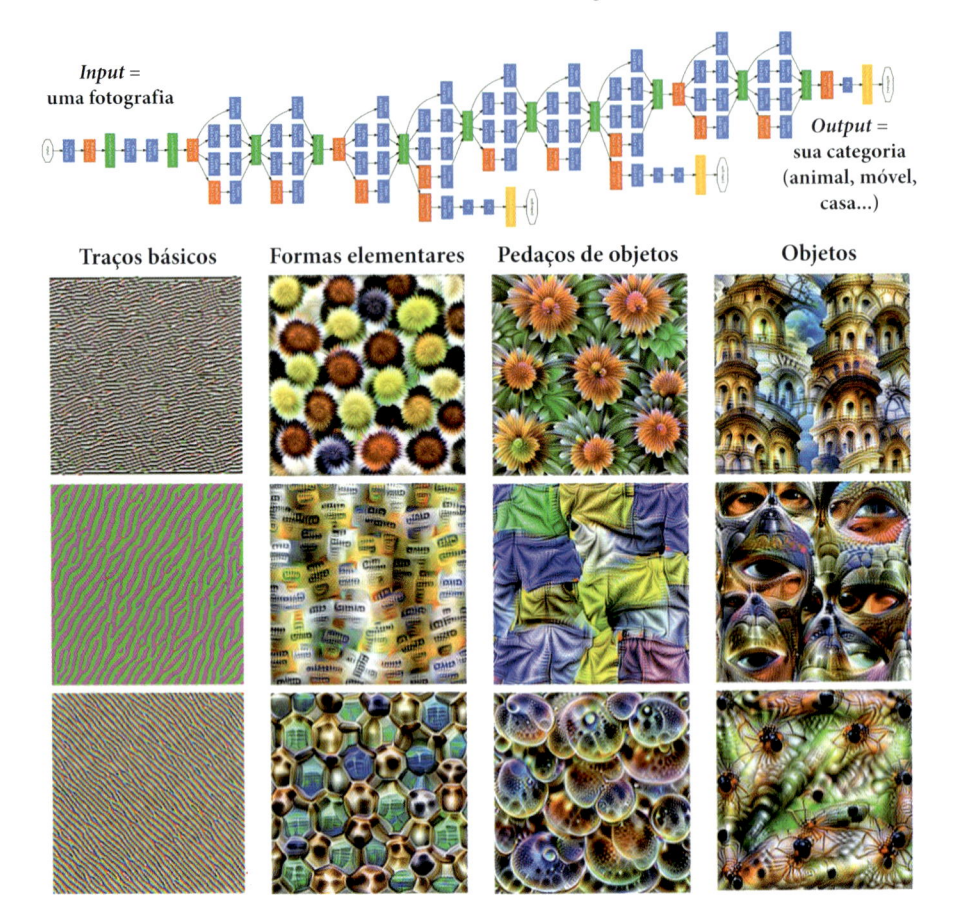

A rede neural artificial do GoogLeNet

Input =
uma fotografia

Output =
sua categoria
(animal, móvel,
casa...)

Traços básicos	Formas elementares	Pedaços de objetos	Objetos

Figura 2

Aprender significa desenvolver uma hierarquia de representações apropriadas para o problema em análise. Na rede GoogLeNet, que aprende a identificar imagens, o ajuste de milhões de parâmetros permite que cada nível da hierarquia reconheça um aspecto útil da realidade. No nível mais baixo, os neurônios simulados são sensíveis a traços básicos, tais como linhas orientadas ou texturas. À medida que subimos na hierarquia, os neurônios respondem a formas cada vez mais complexas, incluindo casas, olhos e insetos.

Figura 3

Como faz uma rede neural profunda para aprender a categorizar números escritos à mão? Este é um problema difícil, porque um mesmo algarismo pode ser escrito em centenas de modos diferentes. No nível mais baixo da hierarquia neuronal (embaixo à direita), os neurônios artificiais confundem os números que se parecem, como 9 e 4. Quanto mais subimos na hierarquia, mais os neurônios são bem-sucedidos no agrupar todas as imagens do mesmo número, e em separá-las por meio de fronteiras claras.

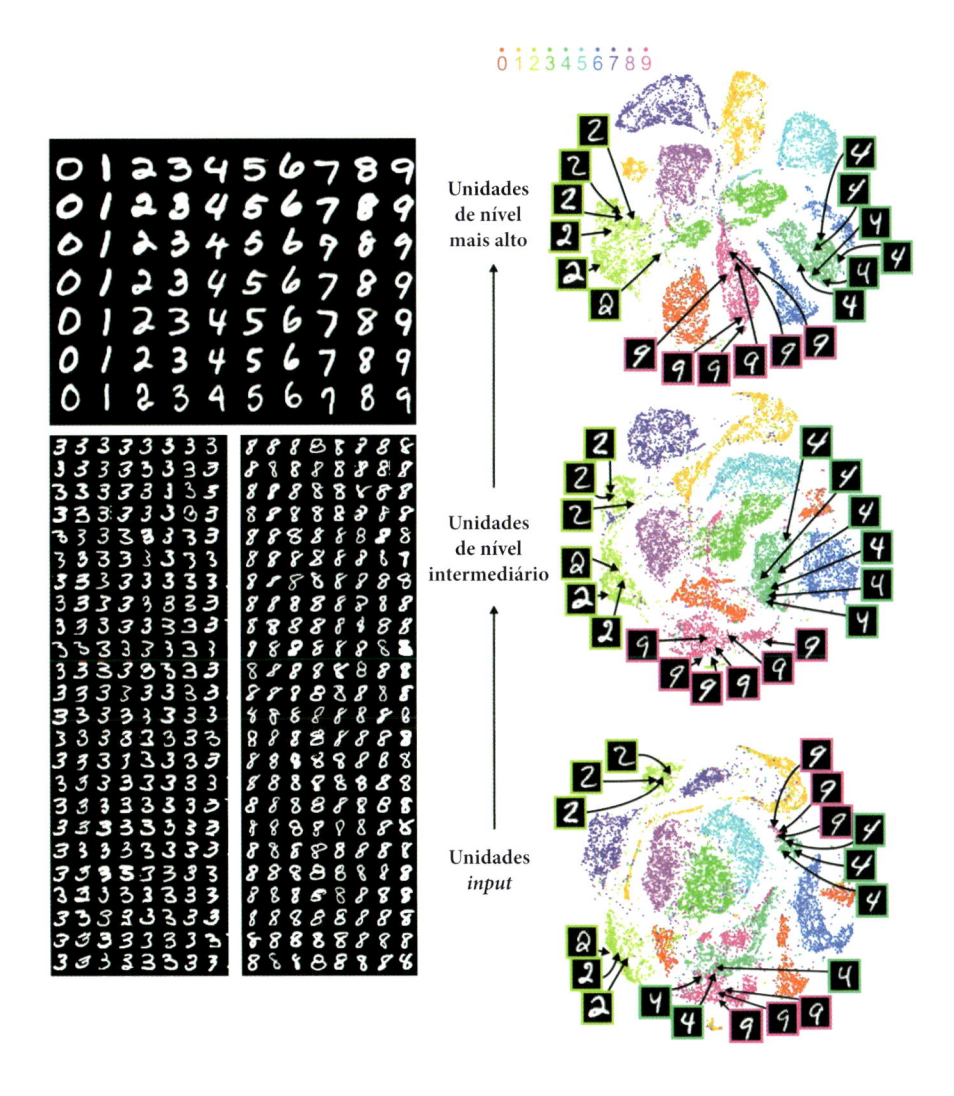

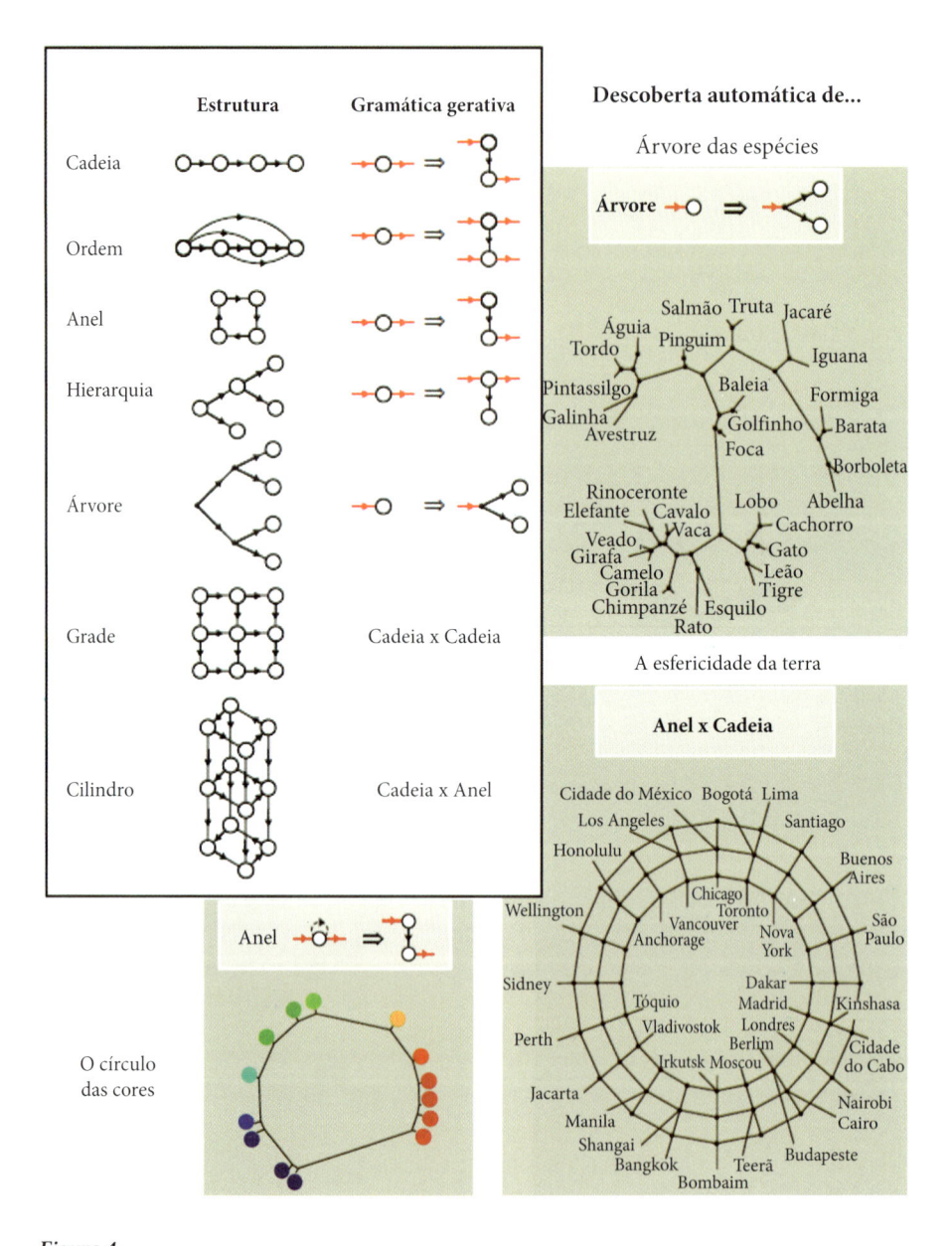

Figura 4

Aprender significa inferir a gramática de um domínio. No MIT, dois cientistas da computação inventaram um algoritmo que descobre a estrutura escondida de um campo científico. O sistema é dotado de uma gramática de regras cujas combinações geram todos os tipos de novas estruturas: linhas, planos, círculos, cilindros... Selecionando a estrutura que mais se adapta aos dados, o algoritmo faz descobertas que custaram aos cientistas anos de trabalho: a árvore das espécies animais (Darwin, 1859), a redondeza da terra (Parmênides, 600 a.C.) e o círculo das cores (Newton, 1675).

Figura 5

Longe de serem tábulas rasas, os bebês possuem uma grande soma de conhecimentos. No laboratório, os pesquisadores revelam o requinte das intuições dos bebês medindo a surpresa com que reagem a situações que violam as leis da física, da aritmética, da probabilidade ou da geometria.

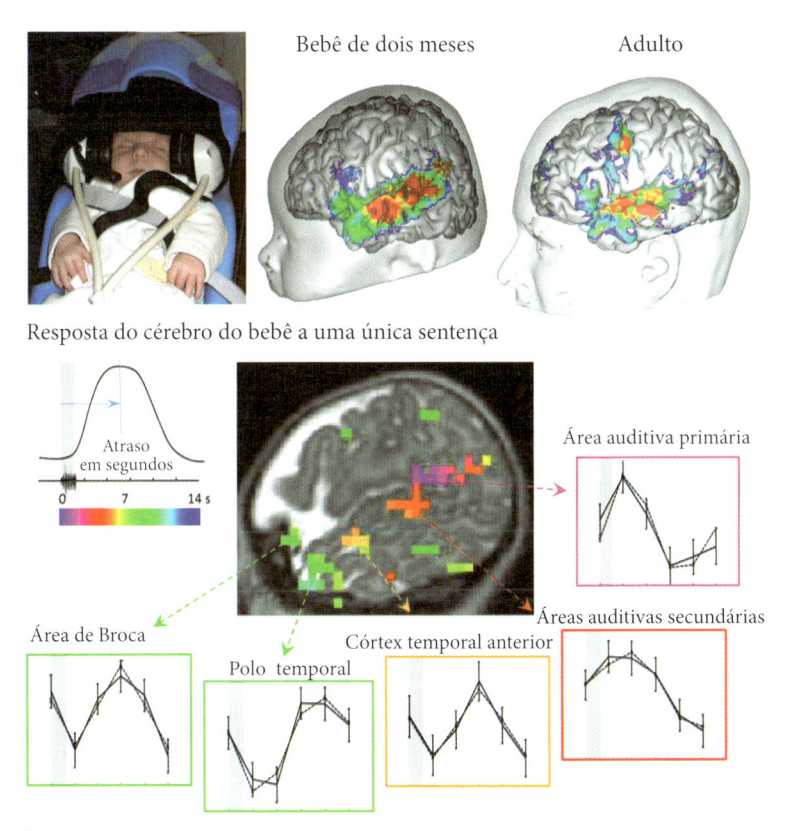

Figura 6

Ao nascer, o cérebro do bebê já direciona a língua falada para circuitos específicos do hemisfério esquerdo. Sempre que os bebês são escaneados por ressonância magnética funcional enquanto ouvem sentenças em sua língua materna, uma rede específica de regiões do cérebro se ilumina – como nos adultos. A ativação parte da área auditiva primária, e em seguida avança gradualmente para as áreas temporal e frontal, mesma sequência que no cérebro do adulto. Esses dados refutam a ideia de um cérebro inicialmente desorganizado, uma simples tábula rasa sem nada escrito, que aguarda informações do meio ambiente.

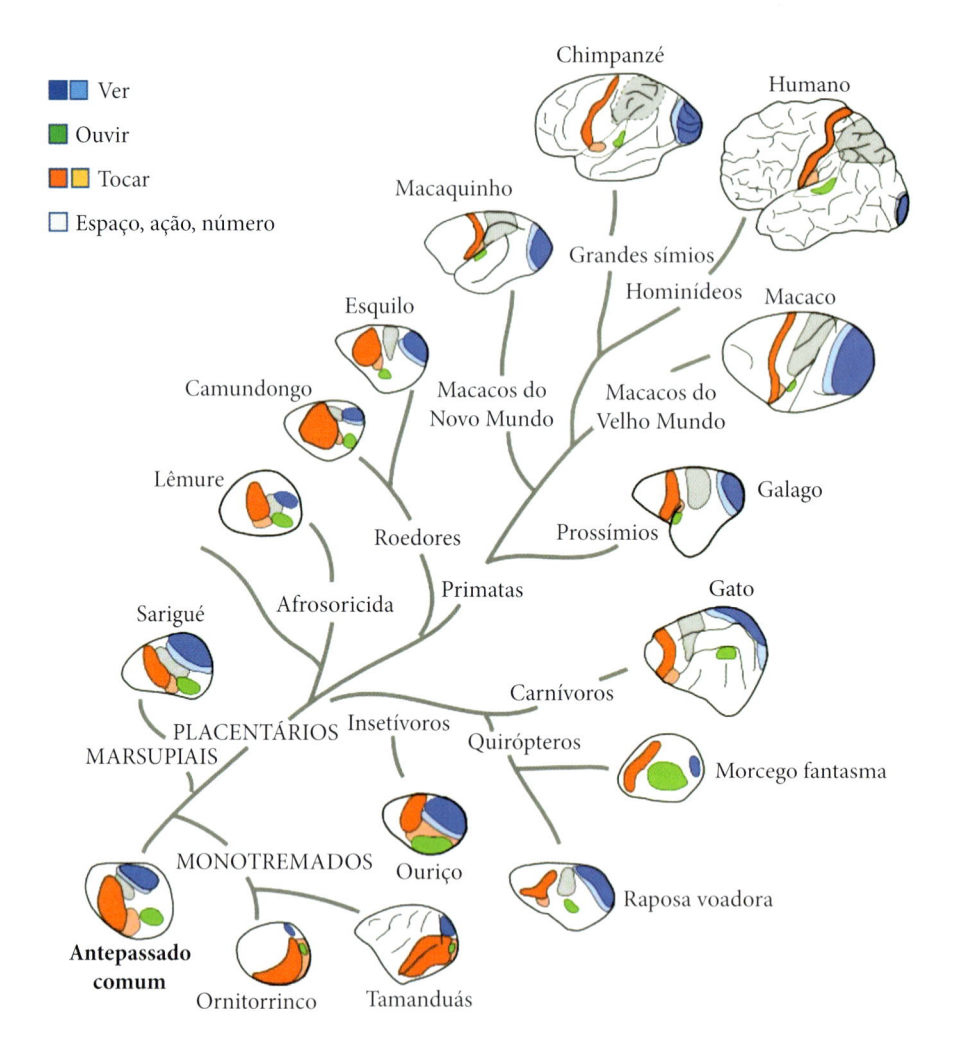

Figura 7

A arquitetura do cérebro humano tem uma longa história evolucionária. Muitas regiões especializadas (aqui as áreas sensoriais primárias) compartilham sua configuração básica com as de outras espécies. Elas já estão conectadas *in utero* sob a influência de muitos genes e tornam-se ativas no terceiro trimestre da gestação. O cérebro do primata se caracteriza por áreas sensoriais proporcionalmente menores, e uma enorme expansão das regiões cognitivas do córtex parietal (cinza), temporal e, especialmente, pré-frontal. No *Homo sapiens*, essas regiões são notavelmente plásticas: elas abrigam uma linguagem do pensamento e nos tornam capazes de aumentar nosso conhecimento ao longo da vida.

Figura 8

Nas primeiras semanas da gravidez, o corpo se organiza em bases genéticas. Nenhum aprendizado é necessário para que os cinco dedos se formem e ganhem sua inervação. Da mesma maneira, a arquitetura fundamental do cérebro ganha forma independentemente de qualquer aprendizado. Quando do nascimento, o córtex já se encontra organizado, dobrado e conectado de uma maneira comum a todos os seres humanos, e que nos distingue dos outros primatas. O conjunto detalhado de conexões, porém, fica livre para variar dependendo do ambiente. Por volta do terceiro trimestre de gestação, o cérebro do feto começa a se adaptar às informações que recebe do mundo exterior.

Desenvolvimento dos nervos periféricos

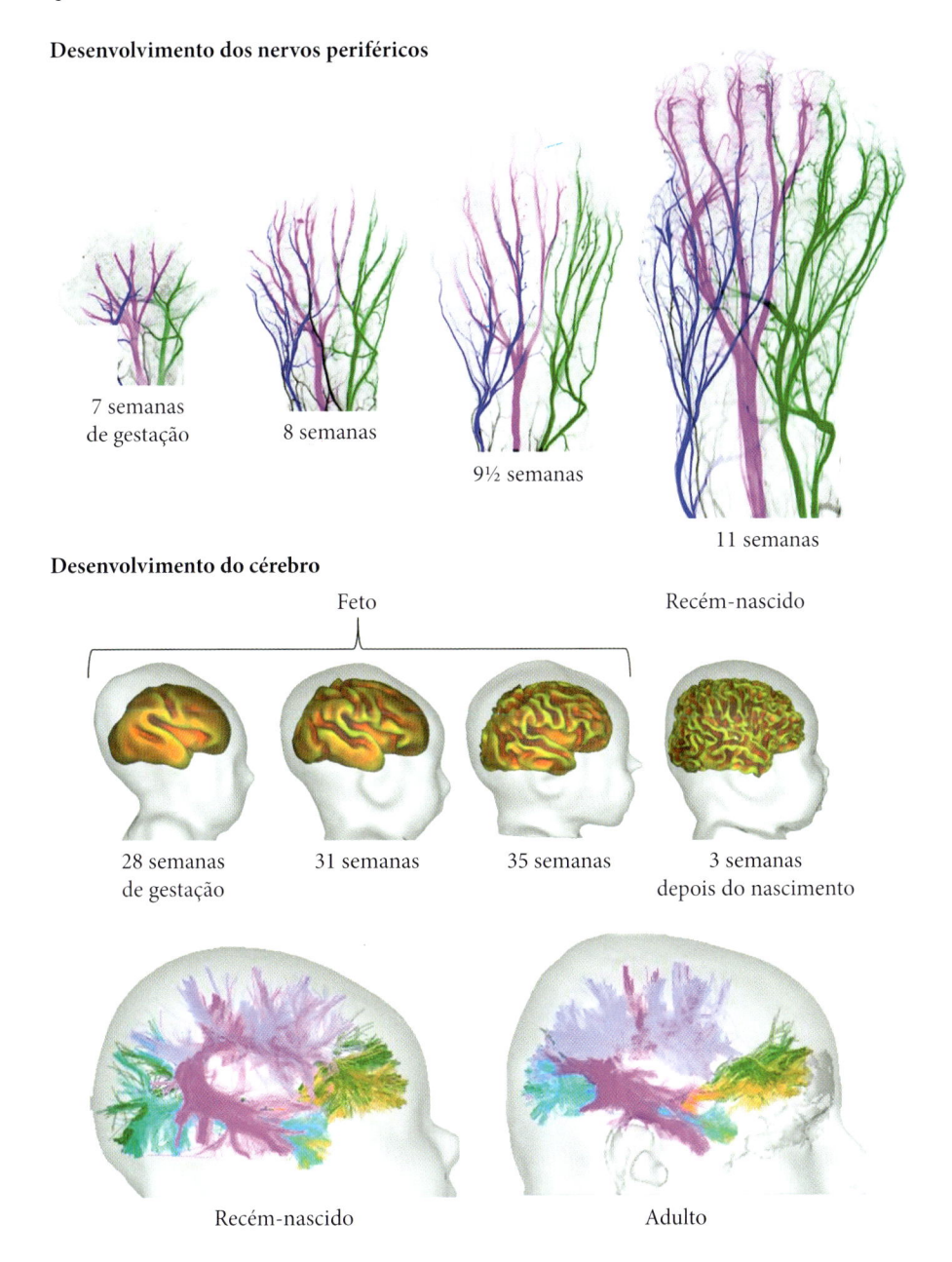

7 semanas
de gestação

8 semanas

9½ semanas

11 semanas

Desenvolvimento do cérebro

Feto

Recém-nascido

28 semanas
de gestação

31 semanas

35 semanas

3 semanas
depois do nascimento

Recém-nascido

Adulto

Figura 9

O cérebro humano subdivide-se em áreas especializadas. Já em 1909, o neurologista alemão Korbinian Brodmann (1868-1918) tinha notado que o tamanho e a distribuição dos neurônios variam nas diferentes regiões do córtex. Por exemplo, na área de Broca, envolvida no processamento da linguagem, Brodmann distinguiu três áreas (as de número 44, 45 e 47). Essas distinções têm sido confirmadas e refinadas por imagens moleculares. O córtex é ladrilhado por meio de áreas distintas, cujos limites são marcados por súbitas variações na densidade de recepção dos neurotransmissores. Durante a gravidez, certos genes são expressos seletivamente em diferentes regiões do córtex e ajudam a dividi-lo em órgãos especializados.

**Mapa de Brodmann
das áreas corticais (1909)**

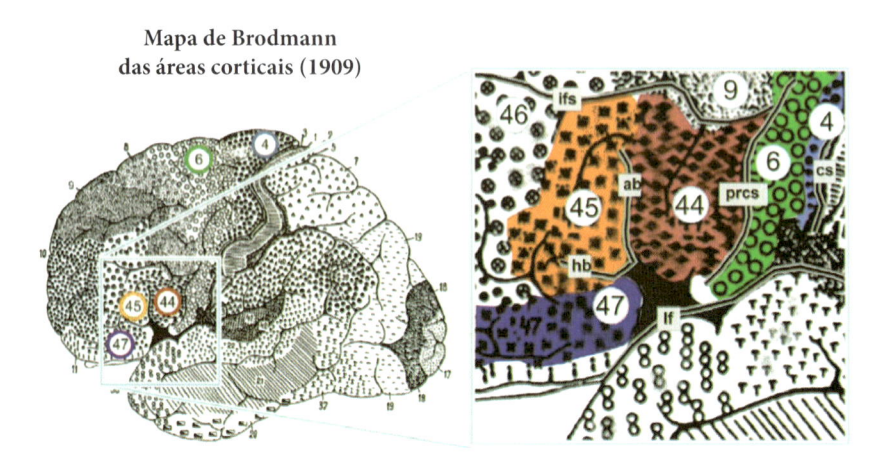

**Limites entre áreas corticais,
tais como são definidas por quatro moléculas receptoras**

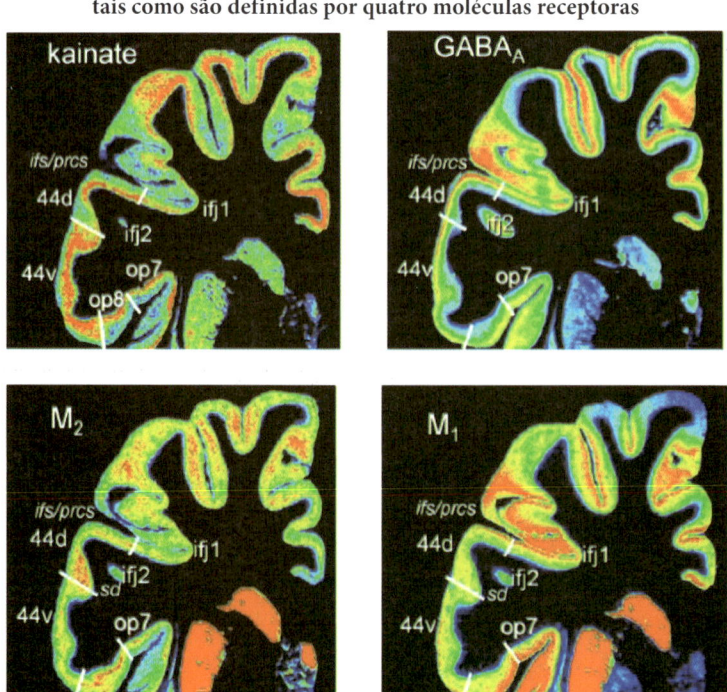

Neurônios do córtex entorrinal

Figura 10

Quando um sistema físico se auto-organiza, quer se trate de lava ou de cera de abelhas, não é incomum que se formem hexágonos. O sistema nervoso não é exceção: numa região do córtex entorrinal que funciona como se fosse o GPS do cérebro, os neurônios se organizam formando "células de grade" que cobrem o espaço físico com um reticulado de triângulos e hexágonos. Quando um rato explora um local espaçoso, cada neurônio só dispara quando o animal estiver no vértice de um desses triângulos. Essas células de grade aparecem apenas um dia depois que o camundongo começa sua andança: a noção de espaço se baseia num circuito de GPS praticamente inato.

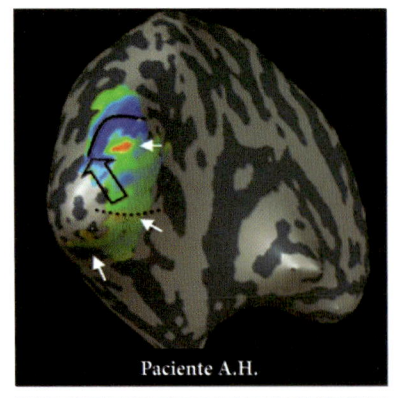

Paciente A.H.

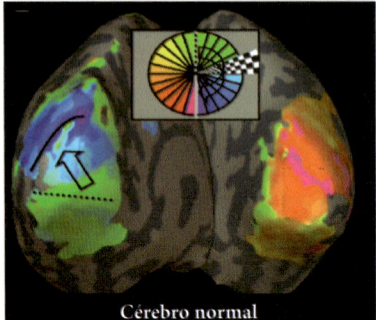

Cérebro normal

Figura 11
A plasticidade sináptica permite que o cérebro se reorganize parcialmente quando sofre um dano grave. A paciente A.H. (em cima) nasceu tendo somente um hemisfério cerebral: na sétima semana de gestação, seu hemisfério direito parou de se desenvolver. Num cérebro normal (embaixo), as primeiras áreas visuais do hemisfério esquerdo representam somente a metade direita do mundo (nas cores verde e azul no disco central). Contudo, na paciente A.H., algumas regiões muito pequenas se reorganizaram e começaram a responder à metade esquerda do mundo (em vermelho, indicadas pelas setas brancas). Portanto, A.H. não é totalmente cega para o lado esquerdo, como o seria um adulto que tivesse sofrido a mesma lesão. Mas essa reorganização é limitada: no córtex visual primário, o determinismo genético ganha da plasticidade do cérebro.

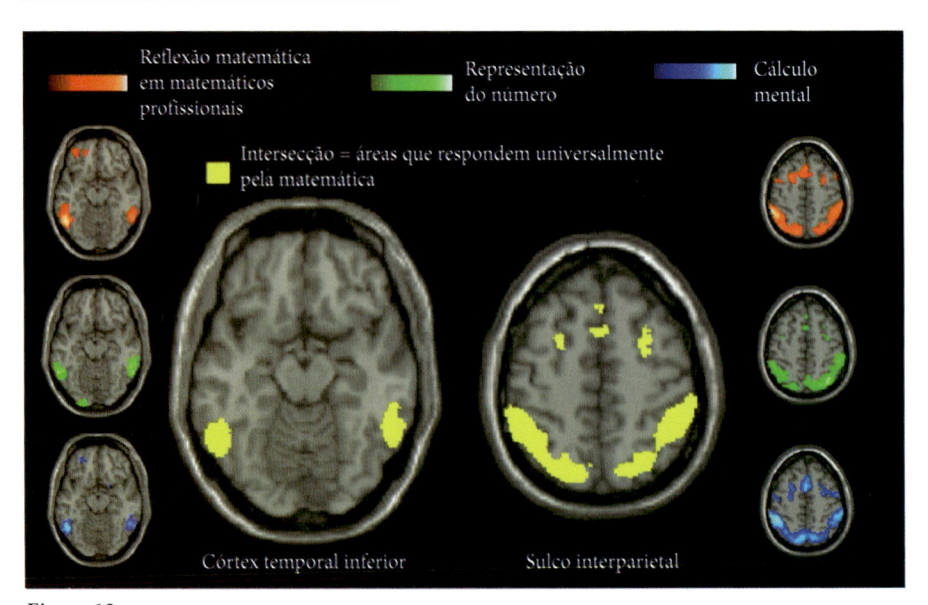

Figura 12
A educação consiste em reciclar circuitos cerebrais antigos, de modo a reaplicá-los em funções novas. Desde a infância, todos nós possuímos áreas destinadas a representar os números (em verde), que também usamos para o cálculo mental (em azul). É digno de nota que até mesmo os matemáticos profissionais continuam a usar as mesmas regiões cerebrais quando refletem sobre conceitos matemáticos de nível mais elevado (em vermelho). Essas redes neurais respondem inicialmente a conjuntos concretos de objetos mas, depois, ficam recicladas para conceitos mais abstratos.

Figura 13

A aquisição da matemática é muito independente da experiência sensorial. Até mesmo os cegos podem tornar-se excelentes matemáticos – sendo que neles as mesmas regiões do córtex parietal, temporal e frontal são ativadas durante a reflexão matemática, como nos matemáticos dotados de visão normal. A única diferença é que os matemáticos cegos também reciclam seu córtex visual de modo a fazer matemática.

Quinze matemáticos dotados de visão

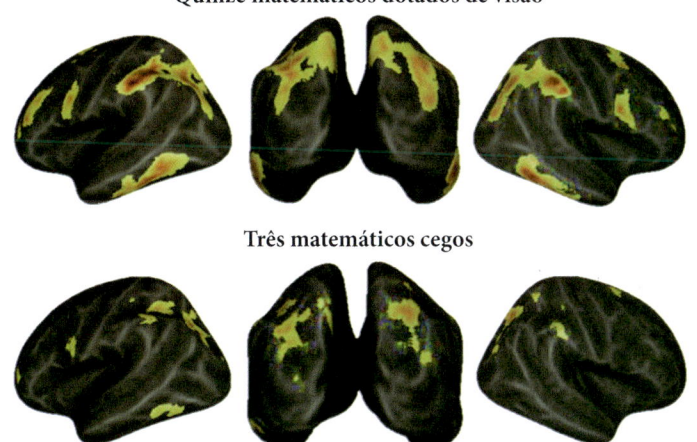

Três matemáticos cegos

Ativação adicional do córtex visual nos cegos

Experimento 1 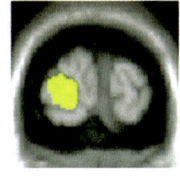 Experimento 2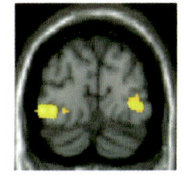

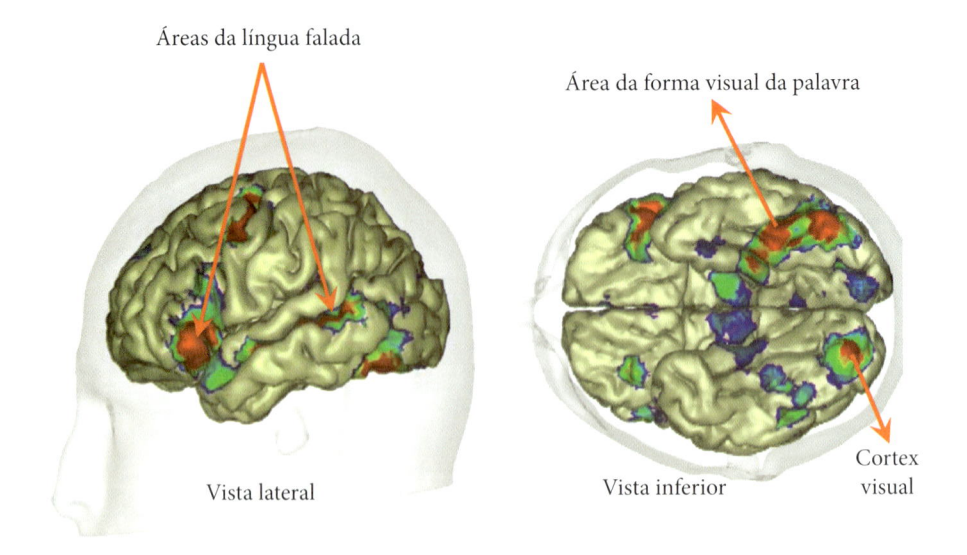

Áreas da língua falada

Área da forma visual da palavra

Vista lateral

Vista inferior

Cortex visual

Resposta do cérebro a sentenças escritas

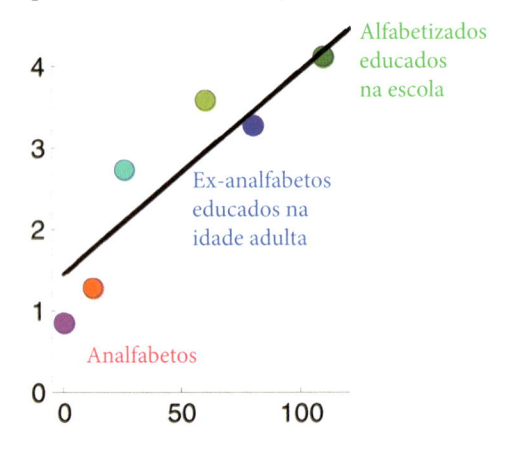

Alfabetizados educados na escola

Ex-analfabetos educados na idade adulta

Analfabetos

Classificação na leitura:
número de palavras lidas por minuto

Figura 14

O aprendizado da leitura recicla uma rede de áreas cerebrais que têm a ver com a visão e com a língua falada. As regiões coloridas são as que sofrem os efeitos da aquisição da leitura: sua atividade em resposta a uma sentença escrita aumenta com a pontuação da leitura, desde os analfabetos até os leitores proficientes. O letramento afeta o cérebro de dois modos diferentes: especializa as áreas visuais para as letras escritas, particularmente na região do hemisfério esquerdo chamada "área da forma visual da palavra", e ativa os circuitos da língua falada através da visão.

Figura 15

As imagens por ressonância magnética funcional podem ser usadas para rastrear a aquisição do letramento em crianças. Logo que a criança aprende a ler, uma região visual do hemisfério esquerdo começa a se especializar para sequências de letras. A leitura recicla parte do mosaico das regiões que todos os primatas usam para reconhecer faces, objetos e lugares.

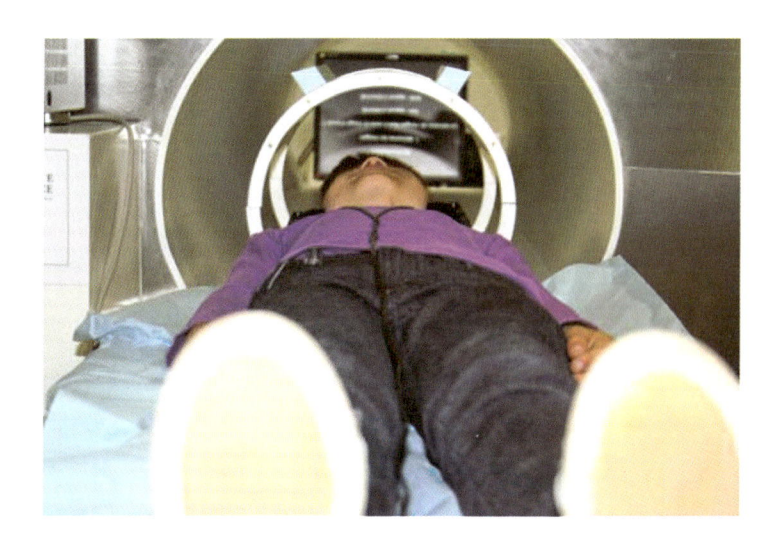

Não leitores aos 6 anos

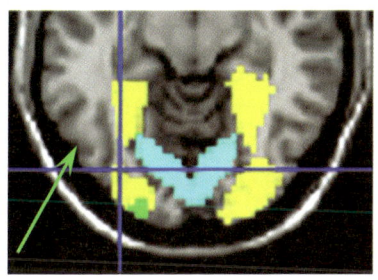

Leitores aos 6 anos

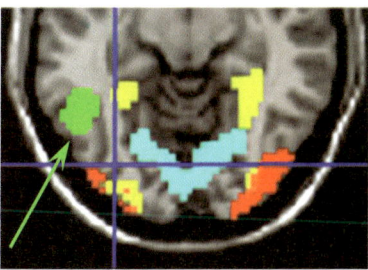

Disléxicos aos 9 anos

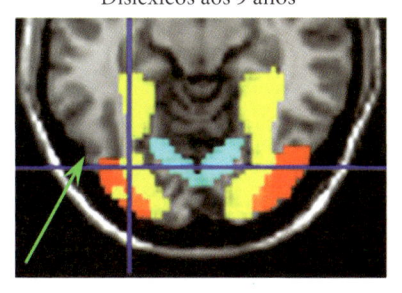

Leitores aos 9 anos

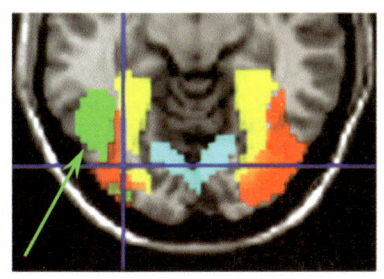

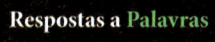 Respostas a Palavras

Figura 16

Sinais de alerta podem modular consideravelmente o aprendizado. Neuromoduladores como a serotonina, a acetilcolina e a dopamina, cujos sinais são transmitidos para grande parte do córtex, nos dizem quando é para prestar atenção e parecem forçar o cérebro a aprender. No experimento mostrado ao pé da página, ratos ouviram um som de 9 kHz que estava associado com uma estimulação elétrica do núcleo basal de Meynert, e assim provocava uma liberação de acetilcolina no córtex. Depois de alguns dias de exposição, o inteiro córtex auditivo estava invadido por essa frequência sonora e por frequências próximas (regiões em azul).

Circuitos cerebrais da acetilcolina

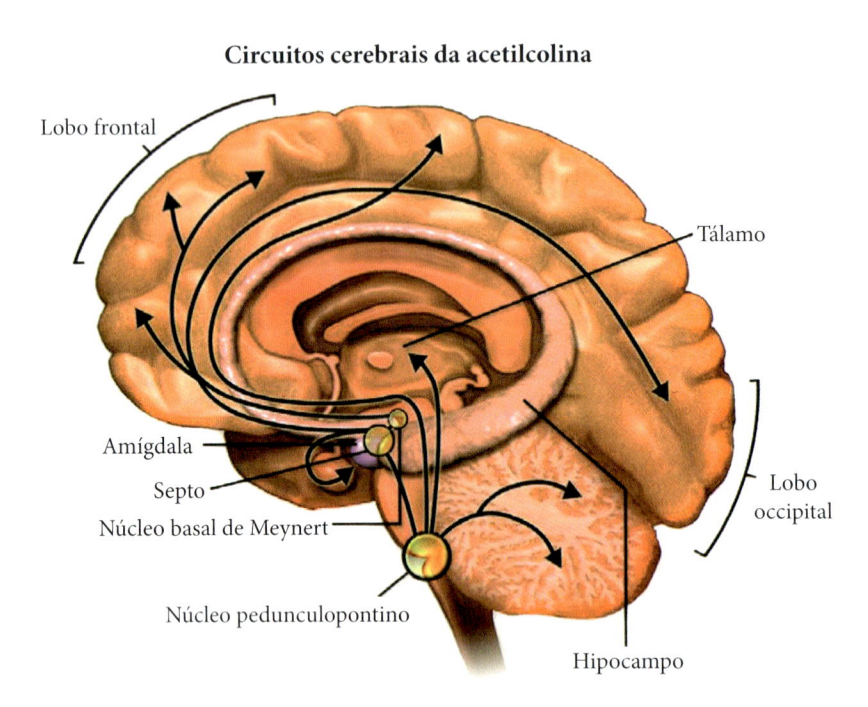

Modulação do aprendizado

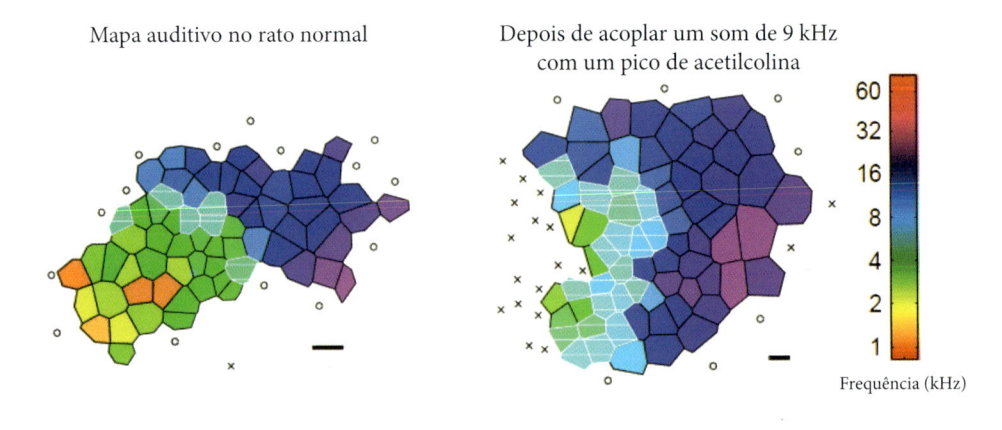

Córtex auditivo: detecção de um som desviante

Sons frequentes

Som inesperado

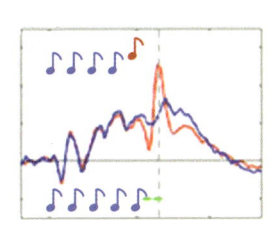

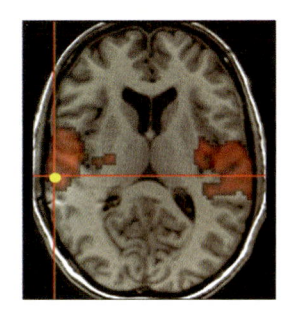

Córtex pré-frontal: detecção de uma violação na melodia

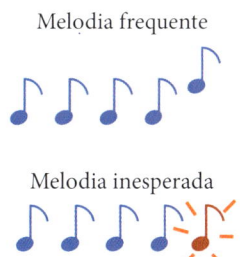

Melodia frequente

Melodia inesperada

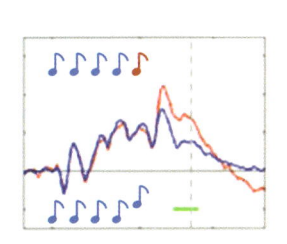

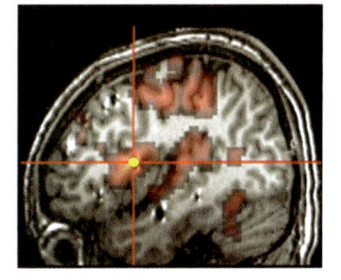

Figura 17

O *feedback* de erro é o terceiro pilar do aprendizado. Detectando e corrigindo seus próprios erros, o cérebro aprende pouco a pouco a ajustar seus modelos do entorno. Virtualmente, todas as regiões do cérebro emitem e trocam entre si sinais de erro. Neste experimento, o cérebro aprende a detectar violações numa sequência de sons. Inicialmente, uma breve melodia de cinco notas é tocada várias vezes. Quando a sequência muda sem que isso seja anunciado, uma resposta de surpresa (em vermelho) aponta o erro para outras regiões do cérebro e permite que elas corrijam suas predições. As áreas auditivas reagem às violações locais de expectativa (no alto), enquanto uma ampla rede, que inclui o córtex pré-frontal, responde às violações globais da melodia inteira (embaixo).

Figura 18

A consolidação é o quarto pilar do aprendizado. Inicialmente, qualquer aprendizado requer um esforço considerável, acompanhado por uma atividade intensa das regiões parietal e frontal para a atenção espacial e executiva. Para um leitor principiante, por exemplo, decifrar as palavras é um processo lento, penoso e sequencial; quanto maior for o número de letras de uma palavra, mais devagar ela será lida pela criança (quadro de cima). Com a prática, cresce o automatismo: a leitura se torna um processo rápido, paralelo e inconsciente (quadro de baixo). Aparece um circuito de leitura especializado, e isso libera os recursos corticais para outras tarefas.

Leitura com esforço

Aluno de primeiro ano

Rede da leitura +
atenção executiva e espacial

Tempo de leitura
(em segundos)

Primeiro-anistas
Disléxicos

Comprimento das palavras
(número de letras)

Leitura automática

Mesma criança perto
do fim do segundo ano

Rede de leitura especializada

Tempo de leitura
(em segundos)

Segundo-anistas
Terceiro-anistas

Comprimento das palavras
(número de letras)

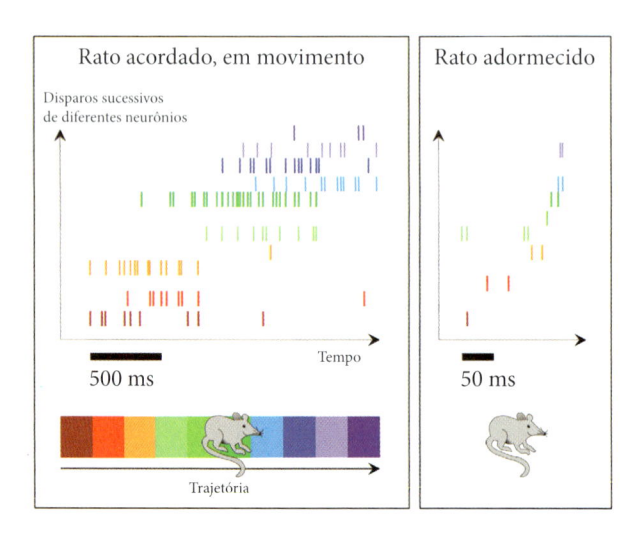

Rato acordado, em movimento

Disparos sucessivos
de diferentes neurônios

500 ms

Tempo

Trajetória

Rato adormecido

50 ms

Figura 19

O sono desempenha um papel importante na consolidação do conhecimento. Quando um rato adormece, os neurônios de seu hipocampo reprisam, muitas vezes numa velocidade acelerada, exatamente as mesmas sequências de ações que ele viveu enquanto estava acordado. Essa atividade, que se estende até o córtex, pode ser repetida centenas de vezes durante a noite. A reprise neuronal contribui para consolidar e automatizar aquilo que tinha sido aprendido no dia anterior. Enquanto dormimos, nosso cérebro pode até mesmo descobrir regularidades que nos escaparam na véspera.

nas áreas de nível superior. Nessa perspectiva, depois de algum tempo, provavelmente vale a pena deixar em paz esses neurônios sensoriais – e foi talvez por isso que a evolução optou por mecanismos que encerram o período sensível nas áreas sensoriais num ponto mais cedo de desenvolvimento do que nas áreas associativas de nível superior.

O lado bom de tudo isso é que, como nossos circuitos se congelam, mantemos para o resto da vida um vestígio sináptico estável e inconsciente daquilo que aprendemos em crianças. Mesmo que essas aquisições iniciais se tornem obsoletas em seguida, por exemplo porque foram substituídas por conhecimentos mais recentes, nossos circuitos cerebrais guardam um vestígio adormecido de nossos começos. Um exemplo notável é o caso das crianças adotadas depois da infância que precisaram aprender uma segunda língua materna. Na segunda metade do século XX, a Coreia foi um dos países que recorreram à adoção internacional em massa. Começando em 1958, e durante um período de mais de quarenta anos, 180 mil crianças coreanas foram adotadas, e a grande maioria (cerca de 130 mil) partiram para um país distante, sendo que mais de 10 mil chegaram à França. Em nosso centro de pesquisa com base em Paris, Christophe Pallier e eu escaneamos 20 dessas crianças adotadas, depois de adultas. Tendo chegado à França entre os 5 e os 9 anos, esses jovens e essas jovens não tinham quase nenhuma recordação consciente de sua terra natal (com exceção de algumas lembranças olfativas, especialmente quanto ao cheiro da comida!). Nossos escaneamentos mostram que seus cérebros se comportavam essencialmente como os das crianças nascidas na França.[47] As áreas de linguagem, no hemisfério esquerdo, respondiam intensamente às sentenças do francês, mas não respondiam de maneira alguma às sentenças do coreano (ou, pelo menos, não respondiam ao coreano mais do que a qualquer língua desconhecida, por exemplo, o japonês). Portanto, nos níveis lexical e sintático, parecia que a nova língua tinha suplantado a antiga.

Ainda assim... com uma abordagem mais sutil, outro grupo de pesquisadores descobriu que as crianças adotadas ainda conservavam nas profundezas do córtex um vestígio adormecido dos padrões sonoros de sua língua de origem.[48] Eles escanearam o cérebro de crianças de 9 a 17 anos que tinham passado somente um ano na China antes de serem adotadas no Canadá. E, em vez de apenas deixar que elas ouvissem sentenças, cobraram delas a difícil tarefa de discriminar os padrões tonais do chinês. A neuroimagem mostrou que, enquanto os nativos canadenses adultos sem qualquer exposição ao chinês apenas reagiam aos tons processando-os como uma melodia no hemisfério direito, os canadenses-chineses adotados, exatamente como fariam os chineses nativos, os processavam como sons da língua, numa região fonológica do hemisfério esquerdo chamada *"planum temporale"*. Parece, portanto, que esse circuito fica gravado como uma língua nativa durante o primeiro ano de vida e nunca regride por completo depois.

Esse não é o único exemplo. Já expliquei como o "olho preguiçoso" da criança pode afetar irremediavelmente os circuitos visuais no cérebro se o problema não for tratado. O etologista e neurofisiologista Eric Knudsen estudou um modelo animal do efeito desse período sensível. Ele criou filhotes de corujas e fez com que usassem prismas oftálmicos que deslocavam todo o campo visual cerca de vinte graus à direita. Com suas corujas de óculos, conseguiu realizar um dos mais impressionantes estudos dos mecanismos neurais envolvidos no período sensível.[49] Somente as corujas que tinham usado lentes durante a juventude eram capazes de ajustar-se a esse *input* sensorial incomum: suas respostas auditivas se desviavam para alinhar-se com a retina, e isso lhes permitia caçar baseando-se na sincronização da audição com sinais da visão noturna. As corujas velhas, ao contrário, mesmo tendo usado lentes por semanas, fracassavam miseravelmente. Mais interessante, os animais treinados durante a juventude mantiveram, pelo resto da vida, um vestígio neuronal permanente dessa antiga experiência. Depois do aprendizado, observou-se um caminho de duas mãos: alguns axônios dos neurônios auditivos no colículo inferior ficaram na posição normal, mas outros se reorientaram para alinhar-se com o mapa visual. Quando as lentes foram retiradas, as corujas aprenderam rapidamente a se reorientar de modo correto; e assim que as lentes foram recolocadas, os animais fizeram o reajuste, deslocando a cena auditiva em vinte graus. Como um bilíngue *parfait*, eles deram conta de mudar de uma *langue* para a outra. Seus cérebros mantiveram um registro permanente dos dois conjuntos de parâmetros e permitiram que mudassem de configuração num piscar de olhos – assim como as crianças chinesas adotadas no Canadá conservaram um vestígio cerebral dos sons de sua primeira língua.

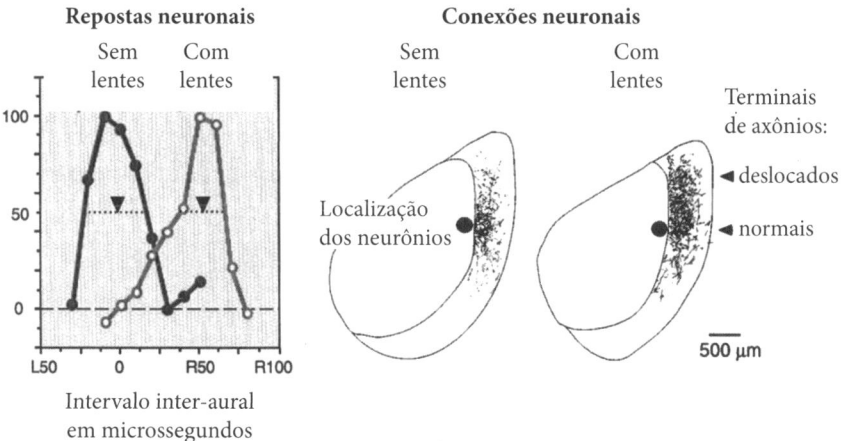

Repostas neuronais

Sem lentes   Com lentes

100

50

0

L50   0   R50   R100

Intervalo inter-aural em microssegundos

Conexões neuronais

Sem lentes   Com lentes

Localização dos neurônios

Terminais de axônios:

◄ deslocados

◄ normais

500 µm

Experiências vividas muito cedo podem moldar de maneira profunda nossos circuitos cerebrais. Uma coruja pode adaptar-se a usar vidros prismáticos que mudam sua visão – mas somente quando essa experiência anormal ocorre em sua juventude. Os neurônios auditivos da coruja, que localizam objetos usando o leve intervalo de tempo entre os sons que chegam ao seu ouvido direito e esquerdo, se ajustam para alinhar-se aos sinais visuais. Os axônios podem ser deslocados por até meio milímetro. A partir dessa primeira experiência, os dois circuitos – o normal e o deslocado – continuam presentes durante toda a vida da coruja.

Também em nossa espécie, a aprendizagem precoce – quer se trate de tocar piano, desenvolver a visão binocular ou mesmo adquirir as primeiras palavras – deixa uma marca permanente. Em adultos, somos mais rápidos no reconhecimento de palavras que aprendemos mais cedo na infância, como *"bottle"*, *"dad"* ou *"diaper"** – a plasticidade sináptica dos primeiros tempos as gravou para sempre na memória.[50] O córtex infantil aprende as línguas quase sem esforço, e armazena esse conhecimento na geometria permanente de seus axônios e dendritos.

UM MILAGRE EM BUCARESTE

A evidência de uma plasticidade elevada do cérebro nos primeiros anos de vida significa que investir em educação desde cedo deveria ser prioridade. O início da infância é um período altamente sensível, durante o qual muitos circuitos cerebrais são mais facilmente transformados. Depois, a perda gradual de plasticidade sináptica torna o aprendizado cada vez mais difícil – mas não esqueçamos que esse congelamento progressivo dos circuitos neurais é precisamente aquilo que faz com que nosso cérebro mantenha um vestígio estável de tudo aquilo que aprendemos na infância. Essas marcas sinápticas permanentes acabam por definir quem somos.

Embora o aprendizado seja mais fácil quando acontece cedo, seria profundamente equivocado aceitar o credo da mobilização americana *"zero-to-three movement"*, e concluir que tudo gira em torno desse período sensível. Não, a maior parte do aprendizado não acontece antes dos 3 anos. Para nossa sorte, nossos cérebros continuam flexíveis por muitos anos mais. Depois do período abençoado da primeira infância, a plasticidade neural diminui, mas

---

* N.T.: O autor exemplificou com palavras que aparecem na interação dos bebês com pais de língua inglesa: *"bottle"*, *"dad"* e *"diaper"* significam, respectivamente, "mamadeira", "papai" e "fralda".

não desaparece nunca. Ela enfraquece ao longo do tempo, começando pelas áreas sensoriais periféricas, mas as áreas corticais de nível superior conservam seu potencial de adaptação pela vida afora. É por isso que muitos adultos aprendem com sucesso a tocar um instrumento ou falar uma segunda língua quando estão na casa dos 50 ou 60. E é também por isso que as intervenções educacionais às vezes fazem milagres, especialmente quando são rápidas e intensas. A reabilitação pode não restaurar todas as sutilezas dos movimentos sintáticos ou a percepção dos tons do chinês, mas terá êxito ao transformar uma criança em situação de risco num jovem adulto realizado e responsável.

Os órfãos de Bucareste são um exemplo comovente dessa notável resiliência do cérebro em desenvolvimento. Em dezembro de 1989, a Romênia se insurgiu subitamente contra o regime comunista. Em menos de uma semana, os cidadãos revoltados tiraram do poder o ditador Nicolae Ceausescu (1918-1989) e sua esposa – ambos foram julgados às pressas, condenados e fuzilados no dia de Natal. Pouco depois, o mundo ficou chocado ao descobrir as pavorosas condições dos habitantes desse pequeno canto da Europa. Uma das visões mais insuportáveis foi a das crianças ainda pequenas, macilentas e de olhos mortos abandonadas pelos quase 600 orfanatos da Romênia. Nessas verdadeiras casas da morte, perto de 150 mil crianças viviam amontoadas e deixadas praticamente à própria sorte. O regime de Ceausescu estava tão profundamente convencido de que a força de um país é sua juventude, que ele tinha implantado uma delirante política pró-infância. Tudo era feito para conseguir nascimentos aos milhares, desde uma pesada taxação das pessoas solteiras e dos casais sem filhos, até a proibição das práticas contraceptivas, e mesmo a pena de morte para aqueles que optassem pelo aborto... Os casais que não pudessem manter seus filhos não tinham alternativa senão entregá-los aos serviços do Estado. Daí as centenas de orfanatos que, logo sobrecarregados, não conseguiam dar higiene, comida, aquecimento e um mínimo de contato humano e de estimulação essenciais para um desenvolvimento normal das crianças. Essa política desastrosa produziu milhares de crianças esquecidas com graves déficits cognitivos e emocionais em todas as áreas.

Quando o país abriu as fronteiras, várias ONGs se voltaram para essa catástrofe. Nasceu daí um projeto de pesquisa muito especial, o Bucharest Early Intervention Project.[51] Com a concordância do secretariado de Estado romeno para o bem-estar das crianças, o pesquisador de Harvard Charles Nelson decidiu estudar com rigor científico as consequências de ter vivido num orfanato e a possibilidade de salvar essas crianças colocando-as em famílias adotivas. Como não existia um verdadeiro programa de colocação na Romênia, ele montou um sistema de recrutamento e deu um jeito de encontrar 56 famílias voluntárias que quisessem adotar um ou dois órfãos cada. Mas isso era apenas uma gota d'água nos oceanos turvos dos orfanatos romenos: somente 68 crianças conseguiram partir. O texto de Nelson na *Science* descreve em detalhes o momento dramático, digno de um romance de Dickens, em que 136 crianças foram reunidas e numeradas de 1 a 136, e os números retirados aleatoriamente de um grande chapéu, determinando quem ficaria num orfanato e quem encontraria finalmente uma casa de família. Esse procedimento pode parecer chocante, mas foi o que se pôde fazer. Como os recursos humanos eram limitados, um sorteio aleatório era provavelmente a solução menos injusta. Além disso, a equipe continuou levantando fundos para tirar mais e mais crianças da miséria e para orientar o novo governo romeno sobre como lidar com crianças em instituições. Um segundo artigo na *Science* mostrou que o estudo inicial tinha obedecido aos critérios éticos para a pesquisa científica.[52]

Competência social

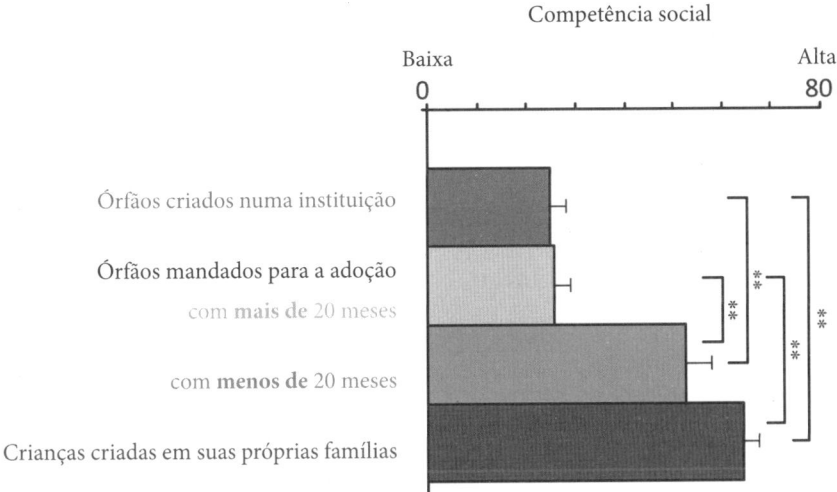

As lesões sofridas durante a infância deixam marcas no cérebro, mas uma intervenção rápida pode minimizar essas marcas. Nos orfanatos romenos, durante a ditadura de Ceaușesku, as crianças eram maltratadas e privadas da interação com adultos. Aos 8 anos, a maioria desses órfãos apresentava déficits nas habilidades sociais, quer tivessem permanecido numa instituição ou tivessem sido entregues aos cuidados de uma família adotiva com idade superior a 20 meses. Todavia, aqueles que tinham sido entregues aos cuidados de uma família adotiva com menos de 20 meses mostravam habilidades praticamente normais.

Contudo, o sorteio deixava subsistir uma questão séria: em igualdade de condições, a acolhida precoce das crianças numa família adotiva deu a elas uma vida normal? A resposta foi positiva, mas muito dependente da idade: as crianças acolhidas num lar antes dos

167

20 meses de idade se deram bem melhor do que as que permaneceram nos orfanatos.

Dúzias de estudos mais antigos tinham documentado os terríveis efeitos do isolamento emocional e social no desenvolvimento cerebral, e o estudo de Bucareste não foi exceção: em comparação com crianças nascidas numa família convencional, todos os órfãos apresentaram graves déficits na função cognitiva. Mesmo alguns aspectos fundamentais do funcionamento do cérebro, como o metabolismo da glicose e o volume total de massa cinzenta, foram deficientes. Depois dos cuidados proporcionados pela adoção, porém, alguns desses índices aumentaram nitidamente. Seis anos mais tarde, na idade de 8 anos, as crianças que tinham sido acolhidas num lar antes dos 20 meses tinham feito progressos notáveis em comparação com o grupo de controle, a tal ponto que já não diferiam das crianças criadas em suas famílias desde o nascimento. Algumas estruturas tinham se normalizado, incluindo a força das ondas alfa de seus cérebros, que é um índice de atenção e vigilância. As habilidades sociais e o vocabulário também estavam claramente ampliados.

Esse impressionante progresso não autoriza ignorarmos que essas crianças foram prejudicadas em outros níveis, incluindo uma falta de matéria cinzenta persistente, e provavelmente permanente. E mais importante, as crianças que tinham sido adotadas com mais de 20 meses mostraram graves fragilidades em todos os domínios. Ou seja, nenhum grau de apoio da família consegue substituir plenamente 20 meses de amor perdido (e de uma alimentação precária), e essas crianças sempre levarão, em seus cérebros, as cicatrizes da grave privação que sofreram. Mas os órfãos de Bucareste, como as crianças adotadas da Coreia, devem nos lembrar de não perdermos nunca a esperança. A plasticidade do cérebro é certamente mais forte nos jovens, mas continua presente em qualquer idade. O drama nos primeiros anos pode ter um sério impacto, mas a resiliência dos circuitos neurais não é menos notável. Se forem trabalhadas o mais cedo possível, muitas lesões do cérebro estão longe de ser irreversíveis.

Recicle seu cérebro

Recapitulemos o que foi visto até aqui. A hipótese da lousa em branco é claramente errada: os bebês nascem com um conhecimento nuclear considerável, um conjunto rico de pressupostos universais a respeito do meio ambiente que terão pela frente. Ao nascer, seus circuitos cerebrais já se encontram bem organizados e fornecem fortes intuições em todo tipo de domínios: objetos, pessoas, tempo, espaço, números... Suas habilidades estatísticas já são então notáveis – pois eles já agem como pequenos cientistas, e suas requintadas capacidades de aprender lhes permitem convergir na direção dos modelos mais adequados para o mundo.

Quando as crianças nascem, todos os grandes feixes de fibras do cérebro estão instalados. A plasticidade do cérebro pode, porém, reorganizar suas conexões terminais. Milhões de sinapses sofrem alterações plásticas cada vez que adquirimos um conhecimento novo. Enriquecer o ambiente das crianças, como fazemos, por exemplo, quando as mandamos para a escola, pode estimular o cérebro acrescentando-lhe habilidades que carregará vida afora. Mas essa plasticidade não é irrestrita. Tem limitações de espaço (da ordem de uns poucos milímetros) e também de tempo – muitos circuitos começam a fechar-se depois de alguns meses ou anos.

Neste capítulo, trato do papel desempenhado pela educação formal no desenvolvimento inicial do cérebro. A educação, na realidade, levanta um paradoxo. Por que razão o *Homo sapiens* é capaz de pegar um pedaço de giz ou um teclado de computador e começar a escrever ou fazer contas? Como foi possível à espécie humana expandir suas capacidades em direções novas que não tinham tido, antes, nenhum papel em sua evolução genética? O fato de que o primata humano consegue aprender a ler ou calcular não deveria jamais deixar de nos maravilhar. Como bem afirmou Vladimir Nabokov (1899-1977), "estamos absurdamente acostumados com o milagre pelo qual uns poucos sinais escritos conseguem enfeixar imagens imortais, involuções do pensamento, novos mundos, com pessoas vivas, que falam, choram e riem. O que seria se acordássemos um dia, todos nós, e nos descobríssemos completamente incapazes de ler?"[1]

Tenho estudado detidamente a mente e os cérebros dos adultos analfabetos, tanto em Portugal, nos arredores de Brasília, ou nos confins da Amazônia – pessoas que nunca tiveram a oportunidade de ir a uma escola, simplesmente porque suas famílias não tinham condições para pagar ou porque não havia escolas por perto. Suas habilidades são, em vários sentidos, profundamente diferentes:[2] não só são incapazes de reconhecer as letras, mas também têm dificuldade para reconhecer formas e distinguir imagens espelhadas,[3] concentrar sua atenção numa parte de uma face[4] ou memorizar e distinguir palavras faladas.[5] Bem-feito para Platão, que acreditava ingenuamente que aprender a ler comprometeria nossa memória interior, obrigando-nos a confiar na memória externa dos livros! Nada poderia estar mais longe da verdade. O mito do bardo analfabeto que junta sem esforço quantidades incomensuráveis de memórias é exatamente isso: um mito. Precisamos, todos, exercitar nossa memória – e ela fica melhor, não pior, se tivermos ido à escola e aprendido a ler.

O impacto da educação é ainda mais espetacular na matemática.[6] Chegamos a essa conclusão estudando os inúmeros indígenas da Amazônia que nunca tinham tido chance de ir para escola. Em primeiro lugar, muitos deles não sabem contar com precisão uma coleção de itens. Muitas de suas línguas nem sequer incluem um sistema de contagem – têm somente um punhado de palavras para "poucos" em oposição a "muitos" (caso da língua pirahã), ou somente palavras vagas para os números de um a cinco (como a língua munduruku) e se, por acaso, aprendem a contar, usando, por exemplo, os numerais do espanhol ou do português (como os tsimane), o fazem com um atraso considerável em comparação às crianças de cultura europeia.[7] Em segundo lugar, só possuem rudimentos de intuição matemática: distinguem as formas geométricas básicas, compreendem a organização do espaço, são capazes de navegar em linha reta, percebem a diferença entre quantidades como 30 e 50, e sabem que os números podem ser postos em sequência da esquerda para a direita; tudo isso são habilidades que herdamos de nossa evolução e compartilhamos com outros animais, tão diversos como corvos, símios da espécie macaco e pintinhos recém-saídos do ovo. Mas a educação amplia consideravelmente essas habilidades iniciais. Por exemplo, os indígenas amazonenses não escolarizados não parecem compreender que existe o mesmo intervalo de +1 entre dois números consecutivos quaisquer. A educação subverte pesadamente nosso entendimento da linha numérica: aprendemos a contar e fazer uma aritmética exata; descobrimos que todo número n tem um sucessor $n + 1$. Acabamos por descobrir que todos os números consecutivos são equidistantes e formam uma escala linear – diferentemente das crianças pequenas e dos adultos não escolarizados, que representam essa linha como comprimida, porque os números grandes lhes parecem mais próximos uns dos outros do que os pequenos.[8] Se tivéssemos dos números uma noção apenas aproximada, como a têm os outros animais, não conseguiríamos distinguir 11 de 12. Devemos à educação a precisão refinada de nossa noção de números – e é sobre esse fundamento simbólico que assenta o inteiro campo da matemática.

A HIPÓTESE DA RECICLAGEM NEURONAL

Como é que a educação revoluciona nossas habilidades mentais, tornando-nos primatas leitores de Nabokov, Steinbeck, Einstein ou Grothendieck? Como vimos, tudo aquilo que aprendemos passa pela modificação de circuitos cerebrais preestabelecidos, que estão amplamente organizados por ocasião do nascimento, mas continuam capazes de mudar numa escala de alguns milímetros. Portanto, toda a diversidade da cultura humana precisa encaixar-se nas restrições impostas por nossa natureza neuronal.

Para resolver esse paradoxo, formulei a hipótese da reciclagem neuronal.[9] A ideia é simples: embora a plasticidade sináptica torne o cérebro maleável – especialmente entre os seres humanos, em que a infância se prolonga por 15 ou 20 anos –, os circuitos de nosso cérebro permanecem sujeitos a fortes condicionamentos anatômicos, herdados de nossa evolução. Portanto, cada novo objeto cultural que inventamos, como o alfabeto ou os numerais arábicos, precisa encontrar no cérebro seu "nicho neuronal": um conjunto de circuitos cuja função inicial é suficientemente parecida com o seu novo papel cultural, mas também flexível a ponto de poder ser adaptada ao novo uso. Qualquer aprendizado cultural precisa contar com o reaproveitamento de uma arquitetura neural preexistente, cujas propriedades ele recicla. Assim sendo, a educação precisa caber nos limites inerentes a nossos circuitos neurais, tirando proveito de sua diversidade e do longo período de plasticidade neural que caracteriza nossa espécie.

De acordo com essa hipótese, educar-se significa reciclar os circuitos existentes no cérebro. Pelos milênios afora, aprendemos a fazer algo novo a partir de algo velho. Tudo aquilo que aprendemos na escola reorienta um circuito neural preexistente numa nova direção. Para ler ou calcular, as crianças readaptam circuitos que se desenvolveram originalmente para determinado uso, mas por sua plasticidade, podem ser ajustados a uma nova função cultural.

Por que criei essa estranha expressão, "reciclagem neuronal"? Porque a palavra francesa correspondente, *recyclage*, combina perfeitamente com duas ideias que caracterizam o que acontece em nosso cérebro – um reuso de algum material com propriedades únicas e também uma reorientação para novos propósitos:

- Reciclar um material significa dar a ele uma segunda vida, reintroduzindo-o num novo ciclo de produção. Esse reuso de materiais, porém, tem limitações: não é possível construir um carro com papel reciclado! Cada material possui propriedades intrínsecas que o tornam mais ou menos apto para outros usos. Analogamente, cada região do córtex, em virtude de suas propriedades moleculares, de seus circuitos locais e de suas conexões de longo alcance, possui desde o início características próprias. O aprendizado precisa adaptar-se a essas limitações materiais.

- Em francês, o termo *recyclage* também se aplica a uma pessoa que está treinando para uma nova profissão: significa receber um treinamento adicional a fim de adaptar-se a uma mudança inesperada na própria carreira. É exatamente o que acontece com o nosso córtex quando aprendemos as primeiras letras ou a matemática. A educação dá ao nosso córtex funções novas que vão além das capacidades normais do cérebro dos primatas.

Mediante a reciclagem neuronal, eu quis destacar o rápido aprendizado de uma habilidade nova das muitas outras situações em que a biologia, no curso de um processo evolutivo lento, faz algo novo com algo antigo. Na verdade, no processo darwiniano de evolução por seleção natural, a atribuição de novas finalidades a materiais mais antigos é comum. A recombinação genética pode recauchutar órgãos antigos e transformá-los em máquinas elegantes e inovadoras. Penas de pássaros? São antigos reguladores térmicos transformados em *flaps* aerodinâmicos. Pernas de répteis e mamíferos? Barbatanas antediluvianas. A evolução é uma grande perita em bricolagem, diz o biólogo francês François Jakob (1920-2013), vencedor do Prêmio Nobel: em sua oficina, os pulmões se tornam órgãos de flutuação, uma velha peça de mandíbula de réptil se torna o ouvido interno, e mesmo o esgar dos carnívoros famintos se transforma no sorriso delicado de Mona Lisa.

O cérebro não é exceção. Os circuitos da linguagem, por exemplo, podem ter aparecido durante a hominização através da duplicação e realocação de circuitos corticais preexistentes.[10] Mas essas modificações genéticas lentas não se enquadram em minha definição de reciclagem neuronal. O termo apropriado para elas é "exaptação"*, um termo criado pelo evolucionista Stephen J. Gould (1941-2002) e pela paleontóloga de Yale Elisabeth Vrba, baseado na palavra "adaptação". Um mecanismo antigo é exaptado quando adquire um uso diferente no decorrer da evolução darwiniana. (Uma dica mnemônica simples pode ser útil: a exaptação torna seu "ex-" apto para uma nova tarefa). Como se baseia na difusão de genes por uma população, no nível da espécie, a exaptação age ao longo de dezenas de milhares de anos. A reciclagem neuronal, por outro lado, ocorre no interior do cérebro individual e isso num quadro temporal muito mais curto, que vai de dias a anos. Reciclar um

---

* N.T.: Do inglês *exaptation*.

circuito cerebral significa reorientar sua função sem modificação genética, apenas pelo aprendizado e pela educação.

Meu propósito ao formular a hipótese da reciclagem neuronal era explicar o talento particular que permite a nossa espécie ir além de seu nicho ecológico habitual. É que os seres humanos são únicos em sua capacidade de adquirir habilidades novas, tais como ler, escrever, contar, fazer cálculos, cantar, vestir-se, montar um cavalo e guiar um carro. Nossa plasticidade cerebral estendida, combinada com algoritmos de aprendizado simbólicos novos, nos deu uma capacidade notável de adaptação – e nossas sociedades têm descoberto meios para ampliar ulteriormente nossas habilidades, submetendo as crianças, dia após dia, ao poderoso regime da escola.

Ressaltar a singularidade da espécie humana não implica, é claro, negar que a reciclagem neuronal, numa escala menor, também existe em outros animais. Tecnologias recentes tornaram possível registrar, ao longo de várias semanas, a atividade das mesmas centenas de neurônios de macacos que estão adquirindo uma nova habilidade – submetendo a tese da reciclagem a um teste particularmente contundente. Esses experimentos permitiram examinar uma predição simples e profunda da teoria: será que o aprendizado pode mudar radicalmente o código neural num determinado circuito do cérebro ou, como preconiza a hipótese da reciclagem, ou só consegue dar ao circuito cerebral novas funções?

Num experimento recente, usando uma interface cérebro-computador, os pesquisadores fizeram um macaco aprender a controlar seu próprio cérebro. Ensinaram ao animal que para mover o cursor para a direita, teria que ativar dez neurônios específicos, e que, para mover o cursor para cima, teria que ativar outras células, e assim por diante.[11] Surpreendentemente, esse procedimento funcionou: em poucas semanas, o animal aprendeu a manipular a atividade de dez neurônios escolhidos arbitrariamente para fazer o cursor se movimentar a seu gosto. Todavia – essa é a chave –, o macaco só conseguia fazer com que o cursor se movesse se a atividade neuronal solicitada não se afastava muito daquilo que o córtex já estava produzindo espontaneamente antes do treinamento. Em outras palavras, o que o macaco deveria aprender tinha de caber no repertório do circuito neuronal que ele foi levado a retreinar.

Para apreciarmos o que os pesquisadores mostraram, é importante perceber que a dinâmica do cérebro está sujeita a restrições. O cérebro não explora qualquer configuração de atividades que estaria a seu alcance acessar. Em teoria, num grupo de cem neurônios, a atividade poderia percorrer um espaço da ordem de uma centena, produzindo um número inimaginável de estados (se considerarmos que cada neurônio poderia estar ou não ligado, esse número ultrapassa 2^{100}, ou seja, mais de mil bilhões de bilhões de bilhões). Mas, na realidade, a atividade do cérebro visita somente uma fração desse universo imenso, tipicamente limitado a cerca de dez dimensões. Tendo em mente essa ideia, as restrições sobre a aprendizagem podem ser formuladas sucintamente: um macaco só pode aprender uma nova tarefa se aquilo que pedimos a seu córtex "cabe" nesse espaço preexistente. Se, ao contrário, pedirmos ao macaco que ative uma combinação de neurônios que nunca foi observada em atividade anterior, ele falha clamorosamente.

Note-se que o comportamento aprendido pode ser radicalmente novo – quem haveria de prever que um primata controlaria o cursor numa tela de computador? Todavia, os estados neuronais que tornam possível esse comportamento precisam caber no espaço dos padrões de atividade cortical disponíveis. Esse resultado valida diretamente uma previsão fundamental dos processos de reciclagem – a aquisição de uma habilidade nova não requer o redesenho radical dos circuitos corticais como se estivessem em um quadro em branco, mas o reaproveitamento para outros fins de uma organização preexistente.

Está ficando cada vez mais claro que cada região do cérebro impõe à aprendizagem seu próprio conjunto de exigências. Numa região do córtex parietal, a atividade neural fica em geral confinada numa única dimensão, em forma de linha reta num espaço de alta dimensão.[12] Esses neurônios parietais codificam todos os dados vindos do exterior, num eixo que vai do pequeno ao grande – portanto, são idealmente adequados para codificar quantidades e suas grandezas relativas. Sua dinâmica neural pode parecer extraordinariamente limitada, mas aquilo que parece uma limitação pode ser de fato uma vantagem, quando se trata de representar quantidades como tamanho, número, área ou qualquer outro parâmetro capaz de ser ordenado do pequeno ao grande. Em certo sentido, essa parte do córtex pode ser pré-conectada para codificar quantidades – e de fato é sistematicamente mobilizada assim que manipulamos, ao longo de um eixo linear, quantidades que vão desde os números até o *status* social (quem está "por cima" de quem na escada social).[13]

Para mais um exemplo, considere-se o córtex entorrinal, uma região do córtex temporal que contém as famosas células de grade que mapeiam o espaço (que eu descrevi no capítulo "O nascimento de um cérebro"). Nessa região, o código neural é bidimensional: embora haja milhões de neurônios nessa parte do cérebro, sua atividade fica limitada ao plano, ou, tecnicamente, a duas dimensões num espaço diversificado de alta dimensão.[14] Mais uma vez, essa propriedade, longe de ser uma desvantagem, é obviamente adequada para formar um mapa do ambiente, como se fosse visto de cima – e de fato, sabemos que essa região abriga o GPS mental por meio do qual o rato se localiza no espaço. Surpreendentemente, a pesquisa recente mostrou que a mesma região entra em atividade assim que precisamos aprender a representar quaisquer dados num mapa bidimensional, mesmo que esses dados não sejam diretamente espaciais.[15] Em um dos experimentos, por exemplo, havia pássaros que podiam variar em duas dimensões: comprimento do pescoço e comprimento das pernas. Assim que os participantes humanos aprenderam a representar esse "espaço de pássaros", eles usaram seu córtex entorrinal, juntamente com outras áreas, para navegar nele mentalmente.

E a lista poderia continuar: o córtex visual ventral é excelente na representação de linhas visuais e formas, a área de Broca codifica árvores sintáticas,[16] e assim sucessivamente. Cada região tem sua dinâmica preferida, à qual se mantém fiel. Cada uma projeta seu próprio espaço de hipóteses sobre o mundo: uma delas procura organizar os dados recebidos numa linha reta, outra tenta exibilos em forma de mapa, uma terceira, em forma de árvore... Esses espaços hipotéticos precedem o aprendizado e, de certo modo, o tornam possível. Podemos, é claro, aprender fatos novos, mas eles precisam achar seu nicho neuronal, um espaço de representação apropriado para sua organização natural.

Vejamos agora como essa ideia se aplica às áreas mais fundamentais do aprendizado escolar: a aritmética e a leitura.

A MATEMÁTICA RECICLA OS CIRCUITOS PARA NÚMEROS APROXIMADOS

Vejamos em primeiro lugar o exemplo da matemática. Como expliquei em meu livro *The Number Sense*,[17] existem atualmente evidências consideráveis de que a educação em matemática (como tantos outros aspectos do aprendizado) não é impressa no cérebro como a marca de um carimbo em cera quente. Ao contrário, a matemática se amolda a uma representação preexistente, inata, das quantidades numéricas, que então estende e refina.

Nos seres humanos, como nos macacos, os lobos parietal e préfrontal contêm circuitos neurais que representam os números de maneira aproximada. Antes de qualquer educação formal, esse circuito já inclui neurônios que são sensíveis ao número aproximado de objetos presentes num conjunto.[18] O que faz o ensino? Em animais treinados para comparar quantidades, o total de neurônios detectores de números cresce no lobo frontal.[19] E mais importante: quando esses neurônios aprendem a confiar nos símbolos numéricos dos algarismos arábicos, e não na mera percepção de conjuntos aproximados, uma fração desses neurônios se torna seletiva para esses mesmos algarismos.[20] Essa transformação (parcial) de um circuito, destinada a incorporar a invenção cultural dos símbolos numéricos, é um grande exemplo de reciclagem neuronal.

Nós humanos, quando aprendemos a fazer as operações aritméticas básicas (adição e subtração), continuamos a reciclar não só essa região, mas também o conjunto de circuitos próximos do lobo parietal posterior. Essa região é usada para deslocar nosso olhar e nossa atenção – e parece que reaproveitamos essas habilidades para nos mover no espaço numérico: a atividade de somar ativa os mesmos circuitos que dirigem nossa atenção para a direita, na direção de números maiores; ao passo que a subtração excita circuitos que voltam nossa atenção para a esquerda.[21] Todos temos na cabeça uma espécie de linha dos números, um mapa mental do eixo numérico ao longo do qual aprendemos a nos deslocar com precisão quando fazemos qualquer cálculo.

Recentemente, minha equipe de pesquisa produziu um teste mais rigoroso da hipótese de reciclagem. Com a colaboração de Marie Amalric, uma jovem matemática que se tornou cientista da cognição, perguntamo-nos se os mesmos circuitos do lobo parietal continuam a ser usados quando se trata de representar os conceitos mais abstratos da matemática.[22] Recrutamos 15 matemáticos profissionais e escaneamos seus cérebros por ressonância magnética funcional enquanto eram expostos a expressões matemáticas intrincadas que só eles poderiam compreender, incluindo fórmulas como $\int_s \nabla \times F \bullet dS$ e asserções como "Qualquer matriz quadrada é equivalente a uma matriz de permutação". Conforme o previsto, esses objetos matemáticos de alto nível ativaram exatamente as mesmas redes do cérebro que são ativadas quando o bebê vê um, dois ou três objetos,[23] ou quando a criança aprende a contar (ver Figura 12 no encarte em cores).[24] Todos os objetos matemáticos, desde os *topoi* de Grothendieck até as estruturas complexas ou espaços funcionais, têm suas raízes últimas na recombinação de circuitos neurais elementares presentes durante a infância. Todos nós, em algum estágio da construção cultural da matemática, da escola elementar a ganhador da Medalha Fields, refinamos continuamente o código neural desse circuito específico do cérebro.

E a organização desse circuito está submetida a fortes limitações hereditárias, as limitações dos dotes genéticos universais que nos tornam humanos. Ao mesmo tempo que o aprendizado permite que achemos espaço para muitos conceitos novos, a arquitetura do cérebro mais geral continua a mesma para todos, independentemente da experiência. Meus colegas e eu obtivemos um forte argumento em favor dessa afirmação quando estudamos a organização do cérebro de alguns matemáticos cuja experiência sensorial, desde a infância, tinha sido radicalmente diferente: matemáticos cegos.[25] Por mais que isso possa parecer surpreendente, não é incomum que pessoas cegas se tornem excelentes matemáticos. O mais conhecido desses matemáticos cegos foi provavelmente Nicholas Saunderson (1682-1739), que ficou cego por volta dos 8 anos, mas foi tão brilhante que chegou a ocupar a cátedra de Isaac Newton na Universidade de Cambridge.

Saunderson não está mais disponível para um escaneamento do cérebro, mas Marie Amalric e eu conseguimos contactar três matemáticos cegos vivos, todos com cargos na universidade francesa. Um deles, Emmanuel Giroux, é um autêntico gigante da matemática e chefia atualmente um laboratório com sessenta pessoas na École Normale Supérieure de Lyon. Cego desde a idade de 11 anos, ele é famoso pela brilhante comprovação de um importante teorema da geometria de contato.

A própria existência de matemáticos cegos refuta a opinião empirista de Alan Turing segundo a qual o cérebro é um "bloco de notas" com "várias folhas em branco" que a experiência sensorial possivelmente preenche. Na verdade, como poderiam as pessoas cegas inferir, a partir de uma experiência tão diferente e limitada, exatamente as mesmas noções abstratas que inferem os matemáticos dotados de visão normal, se não possuíssem de antemão os circuitos capazes de gerá-las? Como o próprio Giroux diz, parafraseando *O Pequeno Príncipe,* "em geometria, o essencial é invisível ao olho. É só com a mente que você consegue enxergar bem". Em matemática, as experiências sensoriais não contam muito; são as ideias e os conceitos que fazem o trabalho pesado.

Se a experiência determinasse a organização do córtex, nossos matemáticos cegos, que aprenderam a respeito do mundo tocando e ouvindo, ativariam, quando fizessem matemática, áreas cerebrais muito diferentes das que ativam as pessoas sem deficiências visuais. A hipótese da reciclagem neuronal, pelo contrário, prevê que os circuitos neurais dos matemáticos sejam fixos – bastaria que um conjunto específico de áreas do cérebro, presentes no nascimento, fosse capaz de readaptar-se para abrigar tais ideias. E foi isso, de fato, exatamente o que encontramos quando escaneamos nossos três professores cegos. Como esperávamos, quando visualizavam uma asserção matemática e avaliavam seu valor de verdade, mobilizavam exatamente os mesmos percursos no lobo parietal e frontal como qualquer matemático dotado de visão (ver Figura 13 no encarte em cores). As experiências sensoriais foram irrelevantes: esse circuito foi suficiente para abrigar as representações matemáticas.

A única diferença é que, quando nossos três matemáticos cegos pensavam sobre seu campo predileto, também mobilizavam mais uma região do cérebro: seu córtex visual inicial, no polo occipital, a região do cérebro que, em alguém dotado de visão, processa as imagens que tocam na retina! Essa conclusão, Cédric Villani, outro matemático brilhante e ganhador da Medalha Field, tinha antecipado intuitivamente. Quando discutíamos esse experimento, antes de aplicá-lo, ele me disse brincando: "Você sabe, Emmanuel Giroux é realmente um grande matemático, mas também tem muita sorte: sendo cego, pode dedicar ainda mais córtex à matemática!".

Villani estava certo. Em pessoas com visão normal, a região occipital fica muito ocupada com a visão inicial para executar qualquer outra função, por exemplo, a matemática. No cego, porém, a região occipital está liberada desse papel visual e, em vez de ficar ociosa, transforma-se para executar tarefas mais abstratas, que incluem o cálculo mental e a matemática.[26] E em pessoas que nascem cegas, essa reorganização parece ser ainda mais extrema: o córtex visual apresenta respostas totalmente inesperadas, não só no que diz respeito aos números e à matemática, mas também à gramática da língua falada, similares às da área de Broca.[27]

O motivo dessas respostas abstratas no córtex visual das pessoas cegas continua sendo um tema de debate teórico: essa reorganização total do córtex representaria um caso autêntico de reciclagem neuronal ou é simplesmente uma prova extrema da plasticidade do cérebro?[28] Em minha opinião, a balança pende em favor da hipótese de reciclagem neuronal, porque há evidência de que a organização prévia dessa região não é apagada, como o seria se a plasticidade do cérebro agisse como uma esponja capaz de limpar a lousa do córtex visual. Parece, sim, que o córtex visual dos cegos mantém em grande parte sua conectividade e seus mapas neurais,[29] reutilizando-os para outras funções cognitivas. Na realidade, como essa parte do córtex é muito grande, encontramos no cérebro das pessoas cegas regiões "visuais" que respondem não só à matemática e à linguagem, mas também a letras e números (apresentados em Braille), objetos, lugares e animais.[30] Mais surpreendente ainda, apesar das diferenças radicais na experiência sensorial, essas áreas seletivas quanto à categoria tendem a ficar localizadas no mesmo lugar no córtex das pessoas que enxergam e dos cegos. Por exemplo, a região do cérebro que responde às palavras escritas localiza-se exatamente no mesmo lugar numa pessoa cega e no leitor dotado de visão – com a única diferença de que o primeiro responde ao Braille e não a letras impressas. Mais uma vez, a função dessa região parece ser fortemente determinada por suas conexões – geneticamente controladas – com as áreas de linguagem, em acréscimo, talvez, a outras propriedades inatas e, portanto, não muda quando mudam os *inputs* sensoriais.[31] Os cegos abrigam as mesmas categorias, ideias e conceitos que as pessoas dotadas da visão – e fazem um uso muito semelhante das regiões do cérebro.

A hipótese de uma reciclagem neuronal da matemática não se apoia apenas no fato de que tanto os conceitos mais elementares ($1+1 = 2$) quanto as ideias matemáticas mais avançadas ($e^{-i\pi} + 1 = 0$) fazem uso das mesmas regiões do cérebro. Outras descobertas, de natureza estritamente psicológica, indicam que a matemática que aprendemos na escola se baseia na reciclagem dos velhos circuitos dedicados a quantidades aproximadas.

Pense no número cinco. Nesse exato momento, seu cérebro está reativando uma representação de uma quantidade aproximada, perto de quatro e de seis e longe de um e nove – você está ativando neurônios para números muito parecidos com aqueles que são encontrados nos primatas, com uma curva de sintonia que chega a seu pico por volta dos cinco, mas também com pesos nas quantidades próximas a quatro e seis. A curva imprecisa de sintonia desses neurônios é a principal razão pela qual é difícil, num relance, saber se um conjunto de objetos contém exatamente quatro, cinco ou seis itens. Agora, por favor, decida se cinco é maior ou menor do que seis. Parece instantâneo – você consegue chegar à resposta correta ("menor") num instante – ainda assim os experimentos mostram que essa resposta é influenciada pelas quantidades aproximadas; você é muito mais lento quando os números são próximos, como cinco e seis, do que quando são mais afastados, como cinco e nove, e você também comete mais erros. Esse efeito de distância[32] é uma das marcas registradas de uma antiga representação dos números que você reciclou quando aprendeu a contar e calcular. Por mais que tente ficar focado nos próprios símbolos, seu cérebro não consegue deixar de ativar as representações neurais dessas duas quantidades, que se superpõem mais quanto mais próximas estiverem. Embora esteja procurando pensar em termos de "exatamente cinco", usando todo o conhecimento simbólico que aprendeu na escola, seu comportamento denuncia o fato de que esse conhecimento recicla uma representação evolucionária mais antiga de quantidade aproximada. Mesmo quando precisar apenas decidir se dois números como oito e nove são iguais ou diferentes, o que deveria ser instantâneo, você continua sendo influenciado pela distância entre eles – e, supreendentemente, a mesma descoberta se aplica aos macacos que aprenderam a reconhecer os algarismos arábicos.[33]

Quando subtraímos dois números, digamos 9 – 6, o tempo que levamos nisso é diretamente proporcional ao tamanho do número subtraído[34] – ou seja, leva mais tempo para calcular 9 – 6 do que, por exemplo, 9 – 4 ou 9 – 2. Tudo se passa como se precisássemos mover-nos mentalmente ao longo da linha dos números, começando pelo primeiro número e dando tantos passos quantos indicados pelo segundo número: quanto mais longe precisamos ir, mais tempo levamos. Nós não trituramos símbolos como um computador digital; ao contrário, usamos uma metáfora espacial lenta e serial que acompanha a linha dos números. Analogamente, quando pensamos num preço, não nos furtamos a lhe atribuir um valor impreciso quando o número vai ficando maior: é um vestígio de nossa noção de número com origem nos primatas, cuja precisão diminui com o tamanho do número.[35] É por isso que, contrariando qualquer racionalidade, quando negociamos, estamos prontos a abrir mão de alguns milhares de dólares no preço de um apartamento e, no mesmo dia, pechinchamos alguns trocados sobre o preço do pão: o nível de imprecisão que toleramos é proporcional ao valor de um número, para nós exatamente como para os macacos.

E a lista continua: paridade, números negativos, frações... é possível demonstrar que todos esses conceitos se fundamentam na representação das quantidades que herdamos da evolução.[36] À diferença do computador digital, somos incapazes de manipular símbolos no abstrato: sempre os reduzimos a quantidades concretas e frequentemente aproximadas. A persistência desses efeitos analógicos num cérebro educado denuncia as raízes antigas de nosso conceito de número.

Os números aproximados são um dos velhos pilares em que se funda a construção da matemática. No entanto, a educação também leva a um enriquecimento considerável desse conceito original de número. Quando aprendemos a contar e calcular, os símbolos matemáticos que adquirimos permitem-nos realizar computações precisas. E isso é uma revolução: durante milhões de anos, a evolução tinha se contentado com quantidades imprecisas. O aprendizado do símbolo é um poderoso fator de mudança: com a educação, nossos circuitos cerebrais são realocados para permitir a manipulação de números exatos.

A noção de número certamente não é o único fundamento da matemática. Como vimos anteriormente, também herdamos de nossa evolução uma noção do espaço, com seus próprios circuitos neurais especializados, que contêm células de lugar, de grade e de direção da cabeça. Também temos uma noção de forma que permite a qualquer criança pequena distinguir ângulos, quadrados e triângulos. De um modo que ainda não foi totalmente compreendido, sob a influência de símbolos como as palavras e os números, todos esses conceitos são reciclados quando aprendemos matemática. O cérebro humano consegue combiná-los, numa linguagem do pensamento, com o objetivo de formar novos conceitos.[37] Os elementos fundamentais que herdamos de nossa história evolucionária tornam-se os primitivos que fundamentam uma linguagem nova e produtiva, na qual os matemáticos escrevem novas páginas a cada dia.

A LEITURA RECICLA OS CIRCUITOS DA VISÃO E DA LÍNGUA FALADA

E o aprendizado da leitura? A leitura é mais um exemplo de reciclagem neuronal: ao ler, reusamos um vasto conjunto de áreas do cérebro, inicialmente dedicadas à visão e à língua falada. Em meu livro *Reading in the Brain* (Os neurônios da leitura),[38] descrevo em detalhe os circuitos do letramento. Quando aprendemos a ler, um subconjunto de nossas regiões visuais especializa-se em reconhecer sequências de letras e as manda para as áreas da linguagem falada. Como resultado, em todo bom leitor, as palavras escritas acabam sendo processadas exatamente como o são as palavras faladas: o letramento abre uma nova porta de entrada visual para nossos circuitos de linguagem.

Bem antes de aprenderem a ler, as crianças obviamente já possuem um sistema visual sofisticado, que lhes permite reconhecer e nomear objetos, animais e pessoas. Elas reconhecem qualquer imagem, independentemente de seu tamanho, posição ou orientação num espaço tridimensional, e sabem como associar-lhe um nome. A leitura recicla uma parte desse circuito de nomeação preexistente. A aquisição do letramento abrange a emergência de uma região do córtex visual que meu colega Laurent Cohen e eu apelidamos de "área de formação visual da palavra". Essa região concentra nosso conhecimento adquirido das sequências de letras, com tal extensão que pode ser considerada a "caixa de correio" de nosso cérebro. É essa área do cérebro, por exemplo, que nos permite reconhecer uma palavra independentemente de seu tamanho, posição, fonte, e cAiXa (ALTA ou baixa).[39] Em qualquer pessoa alfabetizada, essa região, que se localiza no mesmo ponto em todos nós (com uma diferença máxima de poucos milímetros) desempenha um duplo papel: identifica uma sequência de caracteres aprendidos e, em seguida, através de suas conexões diretas com as áreas de linguagem,[40] permite traduzir rapidamente esses caracteres em som e sentido.

O que aconteceria se escaneássemos um adulto ou uma criança, analfabetos, enquanto aprendem progressivamente a ler? Se a teoria estiver correta, deveríamos ver, literalmente, seu córtex visual reorganizar-se. A teoria da reciclagem neuronal prediz que a leitura deveria invadir uma área do córtex normalmente dedicada a uma função parecida e readaptá-la a essa nova tarefa. No caso da leitura, é esperada uma competição com a função preexistente do córtex visual, que consiste em reconhecer objetos de todo tipo – corpos, faces, plantas e lugares. Haveria alguma possibilidade de perdermos certas funções visuais herdadas da nossa evolução à medida que aprendemos a ler? Ou, pelo menos, essas funções seriam reorganizadas em bloco?

Essa previsão contraintuitiva foi precisamente o que meus colegas e eu testamos numa série de experimentos. Para traçar um mapa completo das regiões do cérebro que são modificadas pelo letramento, escaneamos adultos analfabetos em Portugal e no Brasil, e os comparamos com pessoas das mesmas aldeias que tinham tido a sorte de aprender a ler numa escola, em crianças ou já adultos.[41] Sem nos surpreender, os resultados revelaram que, com a aquisição da leitura, um extenso mapa de áreas tinha aprendido a reagir às palavras escritas (ver Figura 14 no encarte em cores). Ilumine uma sentença, palavra por palavra, para um indivíduo analfabeto, e você descobrirá que o cérebro dele não responde muito: a atividade se espalha pelas áreas visuais antigas, mas não vai além delas, porque as letras não podem ser reconhecidas. Apresente a mesma sequência de palavras escritas a um adulto que aprendeu a ler, e se iluminará um circuito cortical muito mais extenso, em proporção direta com o escore de leitura da pessoa. As áreas ativadas compreendem a área da "caixa de correio", no córtex occipito-temporal esquerdo, bem como todas as regiões clássicas associadas com a compreensão da linguagem. Mesmo as áreas visuais mais antigas aumentam sua resposta: com a leitura, elas parecem ficar sintonizadas com o reconhecimento das letras miúdas.[42] Quanto mais fluente é a pessoa, mais essas regiões são ativadas pelas palavras escritas, e mais elas estreitam suas ligações: quanto mais a leitura se automatiza mais se acelera a tradução das letras em sons.

Podemos também fazer a pergunta inversa: há regiões que são mais ativas entre os maus leitores e cuja atividade decresce à medida que o indivíduo aprende a ler? A resposta é afirmativa: nos analfabetos, as respostas do cérebro às faces são mais intensas. Quanto mais lemos, mais a atividade diminui no hemisfério esquerdo, no exato lugar do córtex em que as palavras escritas encontram seu nicho – a caixa de correio do cérebro. É como se o cérebro precisasse abrir espaço para as letras no córtex, portanto a aquisição da leitura interfere com a função prévia dessa região, que é o reconhecimento de faces e objetos. Mas, claro, não esquecemos como reconhecer as faces quando aprendemos a ler, portanto essa função não é simplesmente expulsa do córtex. Ao contrário, também observamos que, com o letramento, a resposta às faces aumenta no hemisfério direito. Expulsas do hemisfério esquerdo, que é a sede da linguagem e da leitura para a maioria de nós, as faces se refugiam do outro lado.[43]

Fizemos primeiro essa descoberta em adultos letrados e iletrados, mas logo replicamos nossos resultados em crianças que estavam aprendendo a ler.[44] Assim que uma criança começa a ler, a área da forma visual da palavra começa a responder no hemisfério esquerdo. Enquanto isso, sua contraparte simétrica, no hemisfério direito, fortalece sua resposta às faces (ver Figura 15 no encarte em cores). O efeito é tão poderoso que, para uma determinada idade, examinando apenas a atividade evocada pelas faces, um algoritmo computacional consegue decidir corretamente se a criança já aprendeu a ler ou ainda não. E quando a criança sofre de dislexia, essas regiões não se desenvolvem normalmente – nem à esquerda, onde a área para a forma visual das palavras deixa de emergir, nem à direita, onde o córtex em forma de fuso deixa de desenvolver uma resposta forte às faces.[45] Uma atividade reduzida do córtex occipito-temporal esquerdo para palavras escritas é um indício universal de dificuldades de leitura em todos os países em que já foi testado.[46]

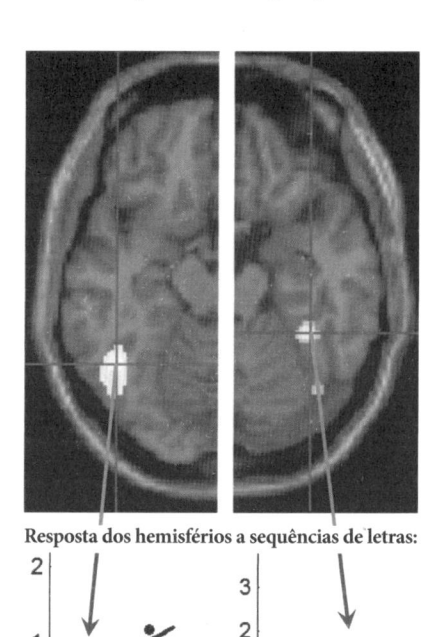

Resposta dos hemisférios a sequências de letras:

Domínio da leitura: número de palavras lidas por minuto

De acordo com a hipótese de reciclagem neuronal, o aprendizado da leitura compete com as funções anteriores no córtex visual – neste caso, o reconhecimento das faces. Elevando-se os níveis de letramento, do analfabetismo até uma leitura altamente competente, a ativação evocada por palavras escritas aumenta no hemisfério esquerdo – e a ativação evocada pelas faces passa do hemisfério esquerdo para o direito.

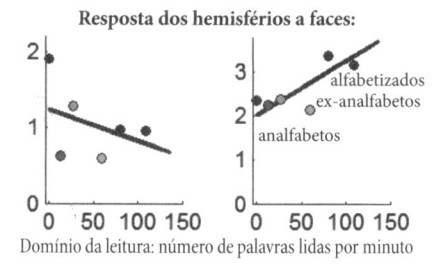

Resposta dos hemisférios a faces:

alfabetizados
ex-analfabetos
analfabetos

Domínio da leitura: número de palavras lidas por minuto

Recentemente, obtivemos permissão para realizar um experimento de grande complexidade. Queríamos ver os circuitos de leitura emergindo em determinadas crianças – e para isso trouxemos as mesmas crianças de volta para o nosso centro de neuroimagem a cada dois meses, desde o jardim de infância até o fim do primeiro ano do ensino fundamental. Os resultados coincidiram com nossas expectativas. Quando escaneamos as crianças pela primeira vez, não havia muito para ver: enquanto as crianças não tinham ainda aprendido a ler, seus córtices respondiam seletivamente para objetos, faces, casas, mas não para letras. Depois de dois meses de escolarização, porém, apareceu uma resposta específica para palavras escritas, exatamente na mesma localização que nos adultos: o córtex occipito-temporal esquerdo. Muito lentamente, a representação das faces mudou: à medida que as crianças se tornavam mais e mais letradas, aumentaram as respostas à face no hemisfério direito, em proporção direta com os índices de domínio da leitura. Em mais uma coincidência com a hipótese de reciclagem neuronal, pudemos ver a aquisição da leitura disputando com a função mais antiga do córtex occipito-temporal esquerdo, o reconhecimento visual das faces.

Percebemos, enquanto fazíamos esse trabalho, que essa disputa poderia ser explicada de dois modos diferentes. À primeira possibilidade chamamos "modelo do nocaute": a partir do nascimento, as faces se instalam no córtex visual do hemisfério esquerdo e, mais tarde, o aprendizado da leitura as empurra diretamente para dentro do hemisfério direito. A segunda possibilidade denominamos "modelo de bloqueio": o córtex se desenvolve devagar, criando gradualmente áreas especializadas para faces, lugares e objetos; quando entram nessa paisagem em desenvolvimento, as letras se apropriam de uma parte do território disponível e impedem a expressão de outras categorias visuais.

Então o letramento leva a um nocaute ou bloqueio do córtex? Nossos experimentos apontam para a segunda alternativa: aprender a ler bloqueia as áreas de reconhecimento das faces no hemisfério esquerdo. Pudemos testemunhar esse bloqueio, graças às imagens por ressonância magnética que fizemos a cada dois meses com crianças que estavam aprendendo a ler.[47] Nessa idade, por volta dos 6 ou 7 anos, a especialização cortical ainda não chegou a completar-se. Algumas placas já estão dedicadas às faces, objetos e lugares, mas há também muitos espaços corticais ainda não especializados em nenhuma categoria. E nós pudemos visualizar a progressiva especialização desses espaços: quando as crianças entraram no primeiro ano do ensino fundamental, logo começando a ler, as letras invadiram uma dessas regiões fracamente especificadas e a reciclaram. Contrariando o que eu tinha pensado inicialmente, as letras não ocuparam completamente uma mancha já existente e dedicada à face; avançaram diretamente para a porta vizinha, num setor do córtex que estava disponível, um pouco como um supermercado agressivo que se instala bem ao lado de uma pequena mercearia. A expansão de um bloqueia o outro – e como as letras se estabelecem no hemisfério esquerdo, que é dominante para a linguagem, as faces não têm outra alternativa senão se mudar para o lado direito.

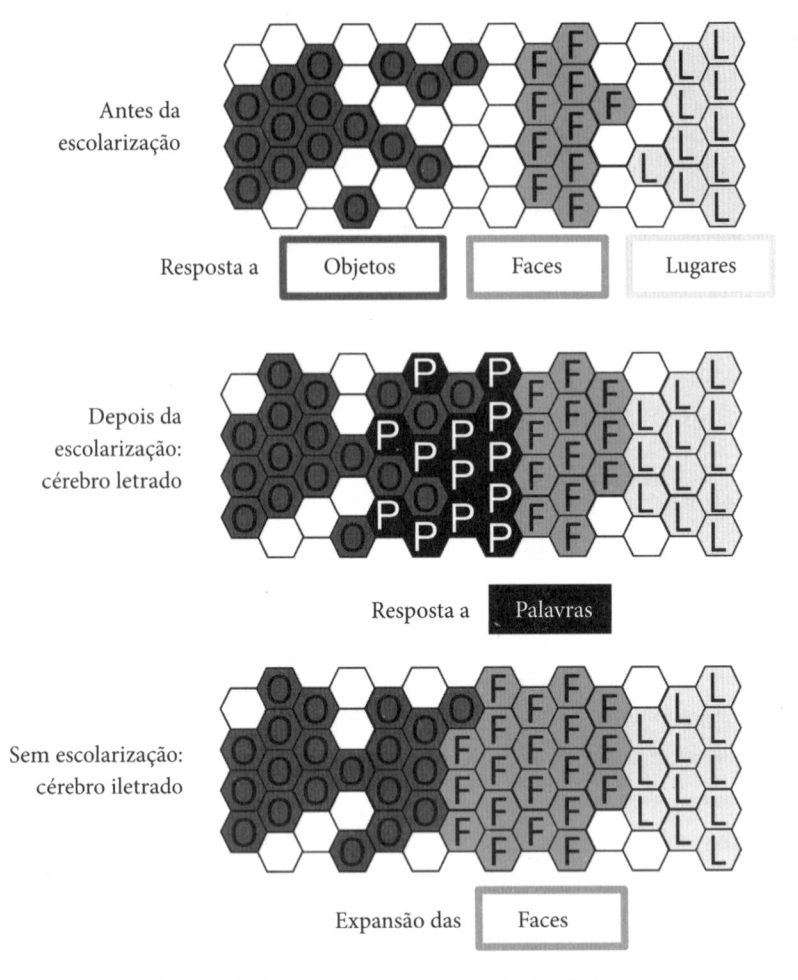

Aprender é mais fácil na infância, enquanto o córtex ainda é maleável. Antes que a criança pequena vá à escola, algumas regiões visuais do cérebro já se especializaram em reconhecer objetos, faces e lugares – mas ainda há largas placas com pouca ou nenhuma especialização (simbolizadas por hexágonos vazios). O aprendizado da leitura toma para si esses circuitos instáveis e bloqueia o crescimento de outras categorias de objetos. Se a criança não aprende a ler, essas regiões ficam ocupadas com o reconhecimento de faces e objetos e perdem gradualmente a capacidade de aprender as letras.

Em resumo, o sistema visual ventral ainda está passando por uma reorganização considerável durante os primeiros anos de escola. O fato de nossas escolas ensinarem geralmente as crianças a ler entre os 6 e os 8 anos de idade se encaixa de maneira feliz com a evidência de que existe no cérebro uma intensa plasticidade nesse período. Nosso sistema educacional foi organizado de modo a tirar partido de um período sensível em que o córtex visual é particularmente maleável. Ao passo que sua arquitetura geral está fortemente determinada desde o nascimento, o córtex ínfero-temporal humano possui a notável capacidade de se adaptar a várias formas e aprender todos os tipos de imagens. Quando é exposta a milhares de palavras escritas, essa região se autorrecicla para a nova atividade, num setor específico que calha de ser conectado de maneira inata com os circuitos da linguagem.

Quando ficamos mais velhos, nosso córtex visual parece congelar-se gradualmente e perder a capacidade de sintonizar-se com novas imagens. O fechamento progressivo do período sensível torna cada vez mais difícil para o córtex reconhecer eficientemente as letras e suas combinações. Meus colegas e eu estudamos duas pessoas que tentaram aprender a ler já adultas: uma delas nunca tinha tido a oportunidade de ir à escola e a outra tinha passado por um pequeno acidente vascular na área da forma visual das palavras, tornando-se "aléxica" – ou seja, incapaz de ler. Nós as testamos periodicamente durante dois anos.[48] Seus progressos eram incrivelmente lentos. O primeiro participante acabou por desenvolver uma região especializada para as letras, mas esse crescimento não afetou a área da face – os circuitos para o reconhecimento de faces tinham sido impressos em seu cérebro e não pareciam mais capazes de mudar. O paciente do AVC, por outro lado, nunca conseguiu recriar uma nova "caixa de correio" em seu córtex visual. Sua leitura melhorou, mas ficou lenta e semelhante à trabalhosa decifração de um leitor principiante – sendo adulto, faltava-lhe a plasticidade neuronal necessária para reciclar parte de seu córtex transformando-o numa máquina de leitura automatizada.

MÚSICA, MATEMÁTICA E FACES

A conclusão é simples: para reciclar profundamente nosso córtex visual e tornar-nos leitores excelentes, precisamos tirar proveito do período de plasticidade máxima que nos é oferecido pela primeira infância. Disso, nossa pesquisa mostrou muitas outras evidências. Tomemos a leitura musical: um músico que tenha aprendido a ler partituras na juventude tem praticamente o dobro da área da superfície de seu córtex visual dedicada a símbolos musicais, se comparado com alguém que nunca aprendeu música.[49] Esse grande crescimento ocupa espaço na superfície do córtex e parece desalojar a área da forma visual das palavras de sua localização habitual: nos músicos, a região cortical que reage às letras, a caixa do correio do cérebro, fica deslocada quase um centímetro com relação à posição que é normal em não músicos.

Outro exemplo são nossas capacidades variáveis para decodificar equações matemáticas. Um matemático experiente precisa ser capaz de reconhecer, à primeira vista, expressões tão obscuras como $\pi = 3,141592...$, $\varphi = 1,61803394...$, $f(x) = a_0 + \sum_{n=1}^{\infty} (a_n \cos \frac{n\pi x}{L} + b_n \sin \frac{n\pi x}{L})$, ou $e^x = 1 + \frac{x}{1!} + \frac{x^2}{2!} + \frac{x^3}{3!} + ...$, como nós lemos uma frase num romance. Certa vez, assisti a conferência em que o brilhante matemático francês Alain Connes (mais um ganhador da Medalha Fields) mostrou uma equação extraordinariamente densa, que tinha 25 linhas de comprimento. Ele explicou que essa expressão matemática super-abrangente abarcava todos os efeitos físicos de todas as partículas elementares conhecidas. Um outro matemático apontou o dedo e disse: "Não há um erro aqui na linha 13?", "Não", respondeu imediatamente Connes, sem perder a serenidade, "porque o termo compensador correspondente está bem ali na linha 14!".

Como se reflete nos cérebros dos matemáticos essa notável facilidade para lidar com fórmulas? A neuroimagem mostra que esses objetos matemáticos invadem as regiões laterais occipitais de ambos os hemisférios – depois do treinamento matemático, essas regiões respondem às expressões algébricas muito mais do que em não matemáticos. E, mais uma vez, assistimos a uma disputa com as faces: desta vez, as manchas do córtex sensível às faces desaparecem em ambos os hemisférios.[50] Em outras palavras, enquanto o letramento apenas afasta as faces do hemisfério esquerdo e as obriga a passar para o hemisfério direito, uma prática intensa com números e equações interfere com a representação das faces em ambos os lados, levando a um encolhimento global do conjunto de circuitos do reconhecimento visual da face.

É tentador relacionar essa descoberta com o famoso mito do matemático excêntrico, desinteressado de tudo que não sejam suas equações, e incapaz de reconhecer seu vizinho, seu cachorro e até mesmo seu reflexo no espelho. Há, na verdade, um grande número de anedotas e piadas sobre matemáticos que vivem com a cabeça na lua. Por exemplo, qual é a diferença entre um matemático introvertido e um matemático extrovertido? Enquanto eles estão falando com você, o introvertido olha para os próprios sapatos; o extrovertido olha para *os teus*!...

Na realidade, não sabemos se a diminuição nas respostas corticais para faces em devotos da matemática se relaciona diretamente à sua suposta falta de competência social (que, eu preciso dizer, é mais um mito do que uma verdade – muitos matemáticos ficam maravilhosamente à vontade no convívio social). Essencialmente, a causa ainda está para ser determinada: Será que passar a vida mergulhado em fórmulas matemáticas reduz a resposta às faces? Ou, ao contrário, os matemáticos ficam absortos em equações porque acham mais fácil lidar com elas do que com a interação social? Qualquer que possa ser a resposta, a disputa cortical é um fenômeno real, e a representação das faces em nosso cérebro é notavelmente sensível à educação e à escolarização, a ponto de oferecer um indicador confiável para saber se a criança recebeu treinamento em matemática, música ou leitura. A reciclagem neuronal é uma realidade.

OS BENEFÍCIOS DE UM AMBIENTE ENRIQUECIDO

A mensagem que fica é que ambos os lados da polêmica entre natureza e cultura estão corretos; o cérebro da criança é ao mesmo tempo estruturado e plástico. Ao nascer, todas as crianças estão equipadas com um arsenal de circuitos especializados, formado pelos genes, que são, por sua vez, o resultado de milhões de anos de evolução. Essa auto-organização dá ao cérebro do bebê uma intuição profunda de várias grandes áreas do conhecimento: uma noção da física que governa os objetos e seu movimento, uma destreza na navegação espacial, uma intuição dos números, das probabilidades e da matemática, uma inclinação na direção de outros seres humanos e mesmo uma genialidade para a linguagem – a metáfora da lousa em branco não poderia estar mais equivocada. E a evolução também deixou a porta aberta para muitas oportunidades de aprendizado. Nem tudo é predeterminado no cérebro da criança. Pelo contrário: o detalhe dos circuitos neurais, numa dimensão de poucos milímetros, está em grande medida aberto às interações com o mundo exterior.

Durante os primeiros anos de vida, os genes comandam uma superprodução exuberante de circuitos neurais: duas vezes mais sinapses do que seria necessário. Por um processo que ainda não compreendemos totalmente, essa abundância inicial abre um imenso espaço de modelos mentais do mundo. Os cérebros das crianças pequenas pululam de possibilidades e exploram um conjunto de hipóteses muito mais amplo do que os cérebros dos adultos. Cada bebê está aberto a todas as línguas, a todas as escritas, a todas as matemáticas possíveis – nos limites genéticos de nossa espécie, bem entendido.

E o cérebro do bebê também chega ao mundo equipado com um outro dom inato: algoritmos de aprendizagem poderosos que selecionam as sinapses e os circuitos mais úteis, e assim proporcionam um segundo patamar de adaptação do organismo ao seu meio ambiente. Graças a eles, já nos primeiros dias de vida, o cérebro começa a se especializar e se assentar em sua configuração. As primeiras regiões que se imobilizam são as áreas sensoriais: as áreas visuais iniciais amadurecem em poucos anos, e leva menos de 12 meses para as áreas auditivas convergirem em direção às vogais e consoantes da língua nativa da criança. À medida que os períodos sensíveis da plasticidade do cérebro vão findando um após o outro, poucos anos bastam para que cada um de nós se torne nativo em determinada língua, escrita e cultura. E se ficarmos privados de estimulação num certo domínio, quer sejamos órfãos em Bucareste ou analfabetos nos subúrbios de Brasília, corremos o risco de perder para sempre nossa flexibilidade mental nesse campo do conhecimento.

Isso não significa que a intervenção não seja digna de esforço, em qualquer idade: o cérebro conserva um pouco de sua plasticidade pela vida afora, especialmente em suas regiões de nível superior, como o córtex pré-frontal. No entanto, tudo aponta para a efetividade máxima da intervenção feita cedo. Quer o objetivo seja fazer uma coruja usar óculos, ensinar uma segunda língua a uma criança adotada ou ajudar uma criança a conviver com a surdez, cegueira ou perda de um inteiro hemisfério cerebral, quanto mais cedo, melhor.

Nossas escolas são instituições concebidas para tirar o maior proveito possível da plasticidade do cérebro em desenvolvimento. A educação conta fortemente com a flexibilidade espetacular com que o cérebro infantil recicla alguns de seus circuitos e os reorienta para atividades novas, tais como leitura e matemática. Começando cedo, a escolarização pode transformar vidas: numerosos experimentos mostram que crianças vindas de meios desfavorecidos, quando beneficiadas por intervenções educacionais desde cedo, apresentam resultados aprimorados em muitos domínios, mesmo décadas mais tarde, resultados esses que vão de índices de criminalidade mais baixos ou QIs e salários mais altos até saúde melhor.[51]

A escolarização, porém, não é uma poção mágica. Os pais e as famílias também têm o dever de estimular os cérebros das crianças e enriquecer o ambiente em que elas vivem tanto quanto possível. Todos os bebês são pequenos físicos que amam fazer experiências com a gravidade e os objetos que caem – desde que lhes seja permitido mexer, construir, errar e recomeçar desde o início, em vez de ficar amarradas por horas no banco de um carro. Todas as crianças são matemáticos incipientes, que adoram contar, medir, traçar linhas e círculos, juntar figuras, desde que recebam compassos, réguas, papel e quebra-cabeças matemáticos atraentes. Todos os bebês são linguistas geniais: já aos 18 meses de idade, adquirem facilmente 10 a 20 palavras por dia – mas para isso alguém tem que falar com eles. Suas famílias e amigos precisam alimentar esse apetite por conhecimento, abastecendo-os com sentenças bem-formadas, sem hesitar em usar um léxico rico. Muitos estudos mostram que o vocabulário das crianças de 3 ou 4 anos depende diretamente da quantidade de fala que lhes foi dirigida, e isso durante seus primeiros anos. Uma exposição passiva não basta: interações ativas personalizadas são essenciais.[52]

Todos os resultados de pesquisas são notavelmente convergentes: enriquecer o ambiente de uma criança pequena ajuda-a a construir um cérebro melhor. Por exemplo, em crianças para quem se leem histórias toda noite na hora de dormir, os circuitos cerebrais para a língua falada são mais fortes do que nos demais pequenos – e os caminhos corticais fortalecidos são precisamente aqueles que os habilitarão mais tarde a compreender textos e formular pensamentos complexos.[53] Assim também, crianças que tiveram a sorte de nascer em famílias bilíngues, em que cada um dos pais lhes deu o maravilhoso presente de falar em sua língua nativa, adquirem sem esforço dois léxicos, duas gramáticas e duas culturas – e tudo isso de graça.[54]

Pela vida afora, seus cérebros bilíngues conservam habilidades melhores para o processamento linguístico e para a aquisição de uma terceira ou quarta língua. E quando elas chegam a uma idade avançada, seus cérebros parecem resistir por mais tempo às devastações da doença de Alzheimer. Expor o cérebro em desenvolvimento a um ambiente estimulante, permite que ele guarde mais sinapses, dendritos maiores e circuitos mais flexíveis e redundantes[55] – como a coruja que aprendeu a usar óculos de lentes e conservou, durante toda a vida, dendritos mais diversificados, além de uma maior habilidade para alternar entre um comportamento e outro. Diversifiquemos o primeiro *portfólio* de aprendizado de nossas crianças: o desabrochar de seus cérebros depende em parte da riqueza da estimulação que elas recebem de seu ambiente.

TERCEIRA PARTE

OS QUATRO PILARES
DO APRENDIZADO

A mera existência da plasticidade sináptica não basta para explicar o extraordinário sucesso de nossa espécie. Na verdade, essa plasticidade está presente por toda parte no mundo animal: até mesmo as moscas caseiras, os vermes nematoides e as lesmas marinhas têm sinapses que se modificam. Se o *Homo sapiens* se tornou um *Homo docens*, se o aprendizado passou a ser o nosso nicho ecológico e o principal motivo de nosso sucesso, é porque o cérebro humano contém uma mala inteira de truques adicionais.

Durante a evolução, apareceram quatro funções principais que maximizaram a rapidez com que extraímos informações de nosso ambiente. Chamo essas funções "os quatro pilares do aprendizado", porque cada uma desempenha um papel essencial na estabilidade de nossas construções mentais: basta que um só desses pilares falte, ou esteja fraco, para que a estrutura toda trema e fique abalada. Inversamente, sempre que precisamos aprender, e aprender depressa, podemos nos apoiar neles para otimizar nossos esforços. Esses pilares são:

- a Atenção, que amplifica a informação que focamos;
- o Envolvimento ativo, um algoritmo chamado "curiosidade", que incentiva o nosso cérebro a testar incessantemente novas hipóteses;
- o *Feedback* para erros, que compara nossas predições com a realidade e corrige nossos modelos do mundo;
- a Consolidação, que automatiza por completo tudo aquilo que aprendemos, usando o sono como um componente-chave.

Longe de serem exclusivas dos seres humanos, essas funções são compartilhadas com muitas outras espécies. Todavia, graças a nosso cérebro social e a nossas habilidades sociais, nós as exploramos mais eficientemente do que qualquer outro animal – sobretudo em nossas famílias, escolas e universidades.

A atenção, o envolvimento ativo, o *feedback* de erros e a consolidação são os ingredientes secretos do aprendizado bem-sucedido. E esses componentes fundamentais da arquitetura de nosso cérebro são utilizados tanto em casa como na escola. Os professores que lograrem mobilizar as quatro funções em seus estudantes, otimizarão sem dúvida a rapidez e eficiência do aprendizado nas turmas. Cada um de nós, portanto, deveria aprender a dominá-los.

A atenção

Imagine que você está chegando no aeroporto, com tempo apenas para pegar o avião. Tudo em seu comportamento denuncia a elevada concentração de sua atenção. Com a mente ligada, você procura o quadro das partidas, sem se deixar distrair pelo vaivém dos passageiros. Rapidamente, percorre com os olhos a lista dos voos até achar o seu. Por toda parte ao seu redor, há anúncios que procuram atraí-lo, mas você nem sequer os vê – ao contrário, vai diretamente para o balcão do *check-in*. De repente, olha em volta: na multidão, um amigo inesperado acabou de chamar seu nome. Esse chamado, que seu cérebro considera prioritário, apodera-se de sua atenção e invade sua consciência... fazendo com que você esqueça para qual balcão de *check-in* deveria se encaminhar.

No espaço de poucos minutos, seu cérebro atravessou a maioria dos estados fundamentais da atenção: vigilância e alerta, seleção e distração, orientação e filtragem. Em ciência cognitiva, "atenção" significa "todos os mecanismos por meio dos quais o cérebro seleciona informações, as amplifica, as canaliza e aprofunda seu processamento". Trata-se, em todos esses casos, de mecanismos antigos na evolução: sempre que um cachorro reorienta suas orelhas, ou um camundongo fica paralisado ao ouvir um barulho de algo que se quebra, eles estão usando circuitos de atenção que são muito semelhantes aos nossos.[1]

Por que os mecanismos da atenção estão presentes em tantas espécies animais? Porque a atenção resolve um problema muito comum: o congestionamento de informações. Nosso cérebro é constantemente bombardeado por estímulos: os sentidos de visão, audição, olfato e tato transmitem a cada segundo milhões de bits de informação. Inicialmente, todas essas mensagens são processadas em paralelo por neurônios diferentes – mas seria impossível digeri-las em profundidade: os recursos do cérebro não bastariam. É por isso que uma pirâmide de mecanismos de atenção, organizados como um gigantesco filtro, executa uma triagem seletiva. Em cada estágio, nosso cérebro decide quanta importância precisa atribuir a este ou aquele *input* e aloca recursos somente às informações que considera mais essenciais.

Selecionar as informações relevantes é fundamental para aprender. Na ausência da atenção, descobrir um padrão numa pilha de dados é como procurar a agulha no palheiro de que fala a fábula. Essa é uma das principais causas da lentidão das redes neurais artificiais convencionais: elas desperdiçam um tempo considerável analisando todas as possíveis combinações dos dados que lhes são fornecidos, em vez de classificar as informações e enfocar os bits relevantes. Foi somente em 2014 que dois pesquisadores, o canadense Yoshua Bengio e o coreano Kyunghyun Cho, mostraram como integrar a atenção nas redes neurais artificiais.[2] Seu primeiro modelo aprendeu a traduzir sentenças de uma língua para outra. Eles demonstraram que a atenção trazia benefícios imensos: o sistema aprendia melhor e mais depressa porque conseguia se concentrar nas palavras relevantes da sentença original, a cada passo.

Muito rapidamente, a ideia de aprender a prestar atenção se espalhou como um incêndio incontrolável no campo da inteligência artificial. Hoje, quando os sistemas artificiais conseguem dar um bom título a uma figura ("Mulher atirando um *frisbee* num parque") é porque usam a atenção para canalizar as informações apontando um foco de luz em cada parte relevante da imagem. Ao descrever o *frisbee*, a rede concentra todos os seus recursos nos pixels correspondentes da imagem do objeto e remove temporariamente todos aqueles que dizem respeito a pessoas e ao parque – a estes voltará mais tarde.[3] Atualmente, qualquer sistema de inteligência artificial mais avançado já não conecta todos os *inputs* com todos os *outputs* – ele sabe que o aprendizado será mais rápido se uma rede básica dessas, em que cada pixel do *input* tem chance de predizer qualquer palavra no *output*, for substituída por uma arquitetura articulada, na qual o aprendizado é dividido em dois módulos: um módulo que aprende a prestar atenção e outro módulo que aprende a nomear os dados filtrados pelo primeiro.

Uma mulher atirando
um *frisbee* num parque.

Uma <u>menininha</u> sentada numa cama
com um ursinho de pelúcia.

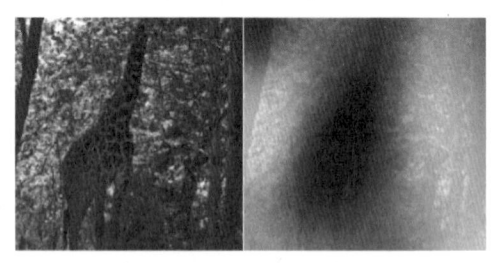

Uma girafa de pé numa floresta
com <u>árvores</u> ao fundo.

O primeiro pilar do aprendizado é a atenção, um mecanismo tão fundamental que está sendo atualmente integrado na maioria das redes neurais artificiais. Aqui, a máquina aprende a encontrar as palavras que descrevem uma imagem. A atenção seletiva age como um refletor que ilumina certas áreas da imagem (em branco, nos quadrados à direita) e descarta todo o resto. A cada momento, a atenção concentra todo o poder de aprendizado num conjunto de dados selecionados.

A atenção é essencial, mas pode tornar-se um problema: se ela for mal direcionada, o aprendizado pode sofrer um bloqueio.[4] Se você não presta atenção no *frisbee*, essa parte da imagem é apagada: o processamento prossegue como se ela não existisse. Quaisquer informações a seu respeito são logo descartadas e ficam confinadas nas áreas sensoriais mais iniciais. Objetos não considerados causam somente uma ativação modesta, que produz pouco ou nenhum aprendizado.[5] Isso é totalmente diferente da extraordinária amplificação que ocorre em nosso cérebro sempre que prestamos atenção num objeto e tomamos consciência dele. Havendo atenção consciente, as descargas dos neurônios sensoriais e conceituais que codificam um objeto são fortemente amplificadas e suas mensagens se espalham pelo córtex pré-frontal, onde populações inteiras de neurônios se acendem e ficam ativas por um longo tempo, muito além da duração original da imagem.[6] Uma tal ocorrência de disparos neurais é exatamente o que as sinapses necessitam para mudar sua força – aquilo que os neurocientistas chamam "potenciação de longo prazo". Quando um aluno presta atenção conscientemente, digamos, numa palavra de uma língua estrangeira que o professor acabou de apresentar, ele permite que a palavra se propague profundamente em seus circuitos corticais, rumando diretamente para o córtex pré-frontal. Como resultado, a palavra tem uma chance muito melhor de ser lembrada. Palavras de que não se tem consciência, ou nas quais não se prestou atenção, ficam em grande medida confinadas nos circuitos sensoriais do cérebro, sem jamais alcançar as representações lexicais e conceituais mais profundas que sustentam a compreensão e a memória semântica.

É por isso que todo estudante precisaria aprender a prestar atenção – e é também por isso que os professores precisariam dar mais atenção à atenção! Se os estudantes não se concentram na informação correta, é muito provável que não aprendam nada. Um dos maiores talentos de um professor consiste em saber canalizar, e captar constantemente, a atenção das crianças de modo a guiá-las corretamente.

O papel que a atenção desempenha na seleção das informações relevantes é tão fundamental que está presente nos mais diferentes circuitos do cérebro. O psicólogo americano Michael Posner distingue pelo menos três grandes sistemas de atenção:

1. Alerta, que indica <u>quando</u> prestar atenção e ajusta nosso nível de vigilância;

2. Orientação, que assinala <u>aquilo</u> em que precisamos prestar atenção e amplifica o objeto de interesse;

3. Atenção executiva, que decide <u>como</u> processar a informação que foi objeto de atenção seleciona os processos relevantes para uma dada tarefa, e controla sua execução.

Esses sistemas modulam fortemente a atividade do cérebro e por isso podem facilitar o aprendizado, mas também podem encaminhá-la na direção errada. Vamos examiná-los um a um.

COLOCAR EM ALERTA: O ACORDAR DO CÉREBRO

O primeiro sistema da atenção, talvez o mais antigo na evolução, nos diz quando devemos estar vigilantes. Ele manda sinais de advertência que mobilizam o corpo como um todo quando as circunstâncias o requerem. Quando um predador se aproxima ou uma forte emoção nos abala, toda uma série de núcleos subcorticais aumenta imediatamente a vigília e a atenção do córtex. Esse sistema determina um relaxamento acentuado e difuso de neuromoduladores como a serotonina, a acetilcolina e a dopamina (ver Figura 16 do encarte em cores). Passando por axônios de longo alcance com muitos ramos espalhados, essas mensagens de alerta alcançam virtualmente o córtex em sua totalidade, modulando grandemente a atividade e o aprendizado cortical. Alguns pesquisadores falam de um sinal de *now print** como se essas mensagens determinassem ao córtex para entregar à memória os conteúdos presentes na atividade neural.

Experimentos em animais mostram que os disparos desse sistema de advertência podem até mesmo alterar radicalmente os mapas corticais (ver Figura 16 do encarte em cores). O neurofisiologista americano Michael Marzenich coordenou vários experimentos em que o sistema de alerta dos camundongos era levado a agir mediante engano

---

*   N.T.: Literalmente, "imprima-se agora".

pela estimulação elétrica de seus circuitos subcorticais da dopamina ou acetilcolina. O resultado era uma mudança considerável dos mapas corticais. Todos os neurônios que calharam de ser ativados naquele momento, mesmo que não tivessem nenhuma importância objetiva, tinham sofrido uma ampliação intensa. Quando um som, por exemplo um tom sonoro agudo, foi sistematicamente associado com *flash* de dopamina ou acetilcolina, o cérebro do camundongo ficou fortemente inclinado para esse estímulo. Como resultado, todo o mapa auditivo foi invadido por essa nota arbitrária. O camundongo foi ficando cada vez mais capaz de discriminar sons próximos a essa nota sensível, mas perdeu parcialmente a capacidade de representar outras frequências.[7]

Cabe notar que essa plasticidade cortical, induzida por uma interferência no sistema de alerta, pode ocorrer mesmo em animais adultos. A análise dos circuitos envolvidos mostra que neuromoduladores como a serotonina e a acetilcolina – particularmente através de um receptor de nicotina (sensível à nicotina, outro grande fator de excitação e alerta) – modulam o disparar dos interneurônios inibidores corticais, desfazendo o equilíbrio entre excitação e inibição.[8] Lembremos que a inibição exerce um papel fundamental no fechamento dos períodos sensíveis para a plasticidade sináptica. Desinibidos pelos sinais de alerta, os circuitos temporais parecem recuperar um pouco de sua plasticidade juvenil, com o que reabrem o período sensível para sinais que o cérebro do camundongo rotula como cruciais.

O que acontece com o *Homo sapiens*? É tentador pensar que uma reorganização semelhante dos mapas corticais ocorre toda vez que um compositor musical ou um matemático mergulham com entusiasmo em seu campo escolhido, especialmente quando a paixão se manifesta na idade jovem. Um Mozart ou um Ramanujan talvez fiquem tão embevecidos que seus mapas cerebrais são literalmente invadidos por modelos mentais de música ou matemática. E tem mais: pode ser que isso se aplique não só aos gênios, mas a qualquer pessoa apaixonada por seu trabalho, seja ela um trabalhador braçal ou um cientista da Nasa. Permitindo que os mapas corticais se autorreconfigurem consideravelmente, a paixão alimenta o talento.

Embora nem todo mundo seja um Mozart, os mesmos circuitos cerebrais do alerta e da motivação estão presentes em todas as pessoas. Que circunstâncias da vida diária mobilizariam esses circuitos? Eles ficam ativados somente em resposta ao trauma ou a fortes emoções? Talvez não. Algumas pesquisas sugerem que os *videogames*, especialmente os de ação que põem em jogo vida e morte, proporcionam meios particularmente eficazes para envolver nossos mecanismos de atenção. Mobilizando nossos sistemas de alerta e recompensa, os *videogames* modulam fortemente a aprendizagem. Por exemplo, o circuito da dopamina dispara quando jogamos um *game* de ação.[9] A psicóloga Daphné Bavelier mostrou que isso se traduz em aprendizagem rápida.[10] Os *games* de ação mais violentos parecem ser aqueles que têm os efeitos mais intensos, talvez porque mobilizam mais fortemente os circuitos de alerta do cérebro. Dez horas de jogo bastam para melhorar a detecção visual, refinar a estimativa rápida do número de objetos na tela e expandir a capacidade de concentrar-se num alvo sem ser distraído. Um jogador de *videogames* consegue tomar decisões ultrarrápidas sem comprometer seu próprio desempenho.

Pais e professores se queixam de que as crianças de hoje, plugadas em computadores, tablets, consoles e outros dispositivos, zapeiam constantemente de uma atividade para outra e assim perdem a capacidade de se concentrar – mas isso não é verdade. Longe de reduzir a capacidade de concentração, os *videogames* podem na verdade aumentá-la. Conseguirão, no futuro, ajudar-nos a remobilizar a plasticidade sináptica, da mesma forma, em adultos e crianças? Não há dúvida de que são um importante estimulador da atenção, razão pela qual meu laboratório desenvolveu toda uma gama de jogos educacionais para tablets, voltados para matemática e leitura e baseados nos princípios da ciência cognitiva.[11]

Os *videogames* também têm seu lado escuro: eles apresentam os bem conhecidos riscos de isolamento social, perda de tempo e dependência. Felizmente, há muitas outras maneiras de desbloquear os efeitos do sistema de alerta, trabalhando ao mesmo tempo o sentido social do cérebro. Professores que cativam os alunos, livros que envolvem leitores e filmes e peças que transportam as audiências mergulhando-as em experiências da vida real oferecem provavelmente sinais de alerta igualmente poderosos, capazes de estimular nossa plasticidade cerebral.

ORIENTAÇÃO: O FILTRO PARA O CÉREBRO

O segundo sistema de atenção no cérebro determina *quais* deveriam ser nossos objetos de atenção. Esse sistema de orientação age como um foco de luz voltado para o mundo exterior. Dentre os milhões de estímulos que nos bombardeiam, seleciona aqueles aos quais deveríamos dedicar nossos recursos mentais, por serem urgentes, perigosos, atraentes... ou meramente relevantes para nossos objetivos circunstanciais. O pai-fundador da psicologia americana, William James (1842-1910), em seu *The Principles of Psychology* (1890), foi quem melhor definiu essa função da atenção: "Milhões de itens da ordem exterior se apresentam aos meus sentidos sem jamais entrar, propriamente, em minha experiência. Por quê? Porque eles não têm interesse para mim. Minha experiência é aquilo que concordo em considerar. Somente os itens que eu noto dão forma à minha mente".

A atenção seletiva opera em todos os domínios sensoriais, inclusive nos mais abstratos. Por exemplo, podemos prestar atenção nos sons ao nosso redor: os cachorros movem as orelhas, mas em nós, seres humanos, somente um indicador interior no cérebro se move e se sintoniza com qualquer coisa que decidamos pôr em foco. No burburinho de um coquetel barulhento, conseguimos selecionar uma conversa dentre uma dezena, com base na voz ou no assunto. Na visão, o redirecionamento da atenção costuma ser mais óbvio: geralmente, movemos a cabeça e os olhos na direção daquilo que nos atrai. Mudando a direção do olhar, trazemos o objeto de nosso interesse para dentro de nossa fóvea, que é uma área de altíssima sensibilidade no centro da retina. Contudo, há experimentos mostrando que, mesmo sem mexer os olhos, ainda podemos prestar atenção em qualquer lugar ou objeto, sejam quais forem, ampliando seus traços.[12] Podemos mesmo atentar para um ou mais desenhos superpostos, exatamente como prestamos atenção numa ou mais conversas simultâneas. E não há nada que nos impeça de observar a cor de uma pintura, a forma de uma curva, a velocidade de alguém que está correndo, o estilo de um escritor ou a técnica de um pintor. Qualquer representação que esteja em nossos cérebros pode tornar-se o foco da atenção.

Em todos esses casos, o efeito é o mesmo: a orientação da atenção amplifica tudo aquilo que está em seu foco. Os neurônios que codificam a informação visada aumentam seu disparo, ao mesmo tempo que o falatório barulhento dos outros neurônios é abafado. O impacto é duplo: não só a atenção torna os neurônios que ela afeta mais sensíveis às informações consideradas relevantes, mas, acima de tudo, aumenta a influência que eles exercem sobre o restante do cérebro. Os circuitos neurais descendentes ecoam o estímulo em que investimos os olhos, ouvidos ou a mente. Por fim, vastas áreas do córtex se reorientam para codificar qualquer informação que estiver no centro de nossa atenção.[13] A atenção age como um amplificador e um filtro seletivo.

"A arte de prestar atenção, a grande arte", diz o filósofo Alain (1868-1951), "supõe a arte de não prestar atenção, que é a arte dos reis". De fato, prestar atenção também inclui escolher o que será ignorado. Para que um objeto fique no foco de luz, milhares de outros objetos precisam ficar na penumbra. Dirigir a atenção é escolher, filtrar e selecionar: é por isso que os cientistas da cognição falam em atenção seletiva. Essa forma de atenção amplifica o sinal que é selecionado, mas também reduz drasticamente o sinal daqueles considerados irrelevantes. O termo técnico para esse mecanismo é "competição enviesada": a todo momento, muitos *inputs* sensoriais competem pelos recursos de nossos cérebros, e a atenção enviesa essa disputa, reforçando a representação do item que é selecionado e abafando as demais. Aqui, cabe com perfeição a metáfora do holofote: para iluminar melhor uma região do córtex, o holofote atencional de nosso cérebro reduz a iluminação das demais regiões. Esse mecanismo baseia-se na interferência de ondas de atividade elétrica: para suprimir uma área cerebral, o cérebro a inunda com ondas lentas na faixa de frequência alfa (entre 8 e 12 hertz), que inibe circuitos evitando que desenvolvam uma atividade neural coerente.

Prestar atenção, portanto, consiste em suprimir as informações indesejadas – e ao fazê-lo, nosso cérebro corre o risco de tornar-se cego para as coisas que escolheu não ver. Cego? Cego de verdade? Sim. Esse termo é inteiramente adequado, porque muitos experimentos, incluindo o do famoso "gorila invisível",[14] demonstram que a falta de atenção pode produzir uma perda completa da visão. Nesse experimento clássico, pede-se que você assista a um curta-metragem no qual jogadores de basquete usando uniformes brancos ou pretos passam uma bola uns aos outros, indo e vindo pela quadra. O teste consiste em você contar, com a maior precisão possível, o número de passes feitos pelo time de uniforme branco. "Uma baba", você pensa – e, de fato, daí a trinta segundos você dá, triunfalmente, a resposta correta. Mas agora o experimentador faz uma estranha pergunta: "Você viu o gorila?": "O gorila? Que gorila?" Voltamos o filme e, para sua surpresa, você descobre que um ator disfarçado inteiramente de gorila atravessou a cena caminhando, e até parou no meio para bater no peito por vários segundos. Parece impossível não perceber. Além disso, os experimentos mostram que, em certo momento, você olhou diretamente para o gorila. Mas você não o viu. A razão é simples: sua atenção estava inteiramente focada no time em branco e, portanto, inibiu ativamente a distração representada pelos jogadores vestidos de preto... o gorila entre eles. Ocupado com a tarefa de contar, seu espaço de trabalho mental foi incapaz de tomar consciência dessa presença disparatada.

O experimento do gorila invisível ficou como um marco em ciência cognitiva, e é, aliás, um experimento fácil de ser replicado: numa grande variedade de situações, o simples ato de centrar nossa atenção nos torna cegos para estímulos não considerados. Se, por exemplo, eu pedir que você julgue se um som é agudo ou grave, pode ser que você fique cego para outro estímulo, como uma palavra escrita que aparece na próxima fração de segundo. Os psicólogos chamam esse fenômeno de "piscadela atencional":[15] seus olhos permanecem abertos, mas sua mente "pisca" – por um breve instante, está completamente ocupada com sua tarefa principal, e é totalmente incapaz de notar qualquer outra coisa, mesmo que se trate de algo tão simples como uma palavra isolada.

Na realidade, nesses experimentos, somos vítimas de duas ilusões distintas. Em primeiro lugar, deixamos de ver a palavra ou o gorila, o que já é bastante ruim (outros experimentos mostram que a desatenção pode levar-nos a não perceber um farol vermelho ou a atropelar um pedestre – nunca use seu celular quando está ao volante!). Mas a segunda ilusão é ainda pior: somos inconscientes de nossa falta de consciência – e por isso temos a mais absoluta certeza de ter visto tudo que havia para se ver! A maioria das pessoas que passam pelo teste do gorila invisível não conseguem acreditar em sua própria cegueira. Pensam que nós lhes pregamos uma peça, por exemplo usando dois filmes diferentes. Em geral, raciocinam que, se houvesse mesmo um gorila no vídeo, elas o teriam visto. Infelizmente, isso é falso: nossa atenção é extremamente limitada e, apesar de nossa boa vontade, quando nossos pensamentos estão centrados em um certo objeto, outros objetos, mesmo sendo salientes, divertidos ou importantes – podem escapar-nos por completo, ficando invisíveis a nossos olhos. Os limites intrínsecos de nossa consciência nos levam a superestimar o que todos nós conseguimos perceber.

O experimento do gorila merece ser conhecido por todo mundo, especialmente pais e professores. Quando ensinamos, tendemos a esquecer o que significa ser ignorante. Todos pensamos que aquilo que vemos, qualquer um consegue ver. Por conseguinte, temos muitas vezes dificuldade para entender por que uma criança, apesar de suas melhores intuições, não consegue *ver*, no sentido mais literal do termo, aquilo que estamos tentando ensinar-lhe. O gorila aponta para uma mensagem clara: para ver, é necessário prestar atenção. Se os alunos, por qualquer razão, estiverem distraídos e não conseguirem prestar atenção, podem ficar completamente alheios à mensagem de seu mestre – e aquilo que eles não percebem, não podem aprender.[16] Como exemplo, considere-se um experimento aplicado recentemente pelo psicólogo americano Bruce McCandliss, que investigava o papel da atenção no aprendizado da leitura.[17] É melhor prestar atenção para as letras individuais da palavra ou para a forma da palavra como um todo? Para responder a essa pergunta, McCandliss e seus colaboradores ensinaram a um grupo de adultos um sistema de escrita exótico, que consistia em curvas elegantes. Os sujeitos foram treinados inicialmente com 16 palavras, e em seguida as respostas de seus cérebros foram gravadas enquanto tentavam ler essas 16 palavras aprendidas, além de 16 palavras novas no mesmo texto. Sem que soubessem, sua atenção também estava sendo manipulada. Metade dos participantes foram orientados para prestarem atenção nas curvas como um todo, porque cada uma delas correspondia a uma palavra, exatamente como acontece com cada um dos ideogramas da escrita chinesa. Ao outro grupo foi dito que, na realidade, as curvas eram compostas de três letras superpostas, e que aprenderiam mais facilmente prestando atenção em cada letra. Dessa forma, o primeiro grupo prestou atenção no nível da palavra como um todo, ao passo que o segundo grupo focou as letras individuais, que tinham sido usadas para escrever as palavras.

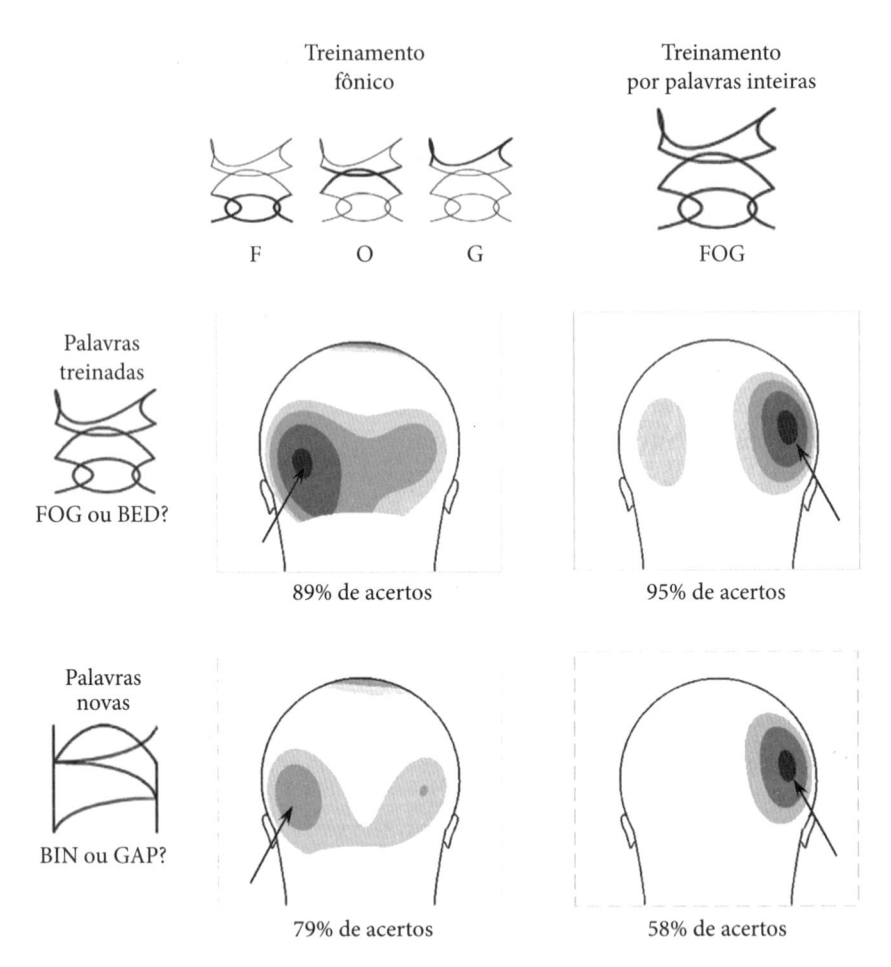

A atenção seletiva pode orientar o aprendizado para o circuito correto ou errado. Neste experimento, os adultos aprenderam a ler um novo sistema de escrita usando ora uma abordagem pelo método fônico, ora uma abordagem da palavra como um todo. Os que haviam sido treinados na forma geral das palavras não se deram conta de que elas eram compostas por letras, mesmo depois de três centenas de tentativas. A atenção para a palavra como um todo orientou a aprendizagem para um circuito impróprio no hemisfério direito e impediu que os participantes transferissem para novas palavras aquilo que tinham aprendido. Quando a atenção foi direcionada para a presença das letras, porém, as pessoas foram capazes de decifrar o alfabeto e de ler palavras desconhecidas, usando o circuito de leitura normal localizado no córtex visual ventral esquerdo.

Quais foram os resultados? Ambos os grupos conseguiram lembrar as primeiras 16 palavras, mas a atenção mudou radicalmente a capacidade de decifrar palavras novas. Os participantes do segundo grupo, concentrados nas letras, descobriram muitas das correspondências entre letras e sons, e foram capazes de ler 79% das palavras novas. Além disso, um exame de seus cérebros mostrou que elas tinham ativado os circuitos de leitura normais, localizados nas áreas visuais ventrais do hemisfério esquerdo. Mas no primeiro grupo, o fato de se concentrarem na forma global das palavras prejudicou completamente a capacidade de generalizar para novos itens: os voluntários desse grupo não conseguiram ler nenhuma palavra nova, e ativaram um circuito totalmente impróprio, localizado nas áreas visuais do hemisfério *direito*.

A mensagem é clara: a atenção muda radicalmente a atividade cerebral. Prestar atenção na forma da palavra como um todo impede a descoberta do código alfabético e orienta a atividade do cérebro para um circuito inadequado no hemisfério oposto. Para aprender a ler, o treinamento pelo método fônico é essencial. Somente atentando para a correspondência entre letras e sons é que o aluno consegue ativar o circuito de leitura clássico, permitindo que ocorra o tipo adequado de aprendizado. Todos os professores de escola de fundamental 1 que alfabetizam precisariam conhecer esses dados: eles mostram quão importante é dirigir corretamente a atenção das crianças. Muitos outros dados que vão no mesmo sentido demonstram convincentemente a superioridade desse método por soletração em face de uma leitura por palavras como um todo.[18] Quando a criança atenta para o nível da letra, por exemplo acompanhando cada letra com o dedo, da esquerda para a direita, o aprendizado se torna muito mais fácil. Se, ao contrário, não são dadas à criança quaisquer pistas referentes à atenção e genuinamente ela examina a palavra escrita como um todo, sem atentar para sua estrutura interna, nada acontece. A atenção é um ingrediente fundamental de um aprendizado bem-sucedido.

Acima de tudo, portanto, um bom ensino requer atenção permanente à atenção das crianças. Cabe aos professores escolher cuidadosamente para o que as crianças precisam voltar sua atenção, porque somente os itens que ficam no foco da atenção são representados no cérebro com força suficiente para ser aprendidos eficazmente. Os demais estímulos, aqueles que na disputa pela atenção são os perdedores, causam pouco ou nenhum agito no interior das sinapses plásticas da criança.

O professor eficiente dedica, portanto, uma atenção especial aos estados mentais de seus alunos. Atiçando constantemente a curiosidade das crianças com sessões capazes de captar sua atenção, ele garante que cada aula seja uma experiência memorável. Adaptando seu ensino à capacidade de atenção de cada criança, garante que todos os alunos acompanharão a aula toda.

CONTROLE EXECUTIVO:
A MESA DE COMANDO DO CÉREBRO

Nosso terceiro e último sistema da atenção determina *como* a informação em questão será processada. O sistema de controle executivo, às vezes chamado "central executiva", é um sistema intrincado de circuitos que nos permite escolher uma linha de ação e permanecer nela.[19] Abrange toda uma hierarquia de áreas corticais, localizadas principalmente no córtex frontal – a enorme massa de córtex que fica atrás de nossa testa e compreende quase um terço do cérebro humano. Comparados com os dos outros primatas, nossos lobos frontais são ampliados, mais bem conectados e envolvidos num maior número de neurônios, cada um com uma árvore dendrítica maior e mais complexa.[20] Não admira então que as capacidades cognitivas humanas sejam mais desenvolvidas do que as de qualquer outro primata – e isso é especialmente verdadeiro no nível mais alto da hierarquia cognitiva, que nos permite supervisionar nossas operações mentais e tomar consciência de nossos erros: é o sistema de controle executivo.[21]

Imagine que você precisa multiplicar 23 por 8. É o seu sistema de controle executivo que garante que toda uma série de operações mentais relevantes ocorrerá suavemente do começo ao fim: inicialmente, focalize algarismo correspondente às unidades (3) e multiplique-o por 8; guarde o resultado (24) na memória; em seguida, focalize o algarismo correspondente às dezenas (2) e multiplique-o por 8, para obter 16, e lembre-se de que você está trabalhando na coluna das dezenas, e que portanto ele corresponde a 160; por fim, some 24 e 160 para obter o resultado final, 184.

O controle executivo é a mesa de comando: ele orienta, direciona e governa nossos processos mentais, uma atividade muito parecida com a do funcionário de estradas de ferro que cuidava dos desvios numa estação movimentada e conseguia colocar os trens na linha certa, fazendo a escolha apropriada para cada uma das chaves. A central executiva do cérebro é considerada um dos sistemas da atenção porque, como os outros, seleciona entre muitas possibilidades – mas desta vez a escolha é entre as operações mentais disponíveis, e não entre os estímulos que chegam até nós. Portanto, a atenção espacial e a atenção executiva se complementam reciprocamente. Quando fazemos cálculos de cabeça, a atenção espacial é o sistema que varre a página do livro de matemática e acende o refletor sobre o problema 23 x 8 – mas é a atenção executiva que, a partir desse momento, guia o refletor passo a passo, selecionando primeiramente o 3 e o 8, depois encaminhando-os para os circuitos do cérebro para serem multiplicados, e assim por diante. A central executiva ativa as operações relevantes e inibe as que não cabem. Garante constantemente que o programa mental funcione sem percalços e decide quando é necessário mudar de estratégia. É também o sistema que, no interior de um subcircuito especializado do córtex cingulado, detecta quando cometemos um erro, ou quando nos desviamos do objetivo, e corrige imediatamente nosso plano de ação.

Há uma ligação estreita entre o controle executivo e aquilo que os cientistas da cognição chamam de memória de trabalho. Para seguir um algoritmo mental e controlar sua execução, precisamos ter constantemente na mente todos os elementos do programa em andamento: resultados intermediários, passos já dados, operações que ainda estão por fazer... Portanto, a atenção executiva controla os *inputs* e *outputs* daquilo que eu chamei "a área de trabalho neural global": uma memória temporária, consciente, na qual podemos manter, por um curto período, praticamente qualquer informação que nos parece relevante e repassá-la a qualquer outro módulo.[22] A área de trabalho global funciona como um roteador do cérebro, que semelhante ao agente ferroviário responsável pelos desvios dos trens, decide como e em que ordem a informação deve seguir para os diferentes processadores que nosso cérebro hospeda. Nesse nível, as operações mentais são lentas e seriais: este é um sistema que processa uma única peça de informação de cada vez e, portanto, é incapaz de fazer duas operações ao mesmo tempo. Os psicólogos também o chamam de "o gargalo central".

Somos realmente incapazes de executar dois programas mentais ao mesmo tempo? Temos às vezes a impressão de poder realizar simultaneamente duas tarefas, ou mesmo de seguir duas linhas de pensamento diferentes – mas isso não passa de uma ilusão. Um experimento básico ilustra esse ponto: dê a alguém duas tarefas muito simples – por exemplo apertar uma tecla com a mão esquerda sempre que ouve um som muito agudo e apertar outra tecla com a mão direita se vir a letra Y. Quando os dois alvos se apresentam simultaneamente ou numa sucessão muito rápida, a pessoa realiza a primeira tarefa numa velocidade normal, mas a execução da segunda tarefa fica consideravelmente retardada, em proporção direta com o tempo gasto para tomar a primeira decisão.[23] Em outras palavras, a primeira tarefa atrasa a segunda: enquanto nosso espaço global está ocupado pela primeira decisão, a segunda precisa esperar. E o atraso é enorme: chega facilmente a algumas centenas de milissegundos. Se você está muito concentrado na primeira tarefa, você pode mesmo perder completamente a segunda. É notável, porém, que nenhum de nós tem consciência desse retardamento das tarefas duais – porque, por definição, não podemos ter consciência das informações antes que elas entrem em nosso espaço consciente de trabalho. Enquanto o primeiro estímulo é processado conscientemente, o segundo tem de esperar do lado de fora da porta, até que o espaço de trabalho todo esteja livre – mas não temos a introspecção desse tempo de espera, e se nos perguntarem sobre ele, pensamos que o segundo estímulo apareceu exatamente quando tínhamos terminado com o primeiro e que o processamos numa velocidade normal.[24]

Esse é mais um caso em que não temos consciência de nossos limites mentais (na realidade, seria paradoxal se pudéssemos, sabe-se lá como, tornar-nos conscientes de nossa falta de consciência!). A única razão para acreditarmos que podemos realizar muitas tarefas ao mesmo tempo é que não percebemos o enorme atraso que isso causa. Portanto, muitos de nós continuamos digitando mensagens enquanto dirigimos – contrariando todas as evidências de que digitar é, entre todas, uma das atividades que mais distraem. O fascínio da tela e o mito da multitarefa estão entre as invenções mais perigosas de nossa sociedade digital.

Como entra, nisso, o treinamento? Será que podemos nos tornar autênticos seres multitarefas, que fazem inúmeras coisas ao mesmo tempo? Talvez, mas às custas de um intenso treinamento em uma das duas tarefas. A automatização libera o espaço do trabalho consciente: tornando rotineira uma atividade, podemos executá-la inconscientemente, sem ocupar os recursos centrais do cérebro. Por meio de uma prática intensiva, por exemplo, um pianista profissional pode aprender a falar enquanto toca, e um digitador pode aprender a copiar um documento enquanto ouve rádio. Mas essas são exceções raras, que os psicólogos continuam debatendo, porque também é possível que a atenção executiva passe rapidamente de uma tarefa à seguinte de um modo quase imperceptível.[25] A regra básica continua valendo: em qualquer situação de multitarefa, sempre que você precisa realizar várias operações cognitivas controladas pela atenção, pelo menos uma das operações é desacelerada ou completamente esquecida.

Devido a esse grave efeito da distração, aprender a se concentrar é um ingrediente essencial do aprendizado. Não podemos esperar que uma criança ou um adulto aprendam duas coisas ao mesmo tempo. Ao ensinar, é preciso estar atentos aos limites da atenção, priorizando tarefas específicas. Qualquer distração prolonga ou inutiliza nossos esforços: se tentarmos fazer várias coisas ao mesmo tempo, nossa central executiva perderá o rumo. A esse respeito, os experimentos laboratoriais da ciência cognitiva convergem perfeitamente com os achados da pedagogia. Por exemplo, experimentos de campo demonstram que uma sala de aula excessivamente decorada distrai as crianças e as impede de se concentrarem.[26] Outro estudo recente mostra que quando se permite que os estudantes usem celulares em classe, seu desempenho piora, inclusive vários meses depois, quando são testados sobre o conteúdo específico da aula daquele dia.[27] Para uma aprendizagem otimizada, o cérebro precisa evitar todo tipo de distração.

APRENDENDO A PRESTAR ATENÇÃO

A atenção executiva corresponde aproximadamente àquilo que chamamos "concentração" ou "autocontrole". Esse sistema não está imediatamente disponível às crianças: levará 15 ou 20 anos até seu córtex pré-frontal alcançar a plena maturidade. O controle executivo emerge lentamente durante a infância e a adolescência, à medida que nossos cérebros aprendem a se controlar, pela experiência e pela educação. Muito tempo é necessário para que a central executiva do cérebro chegue a selecionar automaticamente as estratégias adequadas e a inibir as inadequadas, evitando simultaneamente a distração.

A psicologia cognitiva está cheia de exemplos em que as crianças corrigem gradualmente seus erros à medida que dão conta cada vez mais de concentrar-se e de inibir estratégias incorretas. O psicólogo Jean Piaget foi o primeiro a perceber esse fato. Às vezes, as crianças muito pequenas cometem erros que parecem bobos. Se, por exemplo, você esconder um brinquedo algumas vezes no lugar A, e depois mudar o esconderijo para o lugar B, os bebês com idade abaixo de 1 ano continuarão a procurar por ele no lugar A (mesmo sabendo perfeitamente o que aconteceu). Esse é o famoso "erro A-não-B" que levou Piaget a concluir que os bebês não preservam a permanência dos objetos – o conhecimento de que um objeto continua existindo mesmo quando escondido. Atualmente sabemos, porém, que essa interpretação é errada. O exame dos olhos dos bebês mostra que sabem onde se encontra o objeto que foi escondido. Mas têm problemas para resolver conflitos mentais: na tarefa A-não-B, a resposta que aprenderam nas tentativas anteriores lhes diz para ir ao lugar A, ao mesmo tempo que sua memória de trabalho mais recente lhes diz que, na tentativa que está em andamento, deveriam inibir essa resposta habitual e ir ao lugar B. Antes dos 10 meses, o que prevalece é o hábito. Nessa idade, o que falta é o controle executivo, não o conhecimento do objeto. Na realidade, o erro A-não-B desaparece por volta dos 12 meses, em relação direta com o desenvolvimento do córtex pré-frontal.[28]

Outro erro típico de crianças é a confusão entre número e tamanho. A esse respeito, mais uma vez, Piaget fez uma descoberta essencial, mas deu a interpretação errada. Segundo ele, as crianças pequenas, até mais ou menos 3 anos, tinham dificuldades para julgar o número de objetos presentes num grupo. Em seu experimento clássico de conservação de números, Piaget mostrou primeiramente às crianças duas filas iguais de bolas de gude, em correspondência de um a um, de modo que até as crianças mais jovens concordavam que as duas filas continham o mesmo número de bolas. Em seguida, ele afastou as bolas umas das outras numa das filas:

OOOOOO   OOOOOO   →   O O O O O O   OOOOOO

Curiosamente, as crianças afirmaram então que os dois conjuntos eram desiguais e que a linha mais comprida continha mais objetos. É um erro surpreendentemente bobo – mas, contrariando o que pensava Piaget, não significa que as crianças dessa idade sejam incapazes de "conservar o número". Como vimos, até os bebês recém-nascidos já possuem uma noção abstrata de número, independentemente do espaçamento dos itens ou mesmo da modalidade sensorial em que são apresentados. Não, a dificuldade tem origem, mais uma vez, no controle executivo. As crianças precisam aprender a inibir um traço evidente (o tamanho) e amplificar um traço mais abstrato (o número).

Mesmo nos adultos, essa atenção seletiva pode falhar. Por exemplo, todos nós nos atrapalhamos ao decidir qual de dois conjuntos é maior quando os elementos do conjunto menor são maiores e mais espalhados no espaço; e também nos confundimos na escolha do número maior entre 7 e 9. O que se desenvolve com a idade e a educação não é tanto a precisão intrínseca do sistema de números, mas a capacidade de usá-lo de maneira eficiente, sem se distrair com pistas irrelevantes, como a densidade ou o tamanho.[29] Mais uma vez, o progresso, nessas tarefas, está relacionado ao desenvolvimento de respostas neurais no córtex pré-frontal.[30]

Eu poderia multiplicar os exemplos: em todos os estágios da vida e em todos os domínios do conhecimento, tanto cognitivo como emocional, o que permite que evitemos cometer erros é em primeiro lugar o desenvolvimento das capacidades de controle executivo.[31] Vamos testar isso com nosso próprio cérebro: diga o nome da *cor da **tinta*** (preta ou branca) com que foi impressa cada uma das palavras seguintes:

cachorro casa bem porque sofá também
branco preto branco preto branco preto

Na segunda metade da lista, a tarefa ficou mais difícil? Você andou mais devagar e cometeu erros? O efeito clássico (que é ainda mais surpreendente quando as palavras vêm impressas em cores) reflete a intervenção de seu sistema de controle executivo. Quando as palavras e as cores conflitam, a central executiva precisa inibir a leitura das palavras para se manter focada na tarefa de nomear as cores.

Tente, agora, resolver o problema seguinte: "Maria tem 26 bolinhas de gude. Isso é 4 mais do que Gregório. Quantas bolinhas de gude tem Gregório?" Você precisou resistir ao impulso de somar os dois números? Você pensou em 30 em vez do resultado correto que era 22? O enunciado do problema usa a palavra "mais", muito embora seja preciso subtrair – é uma armadilha em que muitas crianças caem antes de conseguir se controlar e pensar mais profundamente sobre o significado desses problemas de matemática, a fim de escolher a operação aritmética pertinente.

A atenção e o controle executivo se desenvolvem espontaneamente com a progressiva maturação do córtex pré-frontal, que se estende pelas duas primeiras décadas de nossas vidas. Esse circuito, no entanto, como todos os outros, é plástico, e muitos estudos mostram que seu desenvolvimento pode ser intensificado pelo treinamento e pela educação.[32] Como esse sistema intervém numa grande variedade de tarefas cognitivas, muitas atividades educacionais, incluindo as mais lúdicas, podem desenvolver eficazmente o controle executivo. O psicólogo americano Michael Posner foi o primeiro a desenvolver um software educacional para melhorar a capacidade de concentração das crianças pequenas. Um dos jogos, por exemplo, força o jogador a considerar a orientação de um peixe no centro da tela. Esse peixe-alvo é cercado por outros que estão olhando na direção contrária. No decorrer do jogo, que comporta muitos níveis de dificuldade crescente, a criança aprende progressivamente a não se deixar distrair pelos vizinhos do peixe-alvo – uma tarefa simples, que ensina a concentração e a inibição. Essa é apenas uma das tantas maneiras possíveis de estimular a reflexão e desestimular respostas imediatas e irrefletidas.

Muito antes que fossem inventados os computadores, a médica e professora italiana Maria Montessori (1870-1952) percebeu como uma variedade de atividades práticas poderiam desenvolver a concentração em crianças pequenas. Nas escolas Montessori de hoje, por exemplo, as crianças caminham em torno de uma elipse desenhada no chão, sem nunca tirar os pés de cima da linha. Quando conseguem fazer isso, a dificuldade seguinte é caminharem com uma colher na boca, depois com uma bola de pingue-pongue na colher e assim por diante. Estudos experimentais sugerem que essa abordagem montessioriana tem impacto positivo em muitos aspectos do desenvolvimento infantil.[33] Outros estudos demonstram os benefícios atencionais de *videogames*, da meditação ou da prática de um instrumento musical... Para uma criança pequena, controlar o próprio corpo, olhar e respirar ao mesmo tempo que coordena as duas mãos pode ser uma tarefa penosamente difícil – e é por isso, provavelmente, que tocar música numa idade muito jovem tem um forte impacto nos circuitos de atenção do cérebro, incluindo um incremento bilateral significativo na espessura do córtex pré-frontal.[34]

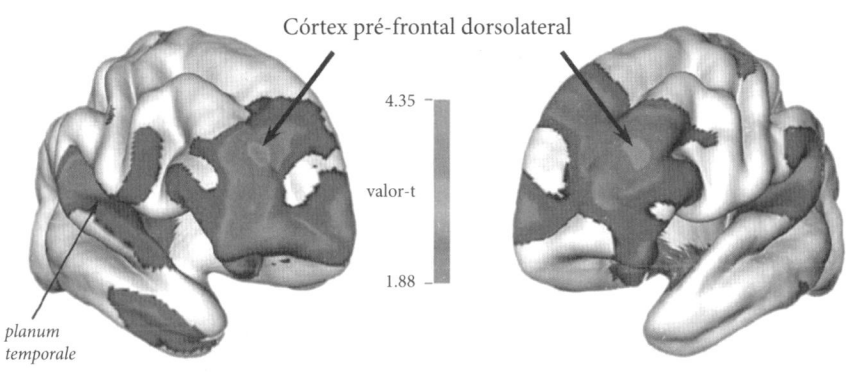

Córtex pré-frontal dorsolateral

4.35

valor-t

1.88

*planum
temporale*

Hemisfério direito   Hemisfério esquerdo

A atenção executiva, a capacidade de se concentrar e se autocontrolar, desenvol-
ve-se com a idade e com a educação. Aprender a tocar um instrumento musical é
uma das formas possíveis de aumentar a concentração e o autocontrole desde muito cedo. Nos músicos, o córtex é mais espesso do que em não músicos com desempenho similar em todas as outras habilidades. Isso vale particularmente para o córtex
pré-frontal dorsolateral, que desempenha um papel importante no controle executivo.

Treinar no controle executivo pode inclusive mudar o QI da pessoa. Isso pode parecer surpreendente, porque o QI é frequentemente encarado como algo inato – um determinante fundamental do potencial mental das crianças. No entanto, o quociente de inteligência não passa de uma capacidade de comportamento e, como tal, não está fora do alcance das mudanças trazidas pela educação. Como qualquer outra de nossas capacidades, o QI se baseia em circuitos específicos do cérebro, cujos pesos sinápticos podem ser alterados pelo treino. Aquilo que chamamos inteligência fluida – a capacidade de raciocinar e resolver problemas novos – faz um uso intenso do sistema de controle executivo do cérebro: ambos mobilizam uma rede semelhante de áreas do cérebro, nomeadamente o córtex pré-frontal dorsolateral.[35] Os testes padronizados da inteligência fluida se assemelham aos testes que os psicólogos cognitivos usam para avaliar o controle executivo: ambos enfatizam atenção, concentração e capacidade de passar rapidamente de uma atividade a outra sem perder de vista o objetivo global. E, de fato, os programas de treinamento que têm por alvo a memória de trabalho e o controle executivo causam um leve aumento da inteligência fluida.[36] Esses resultados são coerentes com descobertas anteriores em que admitiam que a inteligência ainda que sujeita ao determinismo genético, poderia mudar radicalmente em resposta a fatores ambientais, entre os quais a educação. E esses efeitos podem ser enormes. Num estudo, crianças de QI baixo com idades compreendidas entre 4 e 6 anos foram adotadas por famílias de condição socioeconômica alta ou baixa. Na adolescência, as crianças que tinham sido acolhidas em famílias em melhor situação tinham ganhado 20 pontos de QI, em contraste com apenas 8 pontos das outras.[37] Uma meta-análise recente examinou os efeitos da educação sobre a inteligência e concluiu que cada ano a mais de escola produz um ganho de um a cinco pontos de QI.[38]

A fronteira de pesquisa com que nos deparamos hoje envolve a otimização dos efeitos do treinamento cognitivo e o esclarecimento de seus limites. Podem esses efeitos durar por anos? Como podemos garantir que durarão muito após o treinamento das tarefas, em várias situações pela vida afora? Esse é o desafio, já que, como regra geral, o cérebro tende a desenvolver truques específicos para realizar cada tarefa, e esses truques variam de um caso a outro. A solução reside provavelmente na diversificação das experiências de aprendizado, e os melhores resultados parecem ter sido obtidos por programas educacionais que estimulam as capacidades cognitivas essenciais da memória de trabalho e da atenção executiva numa grande variedade de contextos.

Certas descobertas me parecem particularmente animadoras. O treinamento precoce da memória de trabalho, especialmente quando feito no jardim de infância, parece ter efeitos positivos sobre a concentração e sucesso em muitas áreas, incluindo as mais diretamente relevantes para a escola: leitura e matemática.[39] Não é surpresa: sabe-se há anos que a memória de trabalho é um dos melhores prognósticos de futuro sucesso na aritmética.[40] Os efeitos desses exercícios ficam multiplicados se combinarmos o treinamento da memória de trabalho com um ensino mais direto do conceito de "linha dos números" – a ideia essencial de que os números estão organizados num eixo linear em que somar ou subtrair consiste em ir para a direita ou para a esquerda.[41] Todas essas intervenções educacionais parecem ser sobretudo benéficas para crianças vindas de ambientes desfavorecidos. Para as famílias de níveis socioeconômicos baixos, intervir desde cedo, começando no jardim de infância e ensinando os fundamentos do aprendizado e da atenção, pode ser um dos melhores investimentos educacionais.

VOU FICAR ATENTO SE VOCÊ TAMBÉM FICAR

ό ἄνθρωπος φύσει πολιτκον ζῷον
O homem é por natureza um animal social (ou político)

Aristóteles (350 a.e.c.)

Todas as espécies de mamíferos – incluindo, é claro, os primatas – possuem sistemas de atenção. Mas nos seres humanos a atenção apresenta uma característica única, que acelera mais o aprendizado: o compartilhamento da atenção social. No *Homo sapiens*, mais do que em qualquer outro primata, a atenção e o aprendizado dependem de sinalizações sociais: eu presto atenção naquilo em que você presta atenção, e eu aprendo aquilo que você me ensina.

Desde seus primeiríssimos momentos, os bebês olham para as faces e dedicam uma atenção especial aos olhos das pessoas. Assim que lhes é dita alguma coisa, seu primeiro reflexo não é explorar a cena, mas capturar o olhar da pessoa com quem estão interagindo. Somente depois que esse contato pelo olhar é estabelecido é que eles se voltam na direção do objeto que o adulto está observando. Essa notável capacidade de compartilhar a atenção social, também chamada "atenção compartilhada", determina aquilo que as crianças aprendem.

Já mencionei os experimentos em que se ensina aos bebês o sentido de uma nova palavra, como "wog". Se as crianças têm a possibilidade de acompanhar o olhar do falante em direção ao assim chamado wog, elas não terão dificuldades para aprender essa palavra em apenas algumas tentativas – mas se wog é emitido repetidamente por um alto-falante, em relação direta com o mesmo objeto, não há aprendizado nenhum. O mesmo acontece com o aprendizado das categorias fonéticas: um menino americano de 9 meses que interage com uma babá chinesa por apenas algumas semanas adquire fonemas do chinês – mas se ele recebe exatamente o mesmo tanto de estimulação linguística por um vídeo de alta qualidade, nenhum aprendizado acontece.[42]

Os psicólogos húngaros Gergely Csibra e György Gergely postulam que ensinar os outros e aprender com os outros são adaptações evolutivas fundamentais da espécie humana.[43] O *Homo sapiens* é um animal social cujo cérebro é dotado de circuitos para uma "pedagogia natural", que são acionados assim que prestamos atenção naquilo que os outros estão tentando nos ensinar. Nosso sucesso global é devido, pelo menos em parte, a um traço evolutivo específico: a capacidade de compartilhar a atenção com os outros. A maior parte das informações que aprendemos, devemos mais aos outros, do que à nossa experiência pessoal. Desse modo, a cultura coletiva da experiência humana pode elevar-se muito acima daquilo que um indivíduo conseguiria descobrir por si. É o que o psicólogo Michael Tomasello chama de efeito "catraca cultural": como uma catraca impede o elevador de despencar, o compartilhamento social evita que a cultura retroceda. Sempre que uma pessoa faz uma descoberta útil, ela logo se espalha pelo grupo todo. Graças ao aprendizado social, é muito raro que o elevador cultural despenque e que uma invenção importante seja esquecida.

Nosso sistema atencional se adaptou a esse contexto cultural. A pesquisa de Gergely e Csibra mostra que, desde a primeira infância, a atenção das crianças está fortemente sintonizada com sinais dos adultos. A presença de um tutor humano, que olha para a criança antes de fazer uma demonstração específica, modula fortemente o aprendizado. O contato dos olhos não só atrai a atenção da criança, mas também assinala que o tutor pretende ensinar à criança um ponto importante. Até os bebês são sensíveis a isso: o contato visual os coloca numa "postura pedagógica" que os incentiva a interpretar as informações como importantes e generalizáveis.

Vejamos um exemplo: uma jovem se volta para o objeto A com um grande sorriso e em seguida para o objeto B com uma careta. Um bebê de 18 meses observa a cena. Que conclusões tirará o bebê? Tudo depende dos sinais que a criança e o adulto tiverem trocado. Se nenhum contato de olhos foi estabelecido, então a criança simplesmente lembra uma informação específica: essa pessoa gosta do objeto A e não gosta do objeto B. Se, porém, o contato visual foi estabelecido, então a criança deduz muito mais: ela acredita que o adulto estava procurando lhe ensinar algo importante e, portanto, tira conclusão mais geral de que o objeto A é agradável, e o objeto B é ruim, não só para aquela pessoa em particular, mas para todo mundo. As crianças dão uma atenção extrema a qualquer evidência de comunicação voluntária. Quando alguém dá sinais óbvios de que está tentando comunicar-se com elas, as crianças inferem que essas pessoas querem ensinar-lhes informações abstratas, não apenas suas preferências pessoais idiossincráticas.

Atenção compartilhada

| Um adulto olha para a criança... | ...e depois se volta para um objeto, sorrindo... | ...e se volta para um outro objeto, fazendo cara feia. | Uma outra pessoa faz um pedido. | A maioria de crianças dá a ela o objeto preferido. |

Compreensão das intenções

Um adulto, com as mãos **ocupadas**, faz uma ação estranha com a cabeça.

Um adulto, com as mãos **livres**, faz uma ação estranha com a cabeça.

80% das crianças imitam a ação, mas de forma inteligente, apertando o botão com as **mãos**.

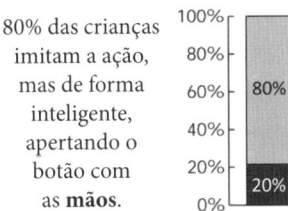

Nesse caso, 70% das crianças imitam fielmente a ação.

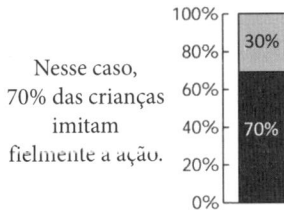

As interações sociais são um ingrediente essencial do algoritmo de aprendizado humano. Aquilo que aprendemos depende de como compreendemos a intenção dos outros. Até bebês de 18 meses compreendem que se você olha para eles nos olhos, você está tentando passar para eles informações importantes. Seguindo o contato dos olhos, eles aprendem mais eficientemente, e têm mais sucesso em generalizar do que outras pessoas (imagens acima). Aos 14 meses de idade, os bebês já são capazes de interpretar as intenções das pessoas. Depois de ver uma pessoa acender a luz com a cabeça, elas imitam esse gesto de todas as maneiras, a menos que as mãos da pessoa estivessem ocupadas, caso em que os bebês compreendem que eles podem, simplesmente, apertar o botão com as mãos (imagens de baixo).

235

Não é só o contato dos olhos que conta; as crianças também compreendem rapidamente a intenção comunicativa que se esconde por trás de apontar com o dedo (ao passo que o chimpanzé nunca chega realmente a entender esse gesto). Até os bebês compreendem quando alguém está tentando chamar sua atenção e dar-lhes alguma informação importante. Por exemplo, quando os bebês de 9 meses veem alguém que tenta chamar sua atenção, e depois aponta para um objeto, mais tarde lembram a identidade do objeto, porque compreendem que essa é a informação que importa para seu interlocutor; ao contrário, se eles veem a mesma pessoa encaminhar-se para o objeto sem olhar para elas, lembram somente a posição do objeto, não sua identidade.[44]

Pais e professores, tenham sempre em mente este fato crucial: sua atitude e a maneira de olhar são fundamentais para a criança. Conseguir a atenção dela pelo contato visual e verbal garante que ela compartilhará sua atenção aumentando a chance de guardar a informação que vocês estão tentando passar.

ENSINAR É PRESTAR ATENÇÃO NO CONHECIMENTO DO OUTRO

Nenhuma outra espécie é capaz de ensinar como nós. A razão é simples: somos provavelmente os únicos animais com acesso à mente das outras pessoas, com capacidade de dar atenção a elas e imaginar seus pensamentos – inclusive aquilo que pensam que outros pensam, e assim sucessivamente, numa espiral infinita. Esse tipo de representação recursiva é típico do cérebro humano e desempenha um papel essencial na relação pedagógica. Os educadores precisam pensar constantemente no que os alunos não sabem: os professores adaptam suas palavras e escolhem exemplos com o objetivo de aumentar o mais depressa possível os conhecimentos dos estudantes. E os alunos sabem que o professor sabe que eles não sabem. Depois que as crianças adotam essa postura pedagógica, interpretam cada ato do professor como uma tentativa de lhes passar conhecimentos. E o círculo continua para sempre: os adultos sabem que as crianças sabem que os adultos sabem que eles não sabem... e isso permite que os adultos escolham seus exemplos sabendo que as crianças tentarão generalizá-los.

É bem possível que essa relação pedagógica seja exclusiva do *Homo sapiens*: ela não parece existir em nenhuma outra espécie. Em 2006, um artigo que foi considerado um marco,[45] publicado na revista *Science*, descrevia uma forma de ensino observada no suricato, um pequeno mamífero sul-africano da família dos mangustos – mas, no meu modo de ver, esse estudo usou incorretamente a definição de ensino. Do que se tratava? Da maior questão da família: aprender a preparar a comida! Os mangustos enfrentam um sério desafio culinário: eles se alimentam de presas extremamente perigosas, escorpiões com ferrões mortais que precisam ser retirados antes de ser comidos. O problema dos mangustos é semelhante ao dos cozinheiros japoneses que preparam o *fugu*, um peixe cujos fígado, ovários, olhos e pele contêm doses letais da droga paralisante tetrodoxina: um erro no preparo, e você está morto. Os chefs japoneses treinam por três anos antes de serem autorizados a servir seu primeiro *fugu*, mas como é que os suricatos adquirem seu próprio *know-how*? O artigo de *Science* mostrava de maneira convincente que os suricatos adultos ajudam seus filhotes, oferecendo no começo uma comida "preparada" que consiste em escorpiões cujos ferrões foram removidos. À medida que os suricatos jovens crescem, os adultos lhes dão uma proporção cada vez maior de escorpiões vivos, e isso, obviamente, ajuda os jovens a se tornarem caçadores independentes. Portanto, de acordo com os autores, três critérios do ensino são satisfeitos: o adulto realiza um comportamento específico na presença dos jovens; esse comportamento tem um custo para os adultos; e os jovens se beneficiam adquirindo conhecimento mais rapidamente do que aconteceria se os adultos não interviessem.

O caso dos suricatos é certamente notável: durante a evolução dos mangustos, emergiu um mecanismo singular que claramente facilita a sobrevivência. Mas isso é autenticamente ensino? Em minha opinião, os dados não nos permitem concluir que o suricatos ensinam de fato seus pequenos, porque falta um ingrediente crucial: a atenção compartilhada de uns para os outros. Não há nenhuma evidência de que o adulto preste qualquer atenção para aquilo que o jovem sabe ou, inversamente, que o jovem leve em conta a postura pedagógica dos adultos. Os suricatos adultos apenas apresentam presas cada vez mais perigosas a seus filhotes à medida que estes crescem. Até onde sabemos, esse mecanismo poderia ser completamente pré-instalado e restrito ao consumo de escorpiões – um comportamento complexo, mas limitado, comparável à famosa dança das abelhas ou à parada nupcial dos flamingos.

Em suma, embora tentemos projetar nos suricatos e nos escorpiões nossas ideias preconcebidas, um olhar mais atento revela a grande distância que há entre seu comportamento e o nosso. Com suas limitações óbvias, a história do mangusto que ensina, de fato, nos ensina por contraste o que há de verdadeiramente único e precioso em nossa espécie. As relações pedagógicas autênticas que acontecem em nossas escolas e universidades envolvem fortes ligações mentais entre professores e estudantes. Um bom professor constrói um modelo mental de seus estudantes, de suas habilidades e erros, e toma todas as iniciativas possíveis para enriquecer a mente dos alunos. Essa definição ideal exclui, portanto, qualquer professor (seja ele um ser humano ou um computador) que se limite mecanicamente a entregar uma lição estereotipada, sem adequá-la ao conhecimento prévio e às expectativas de sua audiência – esse tipo de ensino, insensato e unidirecional, é ineficiente. Por outro lado, o ensino só é eficiente quando os estudantes, por seu turno, têm boas razões para acreditar que os professores se empenham em transmitir seu conhecimento. Qualquer relação pedagógica sadia deve basear-se em fluxos de atenção bidirecionais, disposição para ouvir, respeito e confiança mútua. Não há, até o momento, nenhuma evidência de que essa "teoria da mente" – a capacidade dos estudantes e professores de prestarem atenção uns aos estados mentais dos outros – exista em quaisquer animais que não sejam os da espécie humana.

A pedagogia precária dos suricatos também não consegue fazer justiça ao papel que a educação desempenha nas sociedades humanas. "Cada homem é uma humanidade, uma história universal", diz Jules Michelet (1798-1874). Através da educação, nós transferimos aos outros os melhores pensamentos dos milhares de gerações humanas que nos precederam. Cada palavra, cada conceito que aprendemos é uma pequena conquista que nossos antepassados passaram para nós. Sem a linguagem, sem a transmissão cultural, sem a educação compartilhada, nenhum de nós poderia ter descoberto, por si só, todos os instrumentos que, hoje em dia, ampliam nossas capacidades físicas e mentais. A pedagogia e a cultura tornam cada um de nós herdeiro de uma longa corrente de sabedoria humana.

No entanto, o fato de o *Homo sapiens* depender da comunicação social e da educação é, além de uma dádiva, também uma maldição. Na outra face da moeda, é por culpa da educação que os mitos religiosos e as *fake news* se propagam tão facilmente na sociedade humana. Desde a Antiguidade, nossos cérebros absorbem de boa-fé as narrativas que nos são contadas, sejam elas verdadeiras ou falsas. Num contexto social, nosso cérebro baixa a guarda; paramos de agir como pequenos cientistas e nos tornamos lemingues insensatos. Isso pode ser bom – como quando confiamos no conhecimento de nossos professores de ciências, e assim somos poupados de replicar cada um dos experimentos feitos desde o tempo de

Galileu! Mas também pode ser prejudicial, como quando propagamos coletivamente algum fragmento de "sabedoria" que não merece confiança, herdado de nossos antepassados. Foi com base nisso que os médicos praticaram durante séculos as terapias da sangria e da aplicação de ventosas, sem nunca testar seu verdadeiro impacto. (Se, por acaso, você está em dúvida, a verdade é que ambas são prejudiciais na grande maioria das doenças.)

Um experimento famoso demonstra até que ponto a aprendizagem social pode transformar crianças inteligentes em imitadores sem espírito crítico. Desde os 14 meses de idade, os bebês imitam prontamente as ações de uma pessoa, quer isso faça ou não sentido para eles – ou talvez especialmente quando não faz sentido algum.[46] Nesse experimento, os bebês veem um adulto com as mãos amarradas por um xale, apertando um botão com a cabeça. Os bebês inferem que podem simplesmente apertar o botão com as mãos, que estão livres, e é assim que eles acabam por reproduzir a ação, em vez de copiá-la em todos os detalhes. Se, porém, elas veem a mesma pessoa apertando um botão com a cabeça sem uma razão particular pois as mãos estão desimpedidas e perfeitamente visíveis, então os bebês parecem abandonar qualquer raciocínio e confiar cegamente no adulto – e então imitam fielmente a ação, inclinando a cabeça, embora isso não tenha sentido algum. Essa inclinação da cabeça no bebê parece ser uma antecipação dos milhares de gestos arbitrários e convenções que continuam sendo perpetuados pelas sociedades e religiões humanas. Na idade adulta, esse conformismo social persiste e se acentua. Mesmo a mais trivial de nossas decisões perceptuais, como julgar o comprimento de uma linha, são influenciadas pelo contexto social: quando nossos vizinhos chegam a uma conclusão diferente da nossa, nós frequentemente revisamos nosso julgamento para fazer com que bata com o deles, mesmo quando a resposta deles parece implausível.[47] Nesses casos, o ser social que há em nós se sobrepõe ao animal racional.

Em resumo, o cérebro do *Homo sapiens* é equipado com dois modos de aprender: um modo ativo, no qual testamos hipóteses confrontando-as com o mundo exterior, como bons cientistas; e um modo receptivo, no qual absorvemos o que os outros nos transmitem, sem verificar pessoalmente os conteúdos. O segundo modo, através de um "efeito de catraca" cultural, foi o que permitiu a extraordinária expansão das sociedades humanas nos últimos 50 mil anos. Mas sem o pensamento crítico que caracteriza o primeiro modo, o segundo se torna vulnerável ao alastramento de notícias falsas. A verificação ativa do conhecimento, a rejeição do mero ouvir-dizer e a construção pessoal do significado são filtros essenciais para nos proteger contra lendas e gurus enganadores. Precisamos, portanto, encontrar um compromisso entre nossos dois modos de aprender: nossos estudantes precisam estar atentos e confiantes na sabedoria de seus professores, mas também precisam ser pensadores autônomos e críticos, atores de seu próprio aprendizado.

Chegamos, assim, ao segundo pilar do aprendizado, o envolvimento ativo.

O envolvimento ativo

Pegue dois gatinhos. Ponha uma coleira e uma guia num deles. Coloque o segundo preso por meio de um colete.* Por fim, prenda-os num gira-gira que torne os movimentos dos dois gatinhos estreitamente ligados. A ideia é que os dois animais recebam os mesmos *inputs* visuais, mas que um deles se mantenha obrigatoriamente ativo, enquanto o outro se mantém passivo. O primeiro explora o ambiente por conta própria, ao passo que o segundo faz exatamente os mesmos movimentos, mas sem ter controle sobre eles.

Esse é o experimento clássico do carrossel que Richard Held (1922-2016) e Alan Hein realizaram em 1963 – uma época em que as restrições éticas para a experimentação em animais, evidentemente, não estavam tão avançadas como hoje! Esse experimento muito simples levou a uma descoberta importante: a exploração ativa do mundo é indispensável

---

* N.T.: A palavra inglesa é *harness*, que já significou *"arreio"*. Mas *harness* entrou para o português do Brasil, indicando um tipo de colete. E quem veste um harness não gostaria de ouvir dizer que usa arreios.

para o desenvolvimento correto da visão. Por um período de algumas semanas, por três horas por dia, os dois gatinhos viveram num grande cilindro ladeado por barras verticais. Embora seus *inputs* visuais fossem muito semelhantes, eles desenvolveram sistemas visuais profundamente diferentes.[1] A despeito do entorno empobrecido que só consistia nessas barras verticais, o gatinho ativo desenvolveu uma visão normal. O gatinho passivo, por outro lado, perdeu sua capacidade visual e, no final do experimento, fracassou em testes básicos de exploração visual. Por exemplo, no "teste do despenhadeiro", o animal era colocado numa ponte da qual poderia sair tanto pelo lado de um alto precipício como por um lado menos íngreme. Um animal normal não hesita por um instante sequer e pula para o lado menos íngreme. Já o animal passivo escolhe ao acaso. Outros testes mostraram que o animal passivo não conseguia desenvolver um modelo adequado de espaço visual e não apalpava o chão com as patas como os gatos normais.

ORGANISMOS PASSIVOS NÃO APRENDEM

O experimento do carrossel de Held e Hein serve de metáfora para nosso segundo pilar do aprendizado: o envolvimento ativo. Resultados provindos de vários campos convergem em sugerir que um organismo passivo aprende pouco ou não aprende nada. Aprendizado eficiente não combina com passividade; significa envolvimento, exploração e uma atividade geradora de hipóteses, que serão testadas no mundo exterior.

Para aprender, nosso cérebro precisa, inicialmente, formar um modelo mental hipotético do mundo exterior, que ele projetará em seguida sobre seu meio ambiente e submeterá a teste, comparando suas predições com aquilo que recebe dos sentidos. Esse algoritmo depende de uma atitude ativa, engajada e atenta. A motivação é essencial: só aprendemos bem se tivermos um objetivo claro e se estivermos completamente comprometidos em alcançá-lo.

Não me entendam mal: envolvimento ativo não significa que as crianças precisem ser estimuladas a ficar se mexendo o tempo todo! Certa vez visitei uma escola cujo diretor me contou, orgulhoso, como tinha aplicado minhas ideias: ele equipou as carteiras dos alunos com pedais, para que os estudantes pudessem ficar ativos durante as aulas de matemática... Não tinha absolutamente entendido meu propósito (e me fez ver os limites da metáfora do experimento do carrossel). Estar ativo e envolvido não significa que o corpo tenha que se movimentar. O envolvimento ativo acontece em nossos cérebros, não em nossos pés. O cérebro só aprende eficientemente se estiver atento, focado e ativo na geração de modelos mentais. Para assimilar conceitos novos, os estudantes ativos os reformulam constantemente com suas próprias palavras ou pensamentos. Estudantes passivos ou, pior, distraídos não tirarão proveito de qualquer lição, porque seus cérebros não atualizarão seus modelos mentais do mundo. Isso não tem nada a ver com movimento físico. Dois estudantes poderiam estar igualmente paradinhos, e ainda assim diferir radicalmente no movimento interior de seus pensamentos: um deles seguindo ativamente a aula, o outro desligado, ficando passivo ou distraído.

Os experimentos mostram que raramente aprendemos só acumulando estatísticas sensoriais de um modo passivo: isso pode acontecer, mas principalmente nos níveis mais inferiores de nossos sistemas sensorial e motor. Estão lembrados daqueles experimentos em que uma criança ouve centenas de sílabas, computa as probabilidades de transição entre sílabas (como /bo/ e /t^l/), e acaba por detectar a presença de palavras (*"bottle"*)? Esse tipo de aprendizado implícito parece persistir mesmo quando os bebês estão adormecidos.[2] Esse caso é a exceção que confirma a regra: na maior parte dos casos, e desde que o aprendizado diga respeito a propriedades cognitivas de nível elevado, tais como a memória explícita do significado das palavras, e não apenas sua forma, o aprendizado só parece acontecer se o aprendiz presta atenção, pensa, antecipa e avança hipóteses, e corre o risco de estar errado. Sem atenção, esforço e reflexão em profundidade, a lição vai sumindo, sem deixar grandes marcas no cérebro.

PROCESSAMENTO MAIS PROFUNDO, APRENDIZADO MELHOR

Tomemos um exemplo clássico da psicologia cognitiva: o efeito do processamento em profundidade das palavras. Imagine que eu apresento uma lista de 60 palavras a três grupos de estudantes. Peço ao primeiro grupo que decida se as letras das palavras são maiúsculas ou minúsculas; ao segundo grupo, se as palavras rimam com *"chair"*, e ao terceiro, se são nomes de animais ou não. Assim que terminam, aplico nos estudantes um teste de memória. Que grupo lembra melhor as palavras? Verifica-se que a memória é muito melhor no terceiro grupo, que processou as palavras em profundidade, no nível do sentido (75% de respostas corretas), do que nos outros dois grupos, que processaram aspectos sensoriais mais superficiais das palavras, tanto no nível das letras (33% de respostas corretas) quanto no nível da rima (52% de respostas corretas).[3] É fato que encontramos um vestígio das palavras – fraco, implícito e inconsciente – em todos os grupos: o aprendizado deixa sua marca subliminar no sistema da soletração e no sistema fonológico. Mas somente o processamento semântico executado em profundidade garante uma lembrança explícita e detalhada das palavras. O mesmo fenômeno acontece no nível das sentenças: os estudantes que se esforçam para compreender as sentenças por conta própria, sem a ajuda do professor, demonstram melhor retenção das informações.[4] Essa é uma regra geral, que o psicólogo americano Henry Roediger formula assim: "Tornar mais difíceis as condições do aprendizado, exigindo que os estudantes desenvolvam um maior esforço cognitivo, leva com frequência a uma retenção mais aprimorada".[5]

A neuroimagem está começando a esclarecer as origens desse efeito de processamento em profundidade.[6] Um processamento mais profundo deixa uma marca mais forte na memória, porque ativa áreas do córtex pré-frontal que estão associadas com o processamento consciente de palavras, e porque essas áreas formam *loops* poderosos com o hipocampo, que armazena informações na forma de memórias episódicas específicas.

No filme cult *La Jetée*, do diretor francês Chris Marker (1921-2012), uma voz reforça o seguinte aforismo, que soa como uma profunda verdade: "Nada distingue as memórias dos momentos comuns: somente mais tarde é que elas se fazem reconhecer, por suas cicatrizes". Bonito aforismo... mas provérbio falso, porque a neuroimagem mostra que, no início da codificação da memória, os eventos de nossa vida que ficarão gravados na memória já podem ser distinguidos daqueles que não deixarão marcas: os primeiros foram processados num nível mais profundo.[7] Escaneando uma pessoa enquanto é apenas exposta a uma lista de palavras e imagens, podemos prever quais desses estímulos individuais serão esquecidos mais tarde e quais serão conservados. O elemento preditor fundamental é se eles produziram atividades no córtex frontal, no hipocampo e nas regiões vizinhas do córtex para-hipocâmpico. O envolvimento ativo dessas regiões é um reflexo direto da profundidade em que essas palavras e imagens circularam pelo cérebro e prediz a força dos vestígios que elas deixarão na memória. Uma imagem inconsciente entra na área sensorial, mas só cria uma onda de atividade fraca no córtex pré-frontal. A atenção, a concentração, a profundidade de processamento e a consciência deliberada transformam essa pequena onda num tsunami neuronal que invade o córtex pré-frontal e maximiza a memorização subsequente.[8]

O papel do envolvimento ativo e da profundidade de processamento é confirmado por evidências convergentes em estudos pedagógicos num contexto escolar – por exemplo, aprender física em nível de graduação. Os estudantes precisam aprender os conceitos abstratos de momento angular e torque de motor. Dividimos os estudantes em dois grupos: um grupo tem dez minutos para experimentar numa roda de bicicleta e o outro os mesmos dez minutos ouvindo explicação verbal e observações de outros estudantes. O resultado é claro: o aprendizado é muito melhor no grupo que se beneficiou da interação ativa com o objeto físico.[9]

Tornar uma aula mais profunda e envolvente facilita a retenção subsequente da informação.

Essa conclusão é confirmada em recente avaliação de mais de 200 estudos pedagógicos nos cursos de graduação de Ciência, Tecnologia, Engenharia e Matemática: o modo tradicional de ministrar as aulas, no qual os estudantes ficam passivos enquanto o professor prega por 50 minutos, é ineficiente.[10] Comparadas com os métodos de ensino que promovem o envolvimento ativo, as aulas expositivas produzem sistematicamente desempenhos inferiores. Em todas as disciplinas, desde a matemática até a psicologia, desde a biologia à ciência da computação, um estudante ativo se sai melhor. Com o envolvimento ativo, os resultados dos exames aumentam em 0.5 o desvio padrão, o que é um índice notável, e a média de insucesso baixa mais do que 10%. Mas quais são as estratégias que mais envolvem os estudantes? Não existe um único método milagroso, mas toda uma gama de abordagens que forçam os estudantes a pensar por conta própria, tais como atividades práticas, discussões em que cada um tem participação, trabalho em grupos pequenos ou professores que interrompem a aula para fazer uma pergunta difícil, e depois deixam os estudantes pensando a respeito por algum tempo. Todas as soluções que forçam os estudantes a abrir mão do conforto da passividade são eficazes.

O FRACASSO DO ENSINO BASEADO EM APRENDIZAGEM POR DESCOBERTA

Nada disso é novo, você deve estar pensando, e muitos professores já aplicam essas ideias. Entretanto, no domínio da pedagogia, não é possível confiar nem na intuição nem na tradição: precisamos verificar cientificamente quais pedagogias aumentam de fato a compreensão e a retenção dos estudantes e quais não o fazem. E, para mim, é uma boa ocasião para esclarecer uma distinção muito importante. A ideia fundamentalmente correta de que as crianças devem estar atentas e ativamente envolvidas com seu próprio aprendizado não deve ser confundida com o construtivismo clássico nem com os métodos de aprendizagem por descoberta – propostas sedutoras cuja ineficiência, infelizmente, já foi demonstrada repetidas vezes.[11] Essa distinção é fundamental, mas é raramente compreendida, em parte porque as últimas pedagogias também são conhecidas como pedagogias ativas, o que é uma grande fonte de confusões.

Quando falamos de aprendizagem por descoberta, o que queremos dizer? Essa nebulosa de orientações pedagógicas pode ser retraçada até Jean-Jacques Rousseau, tendo chegado até nós por intermédio de educadores famosos como John Dewey (1859-1952), Ovide Decroly (1871-1932), Célestin Freinet (1896-1966), Maria Montessori e, mais recentemente, Jean Piaget e Seymour Papert (1938-2016). Escreve Rousseau no *Emílio ou Da educação*: "Será que eu preciso explicitar aqui a regra mais importante, a mais útil de toda a educação? Não é ganhar tempo, mas perder tempo." Para Rousseau e seus sucessores, é sempre melhor deixar que as crianças descubram por elas mesmas e construam seu próprio conhecimento, mesmo que isso as leve a gastar horas experimentando e explorando... Esse tempo nunca é perdido, acreditava Rousseau, porque acaba produzindo mentes autônomas, capazes não só de pensar por elas mesmas, mas também de resolver problemas reais, em vez de receber o conhecimento passivamente e de regurgitar soluções prontas e pré-fabricadas. "Ensine seu aluno a observar os fenômenos da natureza", diz Rousseau, "e você logo excitará sua curiosidade; mas se você quiser que sua curiosidade aumente, não fique muito apressado em satisfazê-la. Ponha o problema na frente dele e deixe que o resolva sozinho".

A teoria é atraente... Infelizmente, uma multidão de estudos distribuídos por várias décadas tem demostrado que seu valor pedagógico é próximo de zero – e esse resultado foi replicado tantas vezes que um pesquisador intitulou seu trabalho "Should There Be a Three-Strikes Rule against Pure Discovery Learning?".* Quando as crianças são deixadas à própria sorte, elas têm uma grande dificuldade para descobrir as regras abstratas que regem um domínio e aprendem muito menos – se é que aprendem alguma coisa. Como poderíamos imaginar que as crianças redescobririam, sem uma orientação externa, aquilo que a humanidade levou séculos para descobrir? Seja como for, os fracassos estão repercutindo em todas as áreas:

- Na leitura: A mera exposição a palavras escritas normalmente não leva a nada, a menos que as crianças sejam alertadas explicitamente para a existência das letras e da correspondência destas com os sons da fala. Poucas crianças são capazes de correlacionar por si só a língua escrita e a língua falada. Imagine a capacidade intelectual que seria necessária ao nosso jovem Champollion, para descobrir que todas as palavras que começam pelo som representado pela letra [r] também têm a letra <R> ou <r> no início da palavra...** Essa tarefa está fora de seu alcance se os professores não guiarem cuidadosamente as crianças por meio de um conjunto ordenado de exemplos bem escolhidos, palavras simples e letras isoladas.
- Em matemática: Diz-se que na idade de 7 anos, o brilhante matemático Carl Gauss (1777-1855) descobriu, sozinho, uma maneira de somar rapidamente os números de um até cem (pense a respeito disso, eu dou a solução em nota[12]). Aquilo

---

* N. T.: Este artigo de 2004 defende que, nas décadas anteriores, o construtivismo deu respostas ruins para três problemas cruciais do aprendizado: 1) a aquisição de regras para a solução de problemas, 2) o desenvolvimento de estratégias para a conservação dos conhecimentos adquiridos, 3) o desenvolvimento de conceitos úteis para a programação computacional. No baseball, a regra *"Three strikes and you're out"*, faz com que o rebatedor seja eliminado se falhar em três arremessos seguidos; já a *"Three strikes law"* proíbe os criminosos reincidentes de pleitear punições brandas. Em suma, o título do artigo sugere que as propostas cognitivistas já tiveram seu momento e já não merecem uma leitura benevolente.

** N. T.: Jean-François Champollion foi o estudioso francês que, no início do século XIX, estudou os antigos egípcios, mostrando que a escrita encontrada em seus monumentos era parcialmente ideográfica e parcialmente fonética. Essa descoberta permitiu a decifração da Pedra de Roseta, um passo fundamental para a compreensão da escrita hieroglífica própria daquela civilização.

que funcionou para Gauss, porém, pode não se aplicar a outras crianças. A pesquisa é clara sobre esse ponto: o aprendizado funciona melhor quando os professores de matemática tratam de um exemplo, de maneira pormenorizada, antes de deixar que seus alunos enfrentem por conta própria problemas semelhantes. Mesmo que as crianças sejam suficientemente brilhantes para descobrir sozinhas a solução, elas acabam, mais tarde, tendo um desempenho pior do que outras crianças a quem foi mostrado o modo de resolver um problema, antes que buscassem por seus próprios meios.

- Em ciência da computação: Em seu livro *Mindstorms* (1980), o cientista da computação Seymour Papert explica por que criou a linguagem de computação "Logo" (famosa por sua tartaruga computadorizada que faz desenhos na tela). A ideia de Papert era deixar que as crianças explorassem os computadores por sua própria conta, sem instruções, pondo as mãos na massa. Mas a experiência foi um fracasso: depois de alguns meses, as crianças só conseguiam criar programas pequenos e simples. Os conceitos abstratos da ciência computacional as confundiam e, diante de um teste de resolução de problemas, não se saíam melhor do que crianças não treinadas: o pouco conhecimento de informática que possuíam não tinha passado para outras áreas. A pesquisa mostra que o ensino explícito, com períodos alternados de explicação e testagem "com a mão na massa", permite que as crianças desenvolvam uma compreensão muito mais profunda da linguagem "Logo" e da ciência computacional.

Vivi pessoalmente a experiência de ver nascer o PC, o computador pessoal doméstico – eu tinha 15 anos quando meu pai comprou para nós um Tandy TR-S com 16 kbytes de memória e uma placa gráfica de 48 por 128 pixels. Como outras pessoas de minha geração, aprendi a programar na linguagem de programação Basic, sem professor e sem qualquer aula – embora eu não estivesse sozinho: meu irmão e eu devorávamos todas as revistas, todos os livros e exemplos que caíam em nossas mãos. Acabei por me tornar um programador razoavelmente eficiente... mas quando entrei num programa de pós-graduação em ciência da computação, tomei consciência da enormidade de minhas deficiências. Eu tinha passado todo esse tempo fazendo uma espécie de bricolagem, sem entender a profunda estrutura lógica dos programas e as práticas adequadas que os tornavam claros e legíveis. E esse é provavelmente o pior efeito da aprendizagem por descoberta: ela cria nos estudantes a ilusão de que dominaram um certo assunto sem nunca dar a eles os meios para acessar os conceitos mais profundos de uma disciplina.

Em suma, se, por um lado, é crucial que os estudantes estejam motivados, ativos e envolvidos, isso não significa que tenham que ficar entregues à própria sorte. O fracasso do construtivismo mostra que uma orientação pedagógica explícita é indispensável. Os professores precisam propiciar aos estudantes um contexto de aprendizagem articulado, que progressivamente os guie para níveis mais altos o mais rapidamente possível. As estratégias de ensino mais eficientes são as que levam os alunos se envolverem ativamente, enquanto oferecem uma progressão pedagógica fundamentada, acompanhada passo a passo e de perto pelo professor. Nas palavras do psicólogo Richard Mayer, que avaliou esse campo, o maior sucesso é alcançado por "métodos de instrução que envolvem atividade cognitiva em vez de atividade comportamental, orientação instrucional em vez de apenas por descoberta, e foco curricular em vez de exploração desestruturada".[13] Professores bem-sucedidos oferecem uma sequência clara e rigorosa que começa pelo básico. E avaliam constantemente o domínio dos alunos sobre a matéria, permitindo que construam uma pirâmide de significados.

E isso é, na realidade, aquilo que se faz hoje na maioria das escolas que se inspiram em Maria Montessori: elas não deixam que os alunos fiquem "cozinhando", sem fazer nada; ao contrário, propõem toda uma série de atividades racionais e hierarquizadas, cujos propósitos são explicados cuidadosamente pelos professores desde o começo e antes que elas sejam postas em prática pelas crianças. Envolvimento ativo, prazer e autonomia, sob orientação de um método de ensino explícito e com materiais pedagógicos estimulantes: esses são os ingredientes para uma receita vencedora, cuja eficácia tem sido repetidamente demonstrada.

A aprendizagem apenas por descoberta, a ideia de que as crianças podem ensinar a si próprias, é um dos tantos mitos educacionais que, embora desmistificados, continuam curiosamente populares. Pertence a uma coleção de lendas urbanas que prejudicam o campo da educação, ligadas a pelo menos mais dois grandes equívocos.[14]

- O mito do "nativo digital" – As crianças da nova geração, diferentemente de seus pais, têm vivido mergulhadas nos computadores e na eletrônica desde os primeiros anos. Como resultado, de acordo com esse mito, esses *Homo zappiens* nativos são campeões do mundo digital, para os quais bits e bytes são completamente transparentes, e são capazes de surfar e circular entre as mídias digitais com uma facilidade incrível. Nada poderia ser mais diferente da verdade: as pesquisas mostram que o domínio da tecnologia, nessas crianças, é frequentemente superficial, e elas são tão ruins quanto qualquer um de nós nas multitarefas (como vimos, o gargalo central que nos impede de fazer duas coisas ao mesmo tempo é uma propriedade fundamental da arquitetura de nosso cérebro, presente em cada um de nós).
- O mito dos estilos de aprendizado. De acordo com essa ideia, cada estudante teria seu estilo de aprendizado preferido – alguns são principalmente aprendizes visuais, outros são auditivos, outros ainda aprendem melhor pondo a mão na massa e assim por diante. A educação deveria, portanto, amoldar-se ao modo de aquisição de conhecimentos preferido de cada estudante. Isso também é patentemente falso.[15] Por mais surpreendente que possa parecer, não há pesquisa que comprove a crença de que

as crianças diferem radicalmente quanto à preferência na modalidade de aprendizado. O que é verdade é que certas estratégias pedagógicas funcionam melhor do que outras – mas quando isso acontece, essa superioridade se aplica a todos nós, não apenas a um subgrupo. Por exemplo, os experimentos mostram que todos nós temos mais facilidade para lembrar uma imagem do que uma palavra falada, e que nossa memória é ainda melhor quando a informação é veiculada por ambas as modalidades – numa experiência *audiovisual*. Mais uma vez, isso vale para todas as crianças. Simplesmente não há nenhuma evidência de que existam subtipos de crianças com estilos de aprendizado radicalmente diferentes, tais como as crianças do tipo A aprendem melhor com a estratégia A, e as crianças do tipo B aprendem melhor com a estratégia B. Por tudo que sabemos, todos os seres humanos compartilham o mesmo algoritmo de aprendizado.

Será, então, que todos os livros e softwares de educação especial que prometem adequar o ensino a cada criança são inúteis? Não necessariamente. As crianças são muito diferentes entre si, não pelo estilo de aprendizagem, mas pela velocidade, facilidade e motivação com que aprendem. Por exemplo, no primeiro ano do ensino fundamental, os 10% mais avançados já leem anualmente mais de 4 milhões de palavras por ano, ao passo que os 10% menos avançados leem menos de 60 mil[16] – e as crianças disléxicas pode ser que não leiam absolutamente nada. Déficits de desenvolvimento como a dislexia e a discalculia podem aparecer em diferentes variedades, e em muitos casos é útil diagnosticar cuidadosamente a exata natureza da deficiência, para adaptar as aulas. As crianças, de fato, se beneficiam das intervenções pedagógicas cujos conteúdos são adaptados às suas dificuldades específicas. Por exemplo, muitas crianças, mesmo em matemática avançada, não conseguem compreender o funcionamento das frações – e nesse caso o professor precisaria deixar de lado o currículo que está sendo seguido, e voltar às noções básicas de número e aritmética. Mas cada professor deveria ter em mente que todas as crianças aprendem usando o mesmo instrumental básico – um instrumental em que a atenção focada é preferível à realização simultânea de duas tarefas (*"dual tasking"*), o envolvimento ativo à exposição passiva, a correção detalhada do erro ao falso elogio e o ensino explícito ao construtivismo ou à aprendizagem por descoberta.

A CURIOSIDADE E COMO PROVOCÁ-LA

Todos os homens desejam naturalmente saber.

Aristóteles, *Metafísica* (c.335 a.e.c.)

Não tenho nenhum talento especial. Sou apenas apaixonadamente curioso.

Albert Einstein (1952)

Um dos fundamentos do envolvimento ativo é a curiosidade – o desejo de aprender ou a sede de conhecimento. Provocar a curiosidade das crianças é meio caminho andado. Assim que a atenção delas é mobilizada e que sua mente está em busca de uma explicação, tudo que resta fazer é guiá-las. Desde o jardim de infância, os estudantes mais curiosos são também os que se saem melhor na leitura e na matemática.[17] Fazer com que as crianças continuem curiosas é, portanto, um dos fatores-chave de uma educação bem-sucedida. Mas o que é exatamente a curiosidade? Que necessidade darwiniana ela atende, e a que tipo de algoritmo corresponde?

Rousseau escreveu em *Emílio ou Da educação* que "A pessoa é curiosa somente na medida em que é educada". Mais uma vez ele estava errado: a curiosidade não é um efeito da instrução, uma função que precisemos adquirir. Ela já está presente numa idade muito inicial e é parte integrante de nossos circuitos cerebrais, um ingrediente-chave de nosso algoritmo de aprendizado. Não ficamos apenas, numa atitude passiva, à espera de que a informação nova chegue até nós – como fazem, tolamente, a maioria das redes neurais artificiais da atualidade, que são apenas funções *input-output* passivamente submissas a seu entorno. Como notava Aristóteles, nós humanos nascemos com uma paixão por saber, e procuramos constantemente o novo, explorando ativamente nosso ambiente para descobrir coisas que possamos aprender.

A curiosidade é um impulso fundamental do organismo: uma força propulsora que nos instiga a agir, exatamente como a fome, a sede, a necessidade de segurança ou o desejo de reproduzir. Que papel desempenha na sobrevivência? É do interesse da maioria das espécies animais (mamíferos, mas também pássaros e peixes) explorar o entorno para monitorá-lo melhor. Seria arriscado construir um ninho, um covil, uma toca, um esconderijo, um buraco ou um lar sem conferir o entorno. Num universo instável povoado por predadores, a curiosidade pode fazer toda a diferença entre a vida e a morte – e é por isso que a maioria dos animais fazem inspeções de segurança em seu território, observando cuidadosamente o que for anormal e investigando sons ou visões novos... A curiosidade é a determinação que impele os animais a saírem de suas zonas de conforto para adquirirem conhecimentos. Num mundo cheio de incertezas, o valor da informação é alto e precisa, em última análise, ser pago na própria moeda de Darwin: a sobrevivência.

A curiosidade é, portanto, uma força que nos estimula a explorar. Nessa perspectiva, ela se assemelha ao impulso que nos leva a buscar comida ou parceiros sexuais, com a diferença de que é motivada por um valor intangível, a aquisição de informações. Na verdade, os estudos neurobiológicos mostram que, em nossos cérebros, a descoberta de informações antes desconhecidas traz sua própria recompensa: ativa o circuito da dopamina. Lembre-se: é o circuito que fica ativado na presença de comida, drogas e sexo. Nos primatas, e provavelmente em todos os animais, esse circuito responde não somente a recompensas materiais, mas também a informações novas.

Alguns neurônios dopaminérgicos sinalizam um futuro ganho de informação, como se a antecipação de informações novas trouxesse sua própria gratificação.[18] Graças a esse mecanismo, os ratos podem ser condicionados não somente ao alimento ou às drogas, mas também à novidade: eles desenvolvem rapidamente uma preferência por lugares que contêm objetos novos e assim satisfazem sua curiosidade, em contraste com lugares sem graça onde não acontece nada.[19] Nosso modo de agir não é outro quando resolvemos ir morar numa cidade grande para mudar de ares, ou quando, ansiosos por conhecer a última fofoca, percorremos freneticamente o Facebook ou o Twitter.

O apetite dos seres humanos por conhecimento passa pelo circuito da dopamina mesmo quando envolve uma curiosidade estritamente intelectual. Imagine que você está deitado num aparelho de ressonância magnética e sendo indagado com perguntas do conhecido jogo *Trivial Pursuit* como "Quem era o presidente dos Estados Unidos quando o Tio Sam começou a ter barba?".[20] Para cada pergunta, antes de satisfazer sua curiosidade, o experimentador pergunta quão curioso você está por conhecer a resposta. Quais são os correlatos neuronais desse sentimento subjetivo de estar curioso? O grau de curiosidade que você informa tem uma correlação estreita com a atividade do *nucleus accumbens* e da área tegumental ventral, duas regiões essenciais do circuito cerebral da dopamina. Quanto mais curioso você está, mais essas regiões emitem luz. E os sinais aumentam antecipando-se à resposta: mesmo antes que sua curiosidade seja satisfeita, o simples fato de saber que você logo terá a resposta excita os circuitos da dopamina. A expectativa de um acontecimento positivo traz sua própria recompensa.

Esses sinais de curiosidade são obviamente úteis, porque predizem o quanto você aprende. A memória e a curiosidade têm ligação – quanto mais curioso você for a respeito de algo, mais provável que se lembre desse algo. A curiosidade inclusive se transfere para eventos vizinhos: quando sua curiosidade aumenta, você se lembra de detalhes casuais, como a fisionomia de um passante ou a pessoa que lhe deu a informação que você tanto queria. O grau de ansiedade por conhecimento controla a força da lembrança.

Ao longo de todo o circuito da dopamina, a satisfação de nosso apetite pelo saber – ou mesmo a mera antecipação dessa satisfação – é profundamente compensadora. Aprender possui um valor intrínseco para o sistema nervoso. Aquilo que chamamos curiosidade nada mais é do que o uso desse valor. Quanto a isso, nossa espécie é provavelmente especial, por causa de sua inigualada capacidade de aprender. À medida que a hominização progrediu, também progrediu nossa capacidade de representar o mundo. Somos os únicos animais que constroem teorias formais do mundo numa linguagem do pensamento. A ciência tornou-se nosso nicho ecológico: o *Homo sapiens* é a única espécie que não tem um habitat específico, porque aprendemos a nos adaptar a qualquer ambiente.

Refletindo essa expansão extraordinária de nossa capacidade de aprender, a curiosidade humana parece ter-se multiplicado por dez. No decorrer da evolução, adquirimos uma forma estendida de curiosidade chamada "curiosidade epistêmica": o desejo puro de conhecimento em todos os campos, inclusive os mais abstratos. Como os outros mamíferos, brincamos e exploramos – usando não só o movimento real, mas também experimentos mentais. Enquanto os outros animais visitam o espaço que os cerca, nós visitamos mundos conceituais. Nossa espécie também curte emoções epistêmicas específicas que guiam nossa sede de conhecimento. Nós nos regozijamos, por exemplo, com a simetria e a beleza pura dos padrões matemáticos: um teorema inteligente pode nos emocionar mais do que uma barra de chocolate.

O humor é aparentemente uma dessas emoções apenas do homem, que guiam o aprendizado. Nosso cérebro mexe com nosso humor quando descobrimos de repente que uma de nossas pressuposições implícitas estava errada, forçando-nos a revisar drasticamente nosso modelo mental. De acordo com o filósofo Dan Dennett, o humor é uma resposta social contagiosa que se espalha sempre que chamamos a atenção uns dos outros para uma informação inespera-da.[21] E, na verdade, em paridade de condições, rir durante o aprendizado parece aumentar a curiosidade e intensificar a memória.[22]

QUERER SABER: A FONTE DA MOTIVAÇÃO

Vários psicólogos têm tentado detalhar o algoritmo que subjaz à curiosidade humana. É que, se a entendêssemos melhor, poderíamos talvez controlar esse ingrediente essencial do esquema da aprendizagem, e mesmo reproduzi-lo numa máquina que acabaria por imitar o desempenho da espécie humana: um robô curioso.

Essa abordagem algorítmica está começando a dar frutos. Os mais importantes psicólogos, desde William James até Jean Piaget e Donald Hebb, já especularam sobre a natureza das operações mentais que fundamentam a curiosidade. De acordo com eles, a curiosidade é a manifestação direta da motivação das crianças para compreender o mundo e construir um modelo dele.[23] A curiosidade acontece sempre que nossos cérebros detectam um fosso entre aquilo que já conhecemos e aquilo que gostaríamos de conhecer – uma área potencial de aprendizagem. A qualquer momento, escolhemos, dentre as várias ações a que temos acesso, aquelas que têm mais chances de reduzir essa lacuna de conhecimento e gerar informações úteis. De acordo com essa teoria, a curiosidade se assemelha a um sistema cibernético que regula a aprendizagem, semelhante ao famoso regulador de Watt, que abre ou fecha a válvula do acelerador num motor a vapor, para regular a pressão do vapor e manter uma velocidade constante. A curiosidade viria a ser esse regulador, que procura manter uma certa pressão de aprendizagem. A curiosidade nos guia para aquilo que pensamos que podemos aprender. Seu contrário, o tédio, nos afasta daquilo que já sabemos ou de áreas que, a julgar por nossa experiência, parecem não ter mais nada para nos ensinar.

Isso explica por que a curiosidade não está diretamente relacionada com o grau de surpresa ou novidade, mas, ao contrário, segue uma curva em forma de sino.[24] Não temos curiosidade por aquilo que não é surpreendente – as coisas que já vimos milhares de vezes que são maçantes. Mas também não somos atraídos para coisas que são demasiado novas ou surpreendentes ou tão desconcertantes que sua estrutura nos escapa – sua própria complexidade nos assusta. Entre a chatice do que é mais simples e a repulsa ao que é demasiado complexo, a curiosidade nos direciona naturalmente para campos novos e acessíveis. Mas essa atração está sempre mudando. À medida que os dominamos, os objetos que já nos pareceram atraentes perdem seu apelo, e nossa curiosidade se volta para novos desafios. É por isso que os bebês inicialmente parecem tão interessados nas coisas mais triviais: segurar os dedos dos pés, fechar os olhos, brincar de "Cadê o bebê? – Achou". Tudo é novo para eles e tudo é fonte potencial de aprendizado. Uma vez extraído todo o conhecimento que pode ser ganho a partir deles, esses experimentos perdem o interesse, exatamente pela mesma razão que nenhum cientista fica reproduzindo os experimentos de Galileu: o que é conhecido se torna chato.

O mesmo algoritmo explica por que às vezes abandonamos uma área que nos parecia atraente, mas resultou ser muito difícil. Nosso cérebro avalia a velocidade da aprendizagem e a curiosidade é desligada se nosso cérebro detecta que não estamos progredindo com a rapidez esperada. Todos nós conhecemos crianças que, digamos, voltam de um concerto com uma paixão pelo violino... para acabar desistindo algumas semanas depois, quando descobrem que o domínio do instrumento não é fácil. Os que continuam tocando estabelecem objetivos mais modestos (por exemplo, tocar cada dia um pouco melhor) ou, se querem realmente tornar-se músicos profissionais, sustentam sua motivação através do apoio social e dos pais e de constantes evocações de seus objetivos de longo prazo.

Dois engenheiros franceses, Frédéric Kaplan e Pierre-Yves Oudeyer, implementaram a curiosidade num robô.[25] O algoritmo incluiu vários módulos. O primeiro era um sistema de aprendizagem clássico que tentava predizer constantemente o estado do mundo exterior. Mais inovador, o segundo módulo avaliava o desempenho do primeiro: media a velocidade de aprendizagem recente e a usava para predizer as áreas em que o robô aprenderia mais. O terceiro ingrediente era um circuito de recompensa que atribuía um valor maior a ações das quais resultaria uma aprendizagem mais eficiente. Como resultado, o sistema enfocava naturalmente as áreas em que acreditava que aprenderia mais, que para Kaplan e Oudeyer era a própria definição de curiosidade.

Quando seu curioso robô, equipado com esse algoritmo, é colocado num tapete para bebês, comporta-se exatamente como uma criança pequena. Por alguns poucos minutos, ele fica entusiasmado com um determinado objeto e gasta todo seu tempo, por exemplo, levantando repetidamente a orelha de um elefante de pelúcia. À medida que, progressivamente, aprende tudo o que há para saber acerca de um item, sua curiosidade diminui. Num certo ponto, ele vira as costas e procura ativamente outra fonte de estimulação. Depois de uma hora, para de explorar o tapete: uma forma digital de tédio se instala à medida que o robô considera já ter aprendido tudo.

A analogia com uma criança pequena é impressionante. Até mesmo os bebês de poucos meses se orientam para estímulos de complexidade intermediária, nem demasiado simples, nem demasiado complexos, mas cuja estrutura é adequada para ser rapidamente aprendida (esse traço da curiosidade dos bebês tem sido descrito como o "efeito de Goldilocks").[26] Para maximizar o tanto que elas aprendem, precisamos enriquecer constantemente seu ambiente com novos objetos que sejam suficientemente estimulantes a ponto de não desinteressá-las. É responsabilidade dos adultos oferecer-lhes uma hierarquia pedagógica bem planejada, que as leve progressivamente até o ponto mais alto, estimulando constantemente seu impulso rumo ao conhecimento e ao novo.

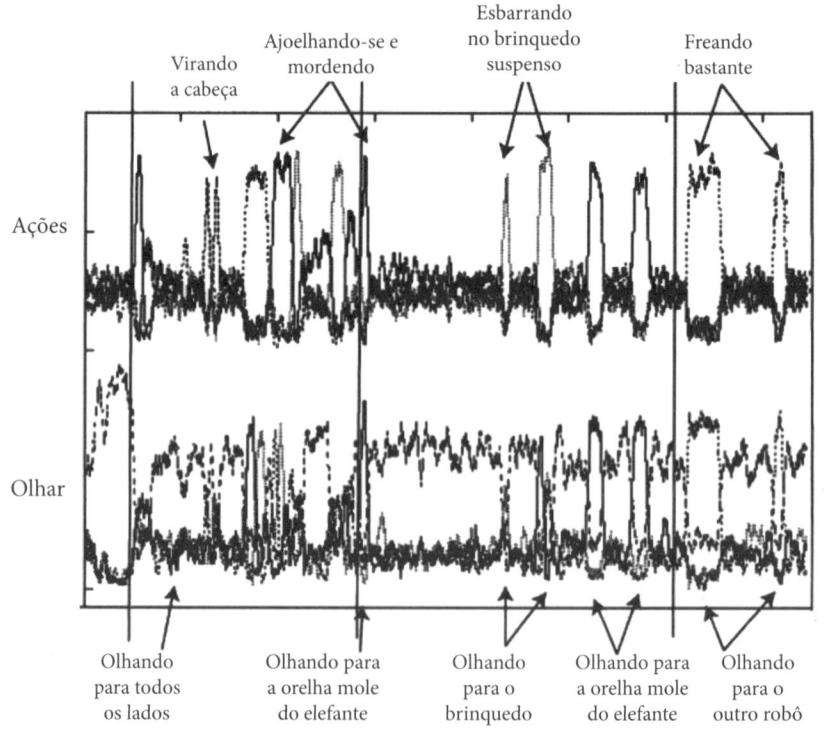

A curiosidade é um ingrediente essencial de nosso algoritmo do aprendizado, que mal começou a ser reproduzido em máquinas. Aqui, um robozinho explora um tapete de brincar. A curiosidade é implementada mediante uma função de recompensa que favorece a escolha de qualquer ação que maximiza o potencial para aprender. Como consequência, o robô testa sucessivamente cada um dos brinquedos que há no tapete e cada ação disponível para eles. Assim que ele domina um aspecto desse cenário, perde interesse e redireciona a atenção para outro.

Esse modo de entender a curiosidade leva a uma predição interessante. Implica que, para serem curiosas, as crianças precisam estar conscientes daquilo que ainda não sabem. Em outras palavras, precisam ter faculdades *metacognitivas* numa idade bem tenra. "Metacognição" é cognição a respeito da cognição: o conjunto de sistemas cognitivos de ordem superior que monitoram nossos processos mentais. De acordo com a teoria da curiosidade como lacuna, os sistemas metacognitivos precisam supervisionar constantemente nosso aprendizado, avaliando o que sabemos e o que não sabemos, se estamos errados ou não, se estamos rápidos ou lerdos, e assim por diante: a metacognição abarca tudo aquilo que sabemos sobre nossas mentes.

A metacognição tem um papel-chave na curiosidade: de fato, ser curioso é querer saber, e isso implica saber o que você ainda não sabe. Mais uma vez, experimentos recentes confirmam que a partir da idade de 1 ano, e talvez mais cedo, as crianças compreendem que há coisas que ainda não sabem.[27] Porque os bebês nessa idade procuram prontamente as pessoas que cuidam deles sempre que são incapazes de resolver sozinhos um problema. O fato de saber que não sabem os leva a pedir mais informações: é a primeira manifestação da curiosidade epistêmica, o desejo irresistível de conhecer.

TRÊS MANEIRAS PELAS QUAIS A ESCOLA PODE MATAR A CURIOSIDADE

Todos os pais lembram com saudade dos dias em que seus pequenos estavam cheios de curiosidade. Entre 2 e 5 anos, as crianças são curiosas a respeito de tudo. Sua palavra preferida é muitas vezes *por quê*: elas não param de experimentar a respeito do mundo e de fazer perguntas aos adultos para saciar sua sede de conhecimento. Porém, surpreendentemente, esse apetite que parecia insaciável acaba por esmorecer, muitas vezes depois de alguns anos de escola. Algumas crianças continuam curiosas a respeito de tudo, mas muitas se fecham para tais curiosidades. Seu envolvimento ativo dá lugar a uma passividade enfadonha. Pode a teoria da curiosidade explicar por quê? Não temos ainda todas as respostas, mas eu tenho algumas hipóteses.

Em primeiro lugar, as crianças podem perder a curiosidade porque lhes falta uma estimulação adequada às suas necessidades. Pelo algoritmo que acabamos de descrever é perfeitamente normal que a curiosidade diminua ao longo do tempo. À medida que o aprendizado avança, o ganho de conhecimento esperado se reduz: quanto mais dominamos um campo, mais nos aproximamos dos limites do que ele pode oferecer, e menos ficamos interessados nele. Portanto, para manter a curiosidade, as escolas precisam proporcionar continuamente aos cérebros infantis – verdadeiros supercomputadores – estímulos que vão ao encontro de sua inteligência. Nem sempre é isso que acontece. Numa sala de aula padrão, é comum que falte estimulação para os estudantes mais adiantados: depois de alguns meses, a curiosidade acaba e eles não esperam mais muita coisa da escola, porque seu sistema metacognitivo descobriu que, infelizmente, não há mais o que aprender.

Na outra ponta do espectro, os estudantes que se esforçam na escola podem definhar pela razão oposta. A metacognição continua sendo a responsável: depois de algum tempo, eles podem já não ter nenhum motivo para serem curiosos porque aprenderam... que não conseguem aprender. Sua experiência passada gravou uma regra simples (embora falsa) nas profundezas de seus circuitos metacognitivos: eu sou incapaz de aprender tal ou tal matéria (matemática, leitura, história ou outra qualquer). Esse desalento não é incomum: muitas meninas se convencem de que a matemática não é para elas,[28] e as crianças provenientes de bairros desprivilegiados às vezes acabam acreditando que a escola é hostil a elas, e não ensina nada de útil para seu futuro. Esses juízos metacognitivos são desastrosos, porque desmotivam os alunos e matam sua curiosidade na raiz.

A solução é aumentar a confiança dessas crianças, o que precisa ser feito passo a passo, mostrando-lhes que são perfeitamente capazes de aprender, desde que os problemas sejam adequados a seu nível e que o aprendizado traga sua própria compensação. A teoria da curiosidade diz que quando as crianças estão desanimadas, quer estejam muito adiantadas ou muito atrasadas na escola, o que mais importa é recuperar seu desejo de aprender, oferecendo-lhes problemas estimulantes e cuidadosamente escolhidos para adaptar-se a seu nível. Num primeiro momento, elas redescobrirão o prazer de aprender algo novo – e em seguida, lentamente, seu sistema metacognitivo aprenderá que *conseguem* aprender, o que recoloca a curiosidade nos trilhos.

Uma outra conjuntura que pode levar as crianças à perda de interesse é quando a curiosidade é punida. O desejo de descobertas da criança pode ser destruído por uma estratégia pedagógica excessivamente rígida. O ensino expositivo tradicional tende a desestimular as crianças de participar ou mesmo de pensar. Ele pode convencê-las de que só se espera que fiquem sentadas em silêncio até o final da aula. A interpretação neurofisiológica dessa situação é simples: no circuito da dopamina, os sinais de recompensa induzidos pela curiosidade e sua satisfação competem com compensações e punições vindas de fora. Portanto, é possível desestimular a curiosidade punindo cada tentativa de exploração. Imagine uma criança que tenta seguidamente participar e é sistematicamente repreendida, ridicularizada ou punida: "Pergunta boba. É melhor você ficar quieto ou você vai ficar na escola meia hora a mais depois do horário de aula...".* Essa criança logo aprende a reprimir impulsos de curiosidade e para de participar da aula: a recompensa baseada na curiosidade que é esperada pelo sistema da dopamina – o prazer de

---

* N.T.: É a típica fala do professor que ameaça o aluno com o castigo da "*detention*". Na escola brasileira é mais comum que os alunos considerados impertinentes sejam mandados para a diretoria.

aprender algo novo – é amplamente contrariada pelos sinais negativos diretos que esse mesmo circuito recebe. As punições repetidas levam ao desalento, um tipo de paralisia física e mental associado com o estresse e a ansiedade que, conforme já foi mostrado, inibe o aprendizado nos animais.[29]

A solução? Muitos mestres já a conhecem. Trata-se simplesmente de recompensar a curiosidade em vez de puni-la: estimulando as perguntas (por mais imperfeitas que sejam), pedindo que as crianças façam apresentações sobre assuntos de que gostam, premiando-as quando tomam a iniciativa... A neurociência da motivação é extremamente clara: o desejo de realizar qualquer ação "x" deve estar associado com uma expectativa de recompensa, seja material (comida, conforto, apoio social) ou cognitiva (ganho de informação). Há um número excessivo de crianças que perdem qualquer curiosidade porque aprendem, às suas próprias custas, a não esperar nenhuma recompensa da escola. (As notas, um assunto ao qual pretendo voltar daqui a pouco, contribuem frequentemente para esse estado de coisas.)

Um terceiro fator que pode desestimular a curiosidade é a transmissão social do conhecimento. Lembre-se que na espécie humana coexistem duas modalidades de aprendizado: a modalidade ativa, na qual as crianças experimentam e fazem perguntas a si mesmas constantemente, como pequenos cientistas, e a modalidade receptiva, na qual elas simplesmente gravam aquilo que os outros lhes ensinaram. A escola, com frequência, só estimula essa segunda modalidade – e pode mesmo desincentivar a primeira, se as crianças acharem que os professores sempre sabem tudo melhor do que os estudantes.

A atitude do professor pode de fato matar a curiosidade natural da criança?[30] Infelizmente, alguns experimentos recentes sugerem que a resposta é "sim". Em seu laboratório de cognição infantil do MIT, a psicóloga do desenvolvimento americana Laura Schulz apresenta a crianças da pré-escola uma estranha engenhoca: um conjunto de tubos plásticos escondidos em vários lugares que contêm todo tipo de brinquedos imprevisíveis, tais como um espelho, uma buzina, um jogo com luzes e uma caixinha de música. Quando você dá essa engenhoca às crianças sem dizer nada, você aciona imediatamente sua curiosidade: elas exploram, remexem, fuçam e vasculham até que encontram a maioria das prendas. Pegue agora um novo grupo de pré-escolares e coloque-o na modalidade pedagógica passiva-receptiva. Tudo que você precisa fazer é dar a eles o objeto e dizer "Olhem: deixem eu mostrar a vocês meu brinquedo. O que ele faz é isto..." e em seguida tocar a caixinha de música, por exemplo. Poder-se-ia imaginar que isso estimule a curiosidade das crianças... mas o efeito é exatamente o oposto: a exploração diminui acentuadamente em seguida a essa apresentação. As crianças parecem chegar à suposição (frequentemente correta) de que o professor está tentando ajudá-las o máximo possível e que, portanto, expôs a elas todas as funções interessantes do objeto. Nesse contexto, não há necessidade de investigar: a curiosidade está inibida.

Ainda outros experimentos mostram que as crianças levam em conta o comportamento passado do professor. Quando o professor sempre faz longas demonstrações, os estudantes perdem a curiosidade. Se o professor demonstra uma das funções de um novo brinquedo, as crianças não exploram todas as suas facetas, porque pensam que o professor já explicou tudo aquilo que havia para saber. Se, pelo contrário, o professor dá mostras de que nem sempre sabe tudo, então as crianças continuam procurando.

Qual é, então, a abordagem correta? Eu sugiro que se tenha sempre presente o conceito de envolvimento ativo. Envolver ao máximo a inteligência de uma criança significa alimentá-la constantemente com perguntas e observações que estimulem sua imaginação e a levem a querer ir mais fundo. Estaria fora de questão deixar os estudantes descobrirem tudo por conta própria – isso significaria recair na armadilha da aprendizagem por descoberta. O ideal é oferecer a orientação de uma pedagogia estruturada e incentivar ao mesmo tempo a criatividade das crianças deixando-as perceber que restam milhares de coisas por descobrir. Lembro de um professor que, logo antes das férias de verão, me disse "Sabe, acabo de ler um probleminha de matemática que não consegui resolver...". E foi assim que me vi ruminando esse problema por todo o verão, tentando me sair melhor do que o professor...

Mobilizar o envolvimento ativo das crianças vai de mãos dadas com uma outra necessidade: que aceitem os próprios erros e os corrijam rapidamente. Esse é o nosso terceiro pilar do aprendizado.

O *feedback* de erros

Todo mundo deveria aprender a cometer erros com tranquilidade...
Pensar é passar de um erro ao seguinte.

Alain, *Considerações sobre a educação* (1932)

O único homem que nunca comete um
erro é o homem que nunca faz nada.

Atribuída a Theodore Roosevelt (1900)

Em 1940, o jovem Alexander Grothendieck (1928-2014) tinha somente 11 ou 12 anos. Não sabia que iria tornar-se um dos mais influentes matemáticos do século XX, inspiração para toda uma geração (suas ideias revolucionárias tiveram um papel importantíssimo na fundação, em 1958, do famoso Institut des Hautes Études Scientifiques, na França, que já produziu mais de uma dúzia de ganhadores da Medalha Fields). Mas o jovem Alexander já estava fazendo matemática... com um sucesso moderado. Aqui vai um trecho de sua autobiografia:

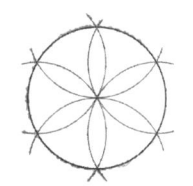

Por volta de meus 11 ou 12 anos, estando eu preso no campo de concentração de Rieucros (perto de Mende), descobri os jogos de traçar com compasso. Eu ficava particularmente entusiasmado com as rosáceas de seis ramos que se consegue dividindo um círculo em seis partes iguais, girando seis vezes o compasso ao redor da circunferência e chegando de volta ao ponto de partida. Essa observação experimental me convenceu de que o comprimento da circunferência era exatamente o sêxtuplo do comprimento do raio. Quando, mais tarde... vi num manual que se supunha que a relação era muito mais complicada, que tínhamos L = 2πR com π = 3,14..., eu me convenci que o livro estava errado, que seus autores... só podiam ter ignorado esse simples exercício de traçar circunferências, que mostrava com toda clareza que π = 3.

A confiança que uma criança pode ter em sua própria intuição, quando acredita nas próprias faculdades em vez de achar certo o que aprende na escola ou lê num manual é uma coisa preciosa. Mas essa confiança da criança é constantemente desencorajada.

Muitos verão na experiência que acabo de relatar o exemplo de uma arrogância infantil que mais tarde teria de se curvar diante do conhecimento estabelecido – a situação toda beirando o ridículo. Mas no modo como eu vivi esse episódio não havia nenhum sentimento de decepção ou de ridículo, mas somente a sensação de ter feito uma autêntica descoberta... a descoberta de um erro.[1]

Que confissão extraordinária, e que lição de humildade, quando um dos maiores matemáticos do mundo admite ter cometido a colossal asneira de acreditar que π é igual a três... Mas Grothendieck estava bem certo num ponto: o papel-chave que os erros têm no aprendizado. Cometer erros é a maneira mais natural de aprender. Os dois termos são praticamente sinônimos, porque todo erro oferece uma oportunidade de aprender.

Les Shadoks, um desenho animado francês famoso quando eu era criança, alçou de forma primorosa esse conceito ao nível de princípio geral: "É só tentando continuamente que você acaba acertando... Em outras palavras, quanto mais você falha, mais é provável que acerte". E os Shadok, com uma lógica perfeita (porque o foguete que eles estavam querendo lançar tinha somente uma chance em um milhão de sair do solo), repassaram rapidamente os primeiros 999.999 fracassos para finalmente alcançar o sucesso...

Deixando de lado o humor, seria praticamente impossível progredir se não começássemos falhando. Os erros sempre regridem à medida que recebemos *feedback*s que nos dizem como melhorar. É por isso que o *feedback* acerca do erro é o terceiro pilar do aprendizado, e um dos parâmetros educacionais mais influentes: a qualidade e pertinência do *feedback* que recebemos determina a rapidez com que aprendemos.[2]

A SURPRESA: FORÇA MOTORA DO APRENDIZADO

Você se lembra dos algoritmos de aprendizado que discutimos no primeiro capítulo, usados pelo caçador para ajustar o visor de sua arma, ou por uma rede neural artificial para ajustar seus pesos ocultos? A ideia é simples: primeiro, você tenta, mesmo que isso signifique errar, e a distância e a direção de seu erro dizem a você como melhorar na próxima tentativa. Por isso, o caçador aponta, atira, avalia o quanto errou o alvo e usa o *feedback* de erro para ajustar o próximo tiro. É assim que os atiradores profissionais ajustam seus rifles – e que, numa escala mais ampla, as redes neurais artificiais ajustam os milhões de parâmetros que definem seus modelos internos do mundo exterior.

Será que o cérebro funciona do mesmo modo? Desde a década de 1970, foram se acumulando dados em favor dessa hipótese. Dois pesquisadores americanos, Robert Rescorla e Allan Wagner, formularam a hipótese seguinte: o cérebro só aprende se perceber um hiato entre aquilo que ele mesmo prediz e aquilo que recebe. Nenhum aprendizado é possível sem uma mensagem de erro: "Os organismos aprendem somente quando os eventos contrariam suas expectativas".[3] Em outras palavras, a surpresa é um dos fatores fundamentais do aprendizado.

A teoria de Rescorla-Wagner explica direitinho os detalhes de um paradigma de aprendizado chamado "condicionamento clássico". Todo mundo já ouviu falar do cachorro de Pavlov. Nos experimentos de Pavlov sobre condicionamento, um cachorro ouve um sino, que é de início um estímulo neutro e ineficaz. Depois de ser acoplado muitas vezes com comida, porém, o mesmo sino acaba por desencadear um reflexo condicionado. O cão saliva sempre que ouve o sino, porque aprendeu que esse som precede sistematicamente a chegada da comida. Como se explicam, na teoria, essas descobertas? O princípio de Rescorla-Wagner supõe que o cérebro usa *inputs* sensoriais (as sensações geradas pelo sino) para predizer a probabilidade de um estímulo seguinte (a comida). A coisa funciona assim:

- o cérebro gera uma predição, computando uma soma ponderada de seus *inputs* sensoriais;
- em seguida, calcula a diferença entre essa predição e o estímulo efetivo que recebe: esse é o *erro de predição*, um conceito fundamental da teoria, que mede o grau de surpresa associado com cada um dos estímulos;
- o cérebro então usa esse sinal de surpresa para corrigir sua representação interna: o modelo interno sofre uma mudança, que é diretamente proporcional tanto à força do estímulo quanto ao valor do erro de predição. A regra é tal que garante que a predição seguinte estará mais próxima da realidade.

Essa teoria já contém todas as sementes de nossos três pilares do aprendizado: o aprendizado só acontece quando o cérebro seleciona os *inputs* sensoriais pertinentes (atenção), usando-os para produzir uma predição (envolvimento ativo), e avalia a precisão dessa predição (*feedback* dos erros).

A equação que Rescorla e Wagner propuseram em 1972 era de uma clarividência admirável. É praticamente idêntica à "regra delta" que foi usada mais tarde nas redes neurais artificiais – e ambas são versões simplificadas da regra de retropropagação do erro, que é hoje usada em praticamente todos os sistemas correntes de aprendizado supervisionado (nos quais a rede recebe um *feedback* explícito sobre as respostas que deveria ter produzido). Além disso, no aprendizado por máquina baseado em recompensa (no qual a rede só é informada sobre o quanto errou), ainda é possível usar uma equação semelhante: a rede prediz a recompensa e a diferença entre a predição e a recompensa efetiva é o que se usa para atualizar a representação interna.

Podemos, portanto, afirmar que as máquinas de aprender baseadas no silício se apoiam em equações diretamente inspiradas na neurociência. Como já vimos, o cérebro humano vai ainda mais longe: para extrair de cada episódio de aprendizado a maior quantidade possível de informação, usa a linguagem do pensamento e modelos estatísticos muito mais refinados que os das redes neurais contemporâneas. Todavia, a ideia básica de Wagner e Rescorla continua correta: o cérebro tenta predizer os *inputs* que recebe e ajusta essas predições de acordo com o grau de surpresa, improbabilidade ou erro. Aprender é restringir o impredizível.

A teoria de Rescorla e Wagner teve um impacto considerável porque representava um grande avanço em relação às teorias anteriores baseadas no conceito de aprendizado associativo. No passado, a crença corrente era que o cérebro apenas aprendia a associar o som do sino com a comida, em vez de predizer uma coisa a partir da outra. Nessa perspectiva associacionista, o cérebro grava todas as coincidências entre estímulos e respostas de um modo meramente passivo. Entretanto, mesmo no condicionamento pavloviano, é possível demonstrar que esse modo de ver as coisas é errado.[4] Nem mesmo o cérebro de um cachorro é um órgão passivo que só absorve associações. O aprendizado é ativo e depende do grau de surpresa ligado à violação de nossas expectativas.

O bloqueio direto proporciona uma das refutações mais espetaculares da posição associacionista.[5] Nos experimentos de bloqueio, o animal recebe duas dicas sensoriais, por exemplo um toque de sino e uma luz, e ambas predizem a chegada iminente da comida. O truque consiste em apresentar as dicas sequencialmente. Começamos pela luz: o animal aprende que sempre que a luz está acesa, isso prediz a chegada da comida. Somente então introduzimos testes duplos, nos quais tanto a luz quanto o sino anunciam comida. Por fim, testamos o efeito do sino separadamente. Surpresa: ele não tem efeito algum. Ao ouvir o sino, o animal não saliva, parece ter esquecido por completo a associação entre sino e a recompensa da comida. O que aconteceu? A descoberta é incompatível com o associacionismo, mas se encaixa perfeitamente na teoria de Rescorla-Wagner. A ideia-chave é que a aquisição da primeira associação (luz e comida) bloqueou a segunda (sino e comida). Por que isso? Porque a predição baseada somente na luz basta para explicar tudo. O animal já sabe que a luz anuncia a comida, por isso seu cérebro não gera qualquer erro de predição durante a segunda parte do teste, quando a luz e o sino juntos predizem a comida. Zero erro, zero aprendizado – e assim o cachorro não adquire nenhum conhecimento da associação entre o som e a comida. Qualquer regra que for aprendida antes bloqueia o aprendizado da segunda.

O experimento do bloqueio direto demonstra claramente que o aprendizado não funciona por associação. Afinal, o uso do par sino-comida foi repetido centenas de vezes, mas não conseguiu produzir nenhum aprendizado. O experimento também mostra que nenhum aprendizado ocorre na ausência de surpresa: um erro de predição é indispensável para o aprendizado – pelo menos nos cachorros. E há evidências crescentes sugerindo que os sistemas por erro de predição estão presentes nos cérebros de todo tipo de espécies.

É importante notar que o sinal de erro de que estamos falando aqui é um sinal *interno* que circula no cérebro. Não precisamos cometer um erro real para aprender – tudo aquilo de que precisamos é apenas uma discrepância entre o que esperávamos e o que obtivemos. Considere-se uma escolha binária simples – por exemplo se o segundo nome de Picasso era Diego ou Rodrigo. Suponha-se que tenho sorte bastante para dar a resposta correta no primeiro chute dizendo Diego (o nome completo do pintor era na realidade Pablo Diego José Francisco de Paula Juan Nepomuceno María de los Remedios Cipriano de la Santíssima Trinidad Ruiz y Picasso). Acaso, com isso aprendo alguma coisa? Claro. Embora eu tenha respondido corretamente na primeira tentativa, minha convicção era fraca. Contando apenas com a sorte, eu tinha somente 50% de chances de estar certo. Como eu não estava seguro, o *feedback* que recebi me forneceu uma informação nova: ficou assegurado que minha resposta escolhida ao acaso estava de fato 100% correta. De acordo com a regra de Rescorla e Wagner, essa nova informação gera um sinal de erro que mede a distância entre aquilo que eu predisse (50% de chances de estar correto) e aquilo que sei agora (uma certeza de 100% de conhecer a resposta correta). Em meu cérebro, esse sinal de erro se espalha e atualiza meu conhecimento, e com isso aumenta minhas chances de responder "Diego", da próxima vez que me perguntarem. Seria errado, portanto, acreditar que aquilo que conta para aprender é cometer um monte de erros, como os Shadoks, que erravam sofregamente seus primeiros 999.999 lançamentos de foguetes! O que interessa é receber um *feedback* específico, que reduz a incerteza de quem aprende.

Sem surpresa não há aprendizado: essa regra básica parece ter sido agora validada em todos os tipos de organismos – e isso inclui as crianças pequenas. Vale lembrar que a surpresa é um dos indicadores básicos das primeiras capacidades dos bebês: eles ficam olhando por mais tempo para qualquer tela mágica que lhes apresente acontecimentos surpreendentes, que violam as leis da física, da aritmética, da probabilidade ou da psicologia (ver a Figura da página 94 e a Figura 5 no encarte em cores). Mas os bebês não ficam apenas olhando toda vez que algo os surpreende: eles também aprendem de forma incontestável.

Para chegar a essa conclusão, a psicóloga americana Lisa Feigenson realizou uma série de experimentos mostrando que sempre que as crianças percebem um acontecimento como impossível ou improvável, o aprendizado é acionado.[6] Por exemplo, quando os bebês veem um objeto que, misteriosamente, atravessa a parede, ficam olhando para essa cena impossível... e em seguida lembram melhor o som que o objeto produziu, ou mesmo o verbo que um adulto usou para descrever a ação: "Olha, acabei de sumir com o brinquedo". Se dermos esse mesmo objeto aos bebês, eles brincarão com esse objeto por muito mais tempo que fariam com um brinquedo semelhante que não violasse as leis da física. Seu comportamento aparentemente lúdico mostra na verdade que estão tentando ativamente compreender o que aconteceu. Como cientistas no berço, realizam experiências com o objetivo de repetir aquilo que viram. Por exemplo, se o objeto acabou de atravessar uma parede, eles o batem, como para testar sua solidez; ao passo que, tendo visto que ele violou as leis da gravidade e ficou misteriosamente suspenso no ar, eles fazem com que caia de uma mesa, como se verificassem seus poderes de levitação. Em outras palavras, a natureza da cena impossível de ser prevista que acabaram de observar determina como agirão em seguida para ajustar suas hipóteses. Isso é exatamente aquilo que prediz a teoria da propagação de erros: cada acontecimento inesperado leva a um ajuste correspondente do modelo interno do mundo.

Todos esses fenômenos já foram documentados em bebês de 11 meses, mas é provável que estejam presentes numa idade muito anterior. Aprender pela correção de erros é um comportamento universalmente generalizado no mundo animal, e há razões para acreditar que os sinais de erro já dominam o aprendizado desde o começo da vida.

O CÉREBRO FERVILHA COM MENSAGENS DE ERROS

O papel que os sinais de erro desempenham no aprendizado é tão fundamental que é quase possível mostrar que todas as áreas do cérebro transmitem mensagens de erro (ver a Figura 17 do encarte em cores).[7] Comecemos com um exemplo elementar: imagine que você está ouvindo uma série de notas iguais: Lá, Lá, Lá, Lá, Lá. Cada nota provoca uma resposta nas áreas auditivas de seu cérebro – mas à medida que as notas se repetem, essas respostas decrescem progressivamente. Isso é chamado "adaptação", um fenômeno traiçoeiramente simples que mostra que seu cérebro está aprendendo a predizer o próximo evento. De repente, a nota muda: Lá, Lá, Lá, Lá, Lá#. Seu córtex auditivo primário mostra imediatamente uma forte reação de surpresa: não só a adaptação decresce, mas começam a ficar ativados vigorosamente outros neurônios em resposta ao som inesperado. E não é somente a repetição que leva à adaptação: o que conta é se as notas são previsíveis. Por exemplo, se você ouve uma sequência de notas que se alternam, como Lá Si Lá Si Lá, seu cérebro fica acostumado com a alternância e a atividade, mais uma vez, decresce nas áreas auditivas de seu cérebro. Agora, porém, é uma repetição inesperada, como Lá Si Lá Si Si, que provoca a reação de surpresa.[8]

O córtex auditivo parece executar um cálculo simples: usa o passado recente para predizer o futuro. Assim que uma nota ou um grupo de notas se repete, essa região conclui que continuará a fazer isso no futuro. Isso é útil porque nos poupa de dar uma atenção excessiva a sinais entediantes e previsíveis. Todo som que se repete é achatado no lado do *input* porque a atividade que ele introduz é cancelada por uma predição cuidadosa. Enquanto o sinal sensorial do *input* coincide com a predição gerada pelo cérebro, a diferença é zero e nenhum sinal de erro é propagado para as regiões cerebrais de nível superior. Subtrair a predição faz cair os *inputs* entrantes –

mas somente na medida em que são previsíveis. Qualquer som que viole as expectativas de nosso cérebro, ao contrário, é amplificado. Portanto, o circuito simples do córtex auditivo age como um filtro: transmite para os níveis altos do córtex somente as informações surpreendentes e não previsíveis, aquelas que ele não pode explicar por sua própria conta.

Portanto, qualquer *input* que uma região do cérebro não consegue explicar é passada adiante para o próximo nível, que então procura dar-lhe um sentido. Podemos conceber o córtex como uma pesada hierarquia de sistemas preditivos, cada um procurando explicar os *inputs* e trocar mensagens de erros com os demais, na esperança de fazer um trabalho melhor.

Por exemplo, ouvir a sequência Dó Dó Sol gera um sinal de erro de baixo nível no córtex auditivo, porque o Sol final difere das notas que precedem. Mas as regiões de nível superior podem identificar a sequência toda como uma melodia conhecida (o começo de "Twinkle, Twinkle, Little Star"). A surpresa causada pelo Sol final é, portanto, apenas passageira: é rapidamente explicada por uma representação de mais alto nível da melodia como um todo. O sinal de surpresa morre aí – o Sol, embora novo, não gera qualquer surpresa no córtex pré-frontal inferior, que é capaz de codificar frases musicais inteiras. Por outro lado, a repetição Dó Dó Dó pode ter o efeito contrário: como é monótona, não gera nenhum sinal de erro nas primeiras áreas auditivas, mas cria surpresa nas áreas de nível superior que codificam a melodia, que predisse uma subida para Sol em vez de outro Dó. Aqui, a surpresa é o fato de não haver surpresa. Até símios da família dos macacos, como os humanos, possuem esses dois níveis de processamento auditivo: o processamento local de notas individuais no córtex auditivo e a representação global da melodia no córtex pré-frontal.[9]

Sinais de erro como esses parecem estar presentes em todas as regiões do cérebro. Pelo córtex afora, os neurônios se adaptam para eventos repetidos e previsíveis, e reagem com uma descarga aumentada sempre que ocorre um acontecimento surpreendente. A única coisa que muda de uma área do cérebro para a seguinte é o tipo de violação que pode ser detectado. No córtex visual, o que desencadeia a ocorrência de atividade é a apresentação de uma imagem inesperada.[10] Quanto às áreas de linguagem, elas reagem à presença na sentença de palavras anormais. Tome-se, por exemplo a sentença seguinte:

"I prefer to eat with a fork and a camel."*

Seu cérebro acaba de gerar uma onda N400, um sinal de erro evocado por uma palavra ou uma imagem que é incompatível com o texto precedente.[11] Como seu nome sugere, essa é uma resposta negativa que acontece cerca de 400 milissegundos depois da anomalia e surge de populações neuronais do córtex temporal esquerdo, que são sensíveis ao sentido das palavras. Por outro lado, a área de Broca no córtex pré-frontal inferior reage a erros de sintaxe, ou seja, quando o cérebro espera uma certa classe de palavras e recebe outra,[12] como nesta sentença:

"Don't hesitate to take your whenever medication you feel sick."**

Desta vez, logo depois da palavra inesperada *"whenever"*, as áreas de seu cérebro que cuidam especificamente de sintaxe emitiram uma onda negativa seguida imediatamente por uma onda P600 – um pico positivo que ocorre a cerca de 600 milissegundos. Esta resposta indica que seu cérebro detectou um erro gramatical e está tentando corrigi-lo.

---

* N.T.: Literalmente, *"Prefiro comer com garfo e camelo"*. Juntos nesta frase, os dois substantivos *garfo* e *camelo* não fazem sentido.

** N.T.: Literalmente, "Não hesite em tomar seu sempre que remédio você está se sentindo mal". A anomalia resulta da tentativa frustrada de colocar uma conjunção (*whenever*) entre o artigo e o substantivo.

O circuito do cérebro no qual a presença de sinais preditivos e de erro foi mais bem demonstrada é o circuito da recompensa.[13] A rede da dopamina não somente responde a recompensas reais, mas também antecipa recompensas o tempo todo. Os neurônios dopaminérgicos localizados num pequeno núcleo de células chamado "área tegmental ventral" não só respondem aos prazeres do sexo, da comida e da bebida, como assinalam a diferença entre uma compensação esperada e uma compensação que foi recebida, isto é, assinalam o erro de predição. Portanto, se um animal recebe uma recompensa sem qualquer aviso, por exemplo, uma gota inesperada de água com açúcar, essa surpresa agradável resulta num disparo neuronal. Mas se essa recompensa é precedida por um sinal que a prediz, então a mesma água doce não causa qualquer reação. Agora é o próprio sinal que causa um surto de atividade nos neurônios da dopamina: o aprendizado desloca a resposta para perto do sinal que prediz a recompensa.

Graças a esse mecanismo de aprendizado preditivo, sinais arbitrários podem tornar-se portadores de recompensa e provocar uma resposta na dopamina. Esse efeito secundário foi provado usando dinheiro com seres humanos e mostrando, simplesmente, uma seringa a dependentes de drogas. Em ambos os casos, o cérebro antecipa recompensas futuras. Como vimos no primeiro capítulo, esse sinal preditivo é extremamente útil para o aprendizado, porque permite que o sistema se autocritique, antecipando o sucesso ou o fracasso de uma ação, sem ter de esperar por uma confirmação externa. É por isso que as arquiteturas ator-crítico, nas quais uma rede neural aprende a criticar outra, são agora usadas universalmente na inteligência artificial para resolver os problemas mais complexos, como aprender a jogar uma partida de Go. Gerar uma predição, detectar um erro e corrigir a si próprio são os verdadeiros fundamentos do aprendizado eficiente.

FEEDBACK DE ERROS NÃO É SINÔNIMO DE PUNIÇÃO

Impressionou-me com frequência o fato de os professores de ciências,
mais até do que os outros, não conseguirem entender que seus
alunos possam não entender. Muito poucos têm se aprofundado
seriamente na questão do erro, da ignorância e da negligência.

Gaston Bachelard,
La formation de l'esprit scientifique (1938)

Como podemos aproveitar ao máximo as mensagens de erro que nossos neurônios trocam constantemente entre si? Para que uma criança ou um adulto aprenda efetivamente, seu ambiente (seja família, escola, universidade... ou simplesmente um *videogame*) precisa fornecer-lhes um *feedback* rápido e preciso. O aprendizado é mais rápido e fácil quando os estudantes recebem um *feedback* de erro detalhado que aponta precisamente onde tropeçaram e o que deveriam ter feito ao invés. Oferecendo um *feedback* rápido e preciso acerca dos erros, os professores podem enriquecer consideravelmente as informações disponíveis para os alunos se autocorrigirem. Na inteligência artificial, esse tipo de aprendizado, conhecido como "supervisionado", é o mais eficiente, porque permite que a máquina identifique rapidamente a origem da falha e se corrija.

É crucial, porém, entender que esse *feedback* de erro não tem nada a ver com punição. Não há como punir uma rede neural artificial, apenas lhe apontamos as respostas deram errado. Fornecemos a ela um sinal mais informativo possível, que a notifica, bit por bit, sobre a natureza e direção dos erros.

A esse respeito, a ciência da computação e a pedagogia estão inteiramente de acordo. Na realidade, as meta-análises realizadas pelo especialista australiano em educação John Hattie mostram claramente que a qualidade dos *Feedbacks* que os estudantes recebem é um dos fatores determinantes de seu sucesso acadêmico.[14] Fixar um objetivo claro para o aprendizado e permitir que os estudantes cheguem a ele gradualmente, sem dramatizar erros inevitáveis, são as chaves do sucesso.

Os bons professores já têm plena consciência dessas ideias. Eles comprovam diariamente o ditado romano *errare humanum est*, errar é humano. Com um olhar compreensivo encaram os erros dos estudantes, pois reconhecem que ninguém aprende sem errar. Eles sabem que precisariam identificar, tão serenamente quanto possível, as áreas exatas em que os alunos têm dificuldades, ajudando-os a achar as melhores soluções. Por experiência, constroem um verdadeiro catálogo de erros, pois os estudantes costumam cair nas mesmas velhas armadilhas. Esses professores encontram as palavras certas para consolar, reconfortar e recuperar a autoconfiança dos alunos, permitindo-lhes ao mesmo tempo corrigir suas representações mentais erradas. Eles estão ali para apontar a verdade, não para julgar.

Claro, os leitores mais racionais podem pensar: "Não dá na mesma? Dizer aos estudantes o que eles deveriam ter feito não é a mesma coisa que lhes dizer que estavam errados?". Bem, não exatamente. De um ponto de vista estritamente lógico, está certo: se uma pergunta admite somente duas respostas possíveis, A ou B, e o estudante escolheu A (errada) dizer a ele que a resposta correta era B é exatamente a mesma coisa que dizer a ele "Você está errado". E, pelo mesmo raciocínio, numa escolha entre duas alternativas com 50% de chances cada, quantidades exatamente equivalentes de aprendizado deveriam ocorrer quando o aluno ouve "Você está certo" ou "Você está errado". Não esqueçamos, porém, que as crianças não são lógicos perfeitos. Para elas, o passo extra que consiste em deduzir "Se eu escolhi A e estava errado, então a resposta correta deveria ter sido B" não é tão imediato. Por outro lado, não têm dificuldade para captar a mensagem principal: "Fiz besteira". Na verdade, quando foi feito esse mesmo experimento com adultos eles conseguiram extrair quantidades iguais de informação tanto da recompensa quanto da punição, mas com os adolescentes foi diferente: os adolescentes aprendiam muito mais com seus sucessos do que com seu fracasso,[15] Poupemos então a eles esse sofrimento, dando-lhes o *feedback* mais neutro e informativo possível. Não confundamos *feedback* de erro com de punição.

AS NOTAS, UM SUBSTITUTO RUIM
PARA O *FEEDBACK* DE ERROS

Preciso dizer algumas palavras sobre uma instituição educacional que é cheia de defeitos, mas que ainda assim está tão profundamente arraigada na tradição, que temos dificuldade para imaginar a escola sem ela: as notas. Para a teoria do aprendizado, uma nota é somente um sinal de prêmio (ou punição). Todavia, uma de suas fraquezas óbvias é que ela carece completamente de precisão. A nota de um exame costuma ser apenas uma soma simples – e, como tal, junta diferentes formas de erros sem distinguir entre eles. É, portanto, insuficientemente informativa: em si mesma, não diz nada sobre a razão *por que* cometemos o erro, ou sobre *como* poderíamos nos corrigir. No caso extremo, um F que se mantém como F* não informa nada, exceto o claro estigma social da incompetência.

As notas, quando não acompanhadas por avaliações pormenorizadas e construtivas, são, portanto, uma fonte ruim de *feedback* para erros. Não são apenas imprecisas, costumam também chegar com várias semanas de atraso, num momento em que a maioria dos estudantes já esqueceram há muito qual aspecto de seu raciocínio interior os induziu ao erro.

---

* N.T.: Está-se falando de um aluno que não consegue sair do F, a nota mais baixa na escala de notas usadas pela escola americana.

As notas podem também ser profundamente injustas, em especial para os estudantes que não estão conseguindo acompanhar, porque o nível das provas vai crescendo a cada semana. Tomemos o exemplo dos *videogames*. Quando descobre um novo *game*, você não tem ideia de como progredir eficientemente. Acima de tudo, não quer ser lembrado constantemente de quão ruim você é! É por isso que os idealizadores de *games* começam com níveis extremamente fáceis, nos quais é quase certo que você ganhará. Bem gradualmente, a dificuldade aumenta e, com ela, o risco de fracasso e frustração – mas os programadores sabem como amenizar isso misturando o fácil com o difícil e dando a você a liberdade de tentar de novo tantas vezes quantas for preciso. Você vê o seu marcador subir constantemente... e chega finalmente o dia feliz em que você alcança o último nível, onde estava encalhado há tanto tempo. Compare agora com os boletins dos "maus" estudantes: eles começam o ano com uma nota ruim e, em vez de motivá-los submetendo-os mais vezes à mesma prova, até serem aprovados, o professor lhes dá a cada semana um novo exercício, quase sempre além de sua capacidade. Semana após semana, o "marcador" desses alunos continua voando baixo perto de zero. No mercado de *videogames*, uma proposta desse tipo seria um completo insucesso.

Demasiadas vezes, as escolas usam as notas como punição. Não podemos ignorar os terríveis efeitos negativos que as notas baixas têm sobre os sistemas emocionais do cérebro: desincentivo, estigmatização, sensação de desamparo... Ouçamos a voz sensível de um tolo profissional: Daniel Pennac, hoje um importante escritor francês que recebeu o famoso Prêmio Renaudot de 2007 por seu livro *Diário de escola*, mas que esteve entre os piores da classe ano após ano:

> Meus boletins escolares me confirmavam isso todo mês: se eu era um idiota, eu era o único responsável. Daí o ódio por mim mesmo, o complexo de inferioridade, e sobretudo a culpa... Eu me

considerava menos do que nada. Porque um estudante que não presta para nada, como me diziam seguidamente meus professores, *não é* nada... Eu não antevia nenhum futuro para mim quando adulto. Não porque eu não quisesse nada, mas porque pensava não prestar para nada.[16]

Pennac acabou por superar esse estado de espírito deletério (depois de flertar com o suicídio), mas as crianças que demonstram essa resiliência são poucas. Os efeitos do estresse provocado pela escola foram estudados particularmente no campo da matemática, a matéria escolar mais famosa pela infelizmente célebre ansiedade que causa em tantos estudantes. Na aula de matemática, algumas crianças sofrem de uma autêntica forma de depressão induzida pela própria matemática, porque sabem que, independentemente do que venham a fazer, serão punidas com o fracasso. A ansiedade causada pela matemática é uma síndrome bem conhecida, bem medida e bem quantificada. As crianças que sofrem dela exibem ativação nos circuitos do medo, incluindo a amígdala, localizada na parte profunda do cérebro, envolvida na região das emoções negativas.[17] Esses estudantes não são necessariamente menos inteligentes do que outros, mas o tsunami emocional pelo qual passam destrói sua capacidade para o cálculo, memória de curto prazo e, especialmente, aprendizado.

Numerosos estudos, em seres humanos e em animais, confirmam que o estresse e a ansiedade podem prejudicar drasticamente a capacidade de aprender.[18] No hipocampo dos camundongos, por exemplo, o condicionamento do medo literalmente solidifica a plasticidade neuronal: depois que o animal foi traumatizado por choques elétricos aleatórios, imprevisíveis, o circuito encontra-se num estado semelhante ao que apareceria no final do período sensível, quando as sinapses se tornaram imóveis e congeladas, envolvidas em redes perineurais rígidas. Inversamente, a imersão em um entorno estimulante e livre de medos pode restabelecer a plasticidade sináptica, liberando os neurônios e permitindo a seus contatos sinápticos recuperarem a mobilidade da infância – uma fonte de juventude.

Dando notas baixas e apresentando-as como punições, portanto, corre-se gravemente o risco de inibir o desenvolvimento das crianças, porque o estresse e o desincentivo impedirão que aprendam. A longo prazo, isso também pode provocar alterações em sua personalidade e em sua autoimagem. A psicóloga americana Carol Dweck estudou a fundo os efeitos negativos dessa disposição mental, que consiste em atribuir os próprios fracassos (ou os próprios sucessos) a um aspecto fixo e imutável da própria personalidade – o que ela chama "mentalidade fixa". "Sou ruim em matemática", "As línguas estrangeiras não são o meu forte" etc. etc. Ela opõe essa atitude à ideia fundamentalmente correta de que todas a crianças são capazes de progredir – o que ela chama de "mentalidade de crescimento".

Sua pesquisa sugere que, mantidos os demais fatores, o modelo mental desempenha um papel importante no aprendizado.[19] Ter uma convicção fortemente arraigada de que qualquer pessoa pode progredir é, por si só, um fator de progresso. Inversamente, as crianças que aderem à crença de que as habilidades são imutáveis, e que o indivíduo é dotado ou não, têm um desempenho pior. Na verdade, essa mentalidade fixa é desmotivadora: não estimula nem a atenção, nem o envolvimento ativo, e interpreta os erros como sinais de uma inferioridade intrínseca. Como vimos, porém, cometer erros é a coisa mais natural – simplesmente confirma que tentamos. Lembremos Theodore Roosevelt: "O único homem que nunca comete um erro é o homem que nunca faz nada". Imagine se Grothendieck tivesse chegado, aos 12 anos, à conclusão de que ele não era bom em matemática porque achou que π era igual a 3! A pesquisa mostra que mesmo estudantes bem-sucedidos podem ser prejudicados pela mentalidade fixa. Eles também precisam esforçar-se para manter a motivação, e não é nada conveniente deixá-los pensar que, por serem "dotados", não precisam dar duro.

Adotar uma mentalidade voltada para o desenvolvimento não significa dizer a cada criança que ela é a melhor, sob o simples pretexto de alimentar sua autoestima. Significa, sim, chamar a atenção para os progressos que ela faz no dia a dia, incentivando sua participação, recompensando seus esforços... e, na verdade, explicando-lhe os verdadeiros fundamentos do aprendizado: que todas as crianças precisam esforçar-se; que precisam sempre tentar dar uma resposta; e que errar (e corrigir os próprios erros) é o único modo de aprender.

Deixemos a palavra final para Daniel Pennac: "Os professores não existem para amedrontar os alunos, mas para ajudá-los a superar o medo de aprender. Depois que esse medo foi superado, a fome de conhecimentos dos estudantes é insaciável".

TESTE A SI MESMO

Se as notas são tão pouco eficazes, então qual é o melhor modo de trazer para as salas de aula nosso conhecimento científico do processamento de erros? As regras são simples. Em primeiro lugar, os estudantes devem ser estimulados a participar, a propor respostas, a gerar hipóteses ativamente, mesmo que se trate de hipóteses exploratórias; em segundo lugar, precisam receber rapidamente um *feedback* objetivo, não punitivo, que lhes permita autocorrigir-se.

Há uma estratégia que satisfaz esses critérios, e todos os professores a conhecem: chama-se... testar. O que pouco se sabe é que dúzias de publicações científicas demonstram sua eficácia. Testar regularmente o conhecimento dos estudantes, um método conhecido como "prática de lembrar", é uma das estratégias educacionais mais eficazes.[20] Testar regularmente maximiza o aprendizado de longo prazo. O simples fato de você submeter sua memória a testes torna-a mais forte. Isso é um reflexo direto dos princípios de envolvimento ativo e *feedback* de erro. Submeter-se a um teste obriga você a enfrentar a realidade de cabeça erguida, a fortalecer aquilo que sabe e dar-se conta daquilo que não sabe.

A ideia de que testar é uma pedra angular do processo de aprendizado não é óbvia. Muitos professores e estudantes veem nos testes um simples meio de classificar mediante uma nota – seu papel seria meramente o de medir o conhecimento adquirido durante a aula ou pelo estudo. Mas essa classificação pela nota acaba sendo a parte menos interessante do teste. O que conta não é a nota final que você recebe, mas o esforço que faz para recuperar informações e o *feedback* imediato que recebe. A esse respeito, a pesquisa mostra frequentemente que os testes desempenham um papel tão importante quanto a própria aula.

Essa conclusão foi alcançada numa famosa série de experimentos do psicólogo americano Henry Roediger e colaboradores. Num desses estudos, pediram aos alunos que memorizassem palavras num intervalo de tempo determinado, mas usando várias estratégias diferentes. Os estudantes de um primeiro grupo foram orientados para passar todo o seu tempo estudando, em oito breves sessões. Um segundo grupo recebeu seis sessões de estudo, intercaladas com dois testes. Finalmente, o terceiro grupo alternou quatro sessões de estudo breves com quatro testes. Como todos os três grupos contaram com a mesma quantidade de tempo, os testes reduziram, na verdade, o tempo disponível para o estudo. Ainda assim, os resultados foram claros: 48 horas depois, a lembrança da lista de palavras era tanto melhor quanto mais os alunos tinham tido a oportunidade de testar-se a si próprios. Alternar regularmente períodos de estudo e testes os obrigava a se envolver e receber *feedback* explícito ("Sei esta palavra agora, mas é esta outra que nunca consigo lembrar..."). Essa autoconsciência ou "metamemória" é útil porque permite ao aprendiz enfocar com mais força os itens difíceis durante as sessões de estudo seguintes.[21] O efeito é claro: quanto mais você se testa, melhor você lembra aquilo que precisa aprender.

Vai aqui um outro exemplo: imagine que você precise aprender algumas palavras numa língua estrangeira, como *qamutiik*, "trenó" na língua inuíte. Uma possibilidade consiste em escrever as duas palavras lado a lado num cartão, de modo a associá-las mentalmente. Alternativamente, você poderia ler a palavra inuíte em primeiro lugar e, depois, passados cinco minutos, a tradução. Note que a segunda alternativa reduz a quantidade de informação disponível: durante os primeiros cinco segundos, você vê somente a palavra *qamutiik*, sem que nada lembre a você o que significa. Mas é esta a estratégia que funciona melhor.[22] Por quê? Porque força você a pensar primeiro, para tentar lembrar o significado da palavra, antes de receber *feedback*. Mais uma vez, o envolvimento ativo seguido pelo *feedback* de erro maximiza o aprendizado.

O paradoxo é que nem os estudantes nem seus professores sabem desses efeitos. Se você perguntar a opinião deles, todos pensam que testar a si próprio é uma distração, e o que conta é estudar. É por isso que tanto os estudantes como os professores preveem exatamente o oposto daquilo que se observa experimentalmente: para eles, quanto mais estudamos, melhor nos saímos. E, de acordo com esse entendimento errado, a maioria dos estudantes gastam espontaneamente seu tempo lendo e relendo os apontamentos das aulas e os livros didáticos, realçando cada linha com uma cor diferente do arco-íris... estratégias essas que são todas muito menos eficazes do que se submeter a um breve teste.

Por que temos a ilusão de que tentar memorizar o maior numero de informações na véspera de um exame é a melhor estratégia de aprendizado? Porque somos incapazes de distinguir os vários compartimentos de nossa memória. Imediatamente depois de lermos nosso livro didático ou nossos apontamentos de aula, a informação está integralmente presente em nossa mente. Está instalada em nossa memória de trabalho consciente, numa forma ativa. Temos a sensação de conhecê-la, porque está presente em nosso espaço de armazenamento de curto prazo... mas esse compartimento de curto prazo não tem nada a ver com a memória de longo prazo que necessitaremos para recuperar a mesma informação daí a alguns dias. Depois de poucos segundos ou minutos, a memória de trabalho já começa a se dissipar, e depois de alguns dias o efeito se torna enorme: se você não voltar a testar seu conhecimento, a lembrança desaparece. Para receber informação na memória de longo prazo, é indispensável que você estude a matéria e depois teste a si mesmo, em vez de passar todo seu tempo estudando.

É fácil colocar em prática essas ideias por você mesmo. Tudo que precisa fazer é preparar fichas ou cartões de memória: num lado, escreva uma pergunta; no outro, a resposta. Para se testar escreva os cartões um após o outro, e para cada cartão, tente lembrar a resposta (predição) antes de confirmá-la virando o cartão (*feedback de erro*). Se você obteve a resposta errada, coloque o cartão de volta na parte de cima da pilha – isso forçará você a revisitar logo a mesma informação. Se a resposta foi correta, coloque o cartão na base da pilha, pois não há necessidade imediata de estudá-lo de novo, mas ele reaparecerá cedo ou tarde, num momento em que o esquecimento tiver começado a produzir efeito. Há hoje em dia muitos celulares e dispositivos tipo tablet que permitem montar uma coleção de cartões de memória, e um algoritmo semelhante subjaz aos softwares de aprendizado, como é o caso do famoso Duolingo para as línguas estrangeiras.

Testando a si mesmo

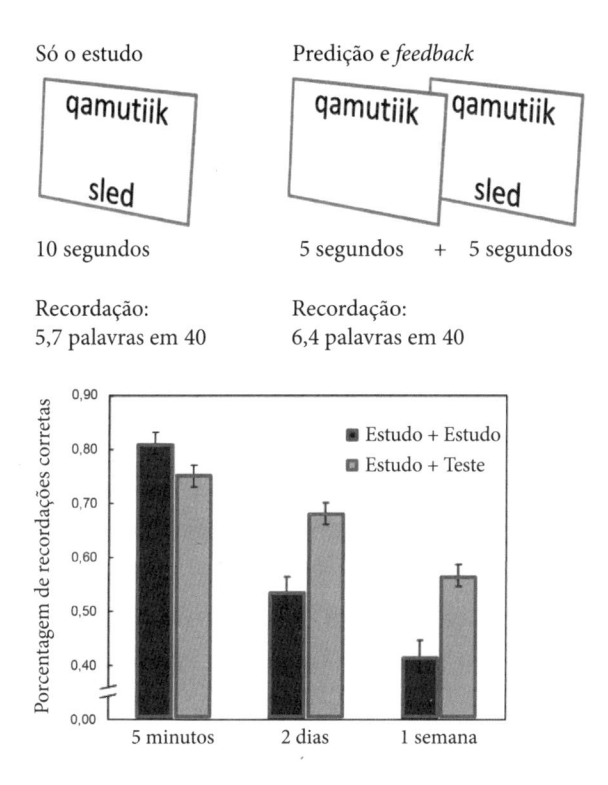

Só o estudo

qamutiik

sled

10 segundos

Recordação:
5,7 palavras em 40

Predição e *feedback*

qamutiik   qamutiik

sled

5 segundos   +   5 segundos

Recordação:
6,4 palavras em 40

Duração das retenções pela memória

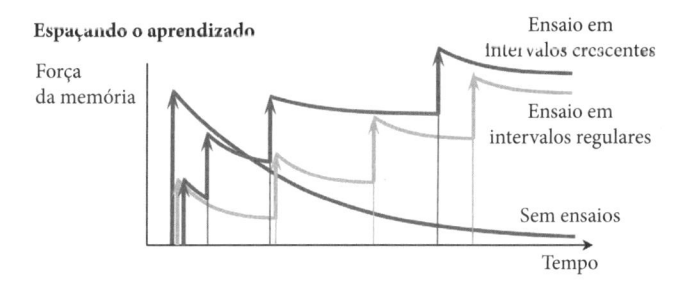

Espaçando o aprendizado

Força
da memória

Ensaio em
intervalos crescentes

Ensaio em
intervalos regulares

Sem ensaios

Tempo

O autoteste é uma das melhores estratégias de aprendizado, porque nos força a tomar consciência de nossos erros. Quando aprendemos palavras estrangeiras é melhor começar tentando lembrar a palavra antes de receber o *feedback* de erro, do que simplesmente estudar cada par (figura de cima). Os experimentos também mostram que é melhor alternar períodos de estudo e testes, do que gastar todo o tempo disponível estudando (figura do meio). A longo prazo, a retenção é melhor quando os períodos de ensaio são espaçados, especialmente se os intervalos de tempo forem aumentados gradualmente (figura de baixo).

291

A REGRA DE OURO: ESPAÇAR O APRENDIZADO

Por que a alternância do estudo e dos testes tem efeitos tão positivos? Porque explora uma das estratégias mais eficazes que a ciência educacional descobriu: o espaçamento das sessões de treinamento. Essa é a regra de ouro: é sempre melhor espaçar os períodos de treinamento do que espremê-los numa única etapa. O melhor meio de garantir a retenção no longo prazo é mediante uma série de períodos de estudo, intercalados com testes e separados por intervalos cada vez mais longos.

Décadas de pesquisa psicológica mostram que se você tiver um prazo definido para aprender alguma coisa, espaçar as lições é uma estratégia muito mais eficaz do que concentrá-las.[23] A distribuição do aprendizado ao longo de vários dias tem um efeito formidável: os experimentos mostram que você pode multiplicar sua memória por um fator de três quando revisa em intervalos regulares, em vez de tentar aprender tudo de uma vez. A regra é simples, e todos os músicos a conhecem: 15 minutos de estudo por dia durante uma semana é melhor do que duas horas num único dia.

Por que a estratégia do espaçamento é tão eficiente? A neuroimagem[24] mostra que espremer os problemas numa única sessão diminui a atividade cerebral que eles estimulam, provavelmente porque a informação repetida perde gradualmente seu caráter de novidade. A repetição também parece criar uma ilusão de conhecimento, uma confiança excessiva devida à presença de informação na memória de trabalho: essa informação parece disponível, nós a temos em nossa mente e, portanto, não vemos sentido em trabalhar com mais afinco. Pelo contrário, espaçar o aprendizado aumenta a atividade do cérebro: parece criar um efeito de "dificuldade desejável", proibindo o mero armazenamento na memória de trabalho, e assim força os circuitos relevantes a trabalhar mais.

Qual é o intervalo mais eficaz entre duas repetições da mesma lição? Um forte progresso é observado quando o intervalo alcança

24 horas – provavelmente porque o sono, como veremos em seguida, desempenha um papel fundamental na consolidação daquilo que
aprendemos. Mas o psicólogo americano Hal Pashler e seus colegas
mostraram que o intervalo ideal depende da duração que se espera
para a retenção da lembrança. Se você precisa lembrar a informação
por apenas alguns dias ou semanas, então o ideal é revisá-la todo dia
por cerca de uma semana. Se, por outro lado, o conhecimento precisa ser conservado por vários meses ou anos, o intervalo de revisão
precisaria ser ampliado proporcionalmente. A regra geral é revisar
a informação em intervalos de aproximadamente 20% da duração
que se deseja da lembrança – por exemplo, ensaie depois de dois meses, se quiser que a lembrança dure por volta de dez meses. O efeito
é substancial: uma única repetição de uma lição num intervalo de
poucas semanas triplica o número de itens que poderão ser evocados
alguns meses mais tarde! Para manter a informação na memória pelo
maior tempo possível, é melhor aumentar gradualmente os próprios
intervalos de tempo: comece reensaiando todo dia, depois reveja a
informação daí a uma semana, depois daí a um ano... Essa estratégia
garante uma memória perfeita ao longo do tempo.[25]

A tática anterior mostra por quê: cada revisão reforça o aprendizado. Ela refresca a força das representações mentais e ajuda a com-
bater a tendência exponencial ao esquecimento que caracteriza nossa
memória. Acima de tudo, o espaçamento das sessões de aprendizado
parece selecionar, entre todos os circuitos de memória disponíveis no
cérebro, aquele que tem a curva de esquecimento mais lenta, ou seja,
aquele que projeta a informação mais longe no futuro.

Na verdade, estivemos errados sobre a memória: ela não é um
sistema orientado para o passado, mas um sistema cujo papel é man-
dar dados para o futuro, de modo que possamos acessá-los mais tarde. Repetindo a mesma informação várias vezes, em intervalos longos, ajudamos nosso cérebro a se convencer de que essa informação
é suficientemente valiosa para estar disponível no futuro.

Hal Pashler tira de sua pesquisa várias lições práticas. Em primeiro lugar, o aprendizado sempre ganha ao ser distribuído em várias sessões. Em segundo lugar, no que diz respeito aos tópicos da escola, retomá-los depois de alguns dias ou semanas não basta. Se você quiser memorizar algo a longo prazo, você precisa fazer uma revisão desse algo depois de um intervalo de pelo menos alguns meses. Segundo essa perspectiva, precisamos repensar a inteira organização dos livros didáticos. A maioria deles se organizam por capítulos que tratam de um tópico específico (o que é bom), acrescentando perguntas e problemas que se referem unicamente a essa lição (o que é menos bom). Essa organização tem duas consequências negativas: as lições não são retomadas regularmente ou com suficiente distanciamento, e os exercícios emburrecem, porque os estudantes não são convocados a determinar de quais conhecimentos ou estratégias precisariam lançar mão para enfrentar um certo problema. Os experimentos mostram que é melhor misturar todos os tipos de problemas em vez de limitar-se à última lição, para submeter à avaliação regularmente o conhecimento de alguém.[26]

E o que se pode dizer sobre os exames finais, os exames do fim do ano? A ciência do aprendizado sugere que eles não são o ideal, porque favorecem o trabalho de última hora em vez de uma prática regular. Mas são uma avaliação útil do conhecimento adquirido. O estudo de última hora não é necessariamente ineficaz: desde que o estudante já tenha se esforçado bastante para aprender nos meses anteriores, um estudo intensivo logo antes de um exame refresca o conhecimento na memória e ajuda a fazer durar. Todavia, uma revisão regular do conhecimento, realizada ano após ano, tem chances de produzir benefícios ainda maiores. As verificações de curto prazo, que visam somente aquilo que foi aprendido nas últimas semanas, não garantem a memória de longo prazo. Uma revisão cumulativa, que cubra todo o programa desenvolvido desde o começo do ano, funciona muito melhor.

Que sentido tem – você poderia perguntar – fazer com que os estudantes estudem as mesmas coisas ao longo de todo o ano escolar? Para que pedir que refaçam um exercício que já completaram várias vezes? Se as notas que obtiveram já eram as melhores, estarão aprendendo alguma coisa? Claro que sim. Isso pode parecer paradoxal num capítulo dedicado aos benefícios do erro, mas o benefício do *feedback* não se limita aos pontos em que os alunos erraram. Pelo contrário, o fato de receber *feedback* melhora a memória mesmo quando foi escolhida a resposta correta.[27] Por quê? Porque enquanto o conhecimento não está completamente consolidado, o cérebro continua a aprender, ainda que seja fracamente. Enquanto há incerteza, os sinais de erro continuam a se alastrar por nosso cérebro. A diferença entre a resposta inicial insegura e a informação posterior 100% segura atua como um sinal de *feedback* útil: sinaliza um erro que poderíamos ter cometido e que, portanto, tem alguma coisa para nos ensinar.

É por isso que aprender de novo a mesma coisa é sempre benéfico: até que nosso conhecimento esteja absolutamente seguro, revê-lo e testá-lo continua a melhorar nosso desempenho, especialmente no longo prazo. Além disso, a repetição traz outros benefícios para nosso cérebro: automatiza nossas operações mentais até torná-las inconscientes. Esse é o último pilar do aprendizado que ficou para ser examinado: a consolidação.

A consolidação

P ense num aluno do primeiro ano do ensino fundamental que tenha passado com sucesso pelos três pilares do aprendizado e tenha aprendido a ler em pouco tempo. Ele se envolveu ativamente na leitura, com curiosidade e entusiasmo. Ele aprendeu a prestar atenção em cada letra de cada palavra, da esquerda para a direita. E, ao longo dos meses, à medida que seus erros diminuíam, ele começou a decifrar com precisão a correspondência entre as letras e os sons e a lembrar a pronúncia das palavras irregulares. Contudo, não é ainda um leitor fluente, e lê devagar e com esforço. O que está faltando? Falta passar pelo quarto pilar do aprendizado: a consolidação. Sua leitura, que neste ponto mobiliza toda a sua atenção, precisa tornar-se automática e inconsciente.

A análise de seus tempos de leitura é reveladora: quanto mais compridas as palavras, mais ele demora para decifrá-las (ver a Figura 18 do encarte em cores). A função é linear: o tempo de resposta aumenta em cerca de um quinto de segundo a mais para cada letra. Isso é o que acontece em geral numa operação serial, feita passo a passo – e é completamente normal: na idade dessa criança, a leitura baseia-se numa decifração de letras ou grupos de letras feita um a um, de forma lenta e que requer atenção.[1] Mas essa fase não fluente não deve durar para sempre: com a prática, nos dois anos que seguem, a leitura da criança vai tornar-se mais rápida e fluida. Depois de dois ou três anos de prática intensa, o efeito do comprimento das palavras vai rapidamente desaparecer. Caro leitor, neste exato momento em que o seu cérebro competente decifra as minhas palavras, você leva o mesmo tempo para ler qualquer palavra que tenha de três a oito letras. Demora, em média, três anos de treinamento para que o reconhecimento visual das palavras passe de sequencial a paralelo. Ao cabo desse tempo, a área cerebral da forma visual da palavra processará todas as letras de uma palavra simultaneamente, e não mais serialmente.

Esse é um exemplo excelente da consolidação que acontece em todos os domínios: a passagem de um processamento lento, consciente e dificultoso para um saber-fazer rápido, inconsciente e automático. Nossos cérebros nunca param de aprender. Mesmo depois que uma habilidade foi dominada, continuamos a aprendê-la. Mecanismos de automatização "compilam" as operações de que nos servimos regularmente de modo a formar rotinas mais eficientes. Eles as transferiram para outros circuitos do cérebro, sem nossa atenção consciente, onde os processos podem desenrolar-se independentemente uns dos outros, sem interromper outras operações em andamento.

LIBERANDO RECURSOS DO CÉREBRO

Quando escaneamos o cérebro de alguém que está aprendendo a ler, o que vemos? Além da ativação do circuito normal de leitura – que inclui áreas visuais para o reconhecimento de letras e áreas do lobo temporal para o processamento de fonemas, sílabas e palavras –, está presente também uma intensa ativação das regiões parietais e pré-frontais.[2] Essa atividade, que é intensa e causa um alto gasto de energia (sinal de esforço, atenção e controle executivo consciente) desaparecerá aos poucos à medida que o aprendizado se consolida (ver a Figura 18 no encarte em cores). Num leitor proficiente, essas regiões já não contribuem para a leitura – são ativadas somente se você criar problemas para a leitura, por exemplo, espaçando as l e t r a s ou virando-as de cabeça-para-baixo, situações em que o cérebro do leitor proficiente é forçado a reverter para o modo lento próprio do principiante.[3]

Automatizar a leitura significa implantar um circuito restrito e especializado dedicado ao processamento eficiente das sequências de letras que encontramos normalmente. Enquanto aprendemos, desenvolvemos um circuito extraordinariamente eficaz para reconhecer os caracteres mais comuns, assim como suas combinações.[4] Nosso cérebro compila estatísticas: determina que letras são as mais frequentes, onde elas aparecem mais e em que combinações ocorrem. Mesmo o córtex visual primário se adapta às formas e posições das letras mais frequentes.[5] Depois de alguns anos de reforço de aprendizagem, esse circuito passa a operar no modo rotina e consegue funcionar sem a menor intervenção consciente.[6] Nesse estágio, a ativação do córtex parietal e pré-frontal desapareceu: podemos finalmente ler sem esforço.

O que é verdade para a leitura aplica-se também a outras áreas do aprendizado. Quando aprendemos a digitar, tocar um instrumento musical ou guiar o carro, nossos gestos ficam inicialmente sob controle do córtex pré-frontal: nós os produzimos devagar e conscientemente, um de cada vez. Mas a prática faz a perfeição: com o tempo, o esforço desaparece e podemos executar essas habilidades falando ou pensando em algo diferente. A prática repetida repassa o controle ao córtex motor e especialmente aos gânglios basais, um conjunto de circuitos subcorticais que gravam nossos comportamentos automáticos e rotineiros (incluindo os de rezar ou falar palavrões!). A mesma mudança acontece para a aritmética. Para uma criança principiante, cada problema de cálculo é um Everest que exige grande esforço para ser escalado e mobiliza os circuitos do córtex pré-frontal. Nesse estágio, o cálculo é sequencial: para resolver 6 + 3, as crianças contam tipicamente os passos um a um: "Seis... sete... oito... nove!". À medida que a consolidação avança, as crianças começam a recuperar o resultado diretamente da memória, e a atividade pré-frontal declina em favor de circuitos especializados nos córtices temporalparietal e ventral.[7]

Por que a automatização é tão importante? Porque libera os recursos do córtex. Lembre-se de que os córtices executivos parietal e pré-frontal operam como uma rede de controle executivo genérica, que impõe um gargalo: ela não funciona em regime de multitarefas. Enquanto a central executiva de nosso cérebro está focada numa determinada tarefa, todas as demais decisões conscientes ficam adiadas ou canceladas. Portanto, enquanto uma operação mental continua sendo causa de esforço, porque não foi automatizada por reforço de aprendizagem, ela absorve recursos de atenção executiva valiosos e nos impede de nos concentrarmos em qualquer outra coisa. A consolidação é essencial porque torna disponíveis para outros fins nossos preciosos recursos cerebrais.

Tomemos um exemplo concreto. Imaginemos que submeteram a você um problema de matemática, mas sua habilidade de leitura ainda se encontra no nível de principiante: "*A dryever leevz Baustin att too oh clock and heds four Noo Yiorque too hunjred myels ahwey. Hee ar eye-vz at ate oh clok. Wat waz hiz avrij speed?*"* Acho que vocês entenderam onde quero chegar: é praticamente impossível fazer as

---

* N.T.: Aqui, o autor procura reproduzir na escrita a leitura em voz alta de um pequeno trecho, feita por um leitor inexperiente. O trecho lido seria, ao que tudo indica, o seguinte: *A driver leaves Boston at two o' clock and heads for New York, two hundred miles away. He arrives at eight o'clock. What was his average speed?* ("Um motorista sai de Boston às duas em ponto na direção de Nova York, que fica a duzentas milhas de distância. Ele chega às oito em ponto. Qual foi sua velocidade média?).

duas coisas simultaneamente. A dificuldade na leitura destrói qualquer capacidade de refletir aritmeticamente. Para avançar, é essencial que os instrumentos mentais mais úteis para nós, como a leitura ou a aritmética, se tornem uma segunda natureza – funcionando de maneira inconsciente e sem esforço. Não podemos alcançar os mais altos níveis da pirâmide educacional sem consolidar seus alicerces.

O PAPEL-CHAVE DO SONO

Já vimos que o aprendizado é muito mais eficiente quando acontece em intervalos regulares: nos saímos melhor se, em vez de espremer uma lição inteira num único dia, espalharmos seu aprendizado. A razão é simples: todas as noites, nosso cérebro consolida aquilo que aprendeu durante o dia. Essa é uma das mais importantes descobertas da neurociência dos últimos 30 anos: o sono não é meramente um período de inatividade ou de varrição dos lixos que o cérebro acumulou enquanto estava desperto. Muito pelo contrário, enquanto dormimos, nosso cérebro continua ativo: ele põe a funcionar um algoritmo específico que reproduz os eventos importantes que gravou ao longo do dia anterior e os transfere gradualmente para um compartimento mais eficiente de nossa memória.

Essa descoberta é antiga, remonta a 1924. Nesse ano, dois psicólogos americanos, John Jenkins (1901-1948) e Karl Dallenbach (1887-1971), revisitaram os estudos clássicos sobre memória.[8] Eles reexaminaram os trabalhos do pioneiro da memória, o alemão Hermann Ebbinghaus (1850-1909), que, já no final do século XIX, tinha descoberto uma lei psicológica básica: quanto mais o tempo passa, menos você lembra daquilo que aprendeu. A curva do esquecimento de Ebbinghaus é uma linda curva exponencial monotonicamente decrescente. O que Jenkins e Dallenbach descobriram, porém, é que a curva apresentava uma única anomalia: não mostrava qualquer perda de memória entre 8 e 14 horas depois do aprendizado de alguma coisa nova. Jenkins e Dallenbach tiveram uma revelação: no experimento de Ebbinghaus, o limite de 8 horas corresponde a testes aplicados no mesmo dia, e o limite de 14 horas corresponde a textos separados pelo período de uma noite. Para ir ao fundo da questão, idealizaram um novo experimento, destinado a separar as duas variáveis: o tempo transcorrido antes de a memória ser testada, e se os participantes tinham tido ou não a oportunidade de dormir. Para isso, ensinaram aos estudantes sílabas aleatórias perto da meia-noite, pouco antes de irem dormir, e pela manhã. O resultado foi claro: aquilo que aprenderam pela manhã se foi com o tempo, confirmando a lei exponencial de Ebbinghaus; aquilo que foi aprendido à meia-noite, continuou estável ao longo do tempo (depois de pelo menos duas horas de sono). Em outras palavras, dormir evita o esquecimento.

Várias interpretações alternativas desses resultados vêm à mente. É possível que a memória decaia durante o dia porque, estando acordado, o cérebro acumula substâncias tóxicas que são eliminadas durante o sono; ou talvez a memória sofra a interferência de outros eventos que ocorrem no intervalo entre aprender e testar, coisa que não acontece durante o sono. Mas essas alternativas foram rejeitadas definitivamente em 1994, quando pesquisadores israelenses demonstraram que o sono *causa* um aprendizado adicional. Sem qualquer treinamento extra, o desempenho cognitivo e motor melhorou depois de um período de sono.[9] O experimento foi simples. Durante o dia, alguns voluntários aprenderam a detectar uma barra num ponto específico da retina. Seu desempenho melhorou lentamente e se estabilizou depois de algumas horas de treinamento: o limite parecia ter sido alcançado. Mandaram os participantes dormir e... surpresa: ao acordar, na manhã seguinte, o desempenho estava bem melhor, e assim permaneceu nos dias seguintes. É possível demonstrar como o sono causa um aprendizado extra, porque se acordarmos os sujeitos durante a noite toda vez que entram na fase REM do sono, eles não exibirão melhoras na manhã seguinte.

Numerosos estudos têm confirmado e estendido essas primeiras descobertas.[10] A quantidade dos ganhos noturnos varia de acordo com a qualidade do sono, um fato que pode ser comprovado colocando eletrodos no escalpo e monitorando as ondas lentas que caracterizam o sono profundo. Tanto a duração quanto a profundidade do sono permitem prever o desempenho que a pessoa terá depois de acordada. A relação também funciona na direção inversa: a necessidade de sono depende do tanto de estimulação e aprendizado que acontece durante o dia anterior. Nos animais, um gene envolvido na plasticidade cerebral, o zif-268, aumenta sua expressão no hipocampo e no córtex durante o sono REM, especificamente quando os animais tinham sido expostos anteriormente a um ambiente enriquecido: o aumento da estimulação leva a um aumento na plasticidade noturna do cérebro.[11]

Os papéis respectivos dos vários estágios do sono não estão ainda perfeitamente estabelecidos, mas parece que o sono profundo facilita a consolidação e generalização do conhecimento (aquilo que os psicólogos chamam de "memória semântica" ou "memória declarativa"), ao passo que o sono REM, durante o qual a atividade cerebral passa por um estado mais próximo do estado de vigília, reforça o aprendizado perceptivo e motor (memória procedural).

O CÉREBRO ADORMECIDO REVIVE O DIA ANTERIOR

Embora as demonstrações psicológicas dos efeitos do sono já fossem bastante convincentes, o mecanismo neural pelo qual um cérebro adormecido consegue aprender melhor do que acordado ainda precisava ser identificado. Em 1994, os neurofisiólogos Matthew Wilson e Bruce McNaughton fizeram uma descoberta notável: na ausência de qualquer estimulação externa, os neurônios presentes no hipocampo se ativam espontaneamente durante o sono.[12] E essa atividade não é aleatória: ela refaz os passos do animal durante o dia!

Como vimos no capítulo "O nascimento de um cérebro", o hipocampo contém células de lugar, isto é, neurônios que disparam quando um animal está (ou acredita estar) num determinado ponto do espaço. O hipocampo é repleto de toda uma variedade de neurônios codificadores de espaço, cada um preferindo uma localização diferente. Se você gravar um bom número deles, descobrirá que abarcam todo o espaço pelo qual o animal caminhou. Quando um rato se movimenta por um corredor, alguns neurônios disparam na entrada, outros no meio, outros perto da saída. Portanto, o caminho que o rato percorre é refletido pelo disparar sucessivo de toda uma série de células de lugar: o movimento num espaço real se torna uma sequência no espaço neural.

É aqui que entram os experimentos de Wilson e McNaughton. Eles descobriram que, quando o rato adormece, as células de lugar em seu hipocampo começam de novo a disparar, na mesma ordem. Os neurônios repetem, literalmente, as trajetórias do período de vigília anterior. A única diferença é a rapidez: durante o sono, as descargas neuronais podem ser aceleradas por um fator 20. Durante o sono, os ratos sonham com uma corrida de alta velocidade pelo seu ambiente.

A relação entre os disparos dos neurônios do hipocampo e a posição do animal é tão fiel que os neurocientistas conseguiram inverter o processo, decodificando o conteúdo de um sonho a partir dos padrões dos disparos neuronais do bicho.[13] Durante a vigília, à medida que o animal passeia pelo mundo real, o mapeamento sistemático entre sua localização e a atividade cerebral é gravado. Esses dados possibilitam treinar um decodificador, ou seja, um programa de computador que inverte a relação e adivinha a posição do animal a partir do padrão de disparo neuronal. Quando esse decodificador é aplicado aos dados do sono, vemos que, enquanto o animal cochila, seu cérebro desenha trajetórias virtuais no espaço.

Portanto, o cérebro do rato repete em alta velocidade os padrões de atividade que vivenciou na véspera. Cada noite traz de volta as memórias do dia. E essa reprise não fica limitada ao hipocampo, mas alcança o córtex, onde desempenha um papel decisivo na plasticidade sináptica e na consolidação do aprendizado. Graças a essa reativação noturna, até mesmo um único evento de nossas vidas, gravado somente uma vez em nossa memória episódica, pode ser reprisado centenas de vezes durante a noite (ver a Figura 19 do encarte em cores). Essa transferência de memória pode inclusive ser a principal função do sono.[14] É possível que o hipocampo se especialize no armazenamento daquilo que ocorreu no dia anterior, usando uma regra de aprendizado rápida de uma única avaliação. Durante a noite, a reativação desses sinais neuronais os espalha pelas outras redes neurais, localizadas principalmente no córtex, e capazes de extrair a maior quantidade de informação possível de cada episódio. Na verdade, no córtex de um rato que aprende a executar uma nova tarefa, quanto mais um neurônio for reativado durante a noite, mais aumentará sua participação na tarefa no dia seguinte.[15] A reativação do hipocampo leva à automação cortical.

Será que o mesmo fenômeno existe nos seres humanos? Sim. A neuroimagem mostra que, durante o sono, são reativados os circuitos neurais que usamos durante o dia anterior.[16] Depois de jogar várias horas de *Tetris*, os jogadores foram escaneados durante a noite seguinte: nos sonhos, literalmente tiveram alucinações na forma de uma cascata de figuras geométricas, e seus olhos fizeram os movimentos correspondentes, de cima para abaixo. Além disso, num estudo recente, voluntários adormeciam num aparelho de ressonância magnética e eram repentinamente acordados assim que sua atividade cerebral sugeria que estavam sonhando. A ressonância magnética mostrou que muitas áreas do cérebro tinham sido ativadas espontaneamente assim que foram acordados, e que a atividade gravada predizia o conteúdo de seus sonhos. Se um participante relatava, por exemplo, a presença de pessoas em seu sonho, os experimentadores detectavam uma atividade induzida pelo sono na área cortical associada com reconhecimento de faces. Outros experimentos mostraram que a extensão dessa reativação prediz não só o conteúdo do sonho, mas também o tanto de consolidação da memória que se verificará depois do despertar. Alguns neurocirurgiões estão inclusive começando a gravar neurônios específicos do cérebro humano e estão vendo que, como nos ratos, seus padrões de disparo traçam a sequência de eventos vividos no dia anterior.

O sono e o aprendizado estão fortemente ligados. Numerosos experimentos mostram que as variações espontâneas na profundidade do sono têm correlato nas variações de desempenho no dia seguinte. Quando aprendemos a usar um *joystick*, por exemplo, durante a noite seguinte a frequência e intensidade das ondas lentas de sono aumenta nas regiões parietais do cérebro envolvidas nesse aprendizado sensório-motor – e quanto maior o incremento, melhor fica o desempenho da pessoa.[17] Analogamente, depois de um aprendizado motor, a neuroimagem mostra um surto de atividade no córtex motor, no hipocampo e no cerebelo, acompanhado por um decréscimo em certas áreas frontais, parietais e temporais.[18] Um depois do outro, os experimentos dão resultados convergentes: depois do sono, a atividade do cérebro se desloca e uma parte do conhecimento adquirido durante o dia é reforçada e transferida para circuitos mais automáticos e especializados.

Embora a automação e o sono sejam fortemente relacionados, qualquer cientista sabe que correlação não é o mesmo que causalidade. Haveria entre automação e sono uma ligação causal? Para verificar, podemos aumentar artificialmente a profundidade do sono, criando um efeito de ressonância no cérebro. Durante o sono, a atividade do cérebro oscila espontaneamente numa frequência baixa da ordem de 40 a 50 ciclos por minuto. Dando ao cérebro um pequeno estímulo adicional exatamente na frequência certa, podemos fazer com que esses ritmos ressoem e aumentem de intensidade – exatamente como quando empurramos um balanço bem nos momentos certos, até que ele oscile numa grande amplitude. O cientista alemão e especialista em sono Jan Born fez precisamente isso de dois modos diferentes, passando uma corrente fraca pelo crânio, e simplesmente tocando um som sincronizado com as ondas cerebrais do indivíduo que dormia. Energizado ou acalmado pelo som das ondas, o cérebro da pessoa adormecida era transportado para longe por esse ritmo irresistível e produzia ondas características do sono profundo significativamente mais lentas. Em ambos os casos, no dia seguinte, essa ressonância levou a uma consolidação mais forte do aprendizado.[19]

Uma *startup* francesa começou a explorar esse efeito: vende bandanas que supostamente facilitam o sono e o tornam mais profundo, tocando sons calmos que estimulam os ritmos lentos do cérebro noturno. Outros pesquisadores tentaram aumentar o aprendizado forçando o cérebro a reativar certas memórias durante a noite. Imagine aprender certos fatos numa sala de aula que cheira fortemente a rosas. Depois que você entrou num sono profundo, borrifamos seu quarto com a mesma fragrância. Os experimentos mostram que a informação que você aprendeu ficou mais bem consolidada na manhã seguinte do que se você tivesse dormido exposto a outro cheiro.[20] O perfume de rosas funciona como um lembrete inconsciente que predispõe seu cérebro para reativar aquele episódio particular do dia, aumentando sua consolidação na memória.

O mesmo efeito pode ser conseguido por meio de truques auditivos. Imagine que pediram para você memorizar a localização de 50 imagens, cada uma associada a um dado som (um gato que mia, uma vaca que muge etc.). Cinquenta itens é muita coisa para lembrar, mas... a noite está aí para ajudar. Num experimento, durante a noite, os pesquisadores estimularam o cérebro dos sujeitos com metade dos sons. O fato de ouvi-los inconscientemente durante o sono profundo enviesou a repetição neuronal noturna – e na manhã seguinte, os participantes lembraram muito melhor a localização das imagens correspondentes a eles.[21]

No futuro, estaremos todos brincando com nosso sono, para aprender melhor?* Muitos estudantes já fazem isso espontaneamente: recordam uma aula importante pouco antes de cair no sono, sem saber que, com isso, estão tentando enviesar sua reapresentação noturna. Mas não confundamos essas estratégias úteis com a crença errada de que alguém poderia adquirir habilidades inteiramente novas enquanto dorme. Alguns charlatães vendem gravações de áudio que, supostamente, deveriam ensinar uma língua estrangeira durante o sono. A pesquisa é clara – essas gravações não têm absolutamente nenhum efeito.[22] Embora possa haver umas poucas exceções, o grosso das evidências sugere que o cérebro não absorve durante o sono nenhuma informação nova: ele só permite reprisar aquilo que já foi objeto de experiência. Para aprender uma habilidade tão complexa como uma nova língua, a única coisa que funciona é a prática durante o dia, e depois o sono durante a noite, para reativar e consolidar aquilo que foi adquirido.

DESCOBERTAS DURANTE O SONO

O sono não faz nada além de fortalecer a memória? Muitos cientistas pensam o contrário; eles contam ter feito descobertas durante a noite. O caso mais famoso é o do químico alemão August Kekule von Stradonitz (1829-1896), que foi o primeiro a imaginar a estrutura do benzeno – uma molécula incomum, porque seis átomos de carbono formam um círculo fechado, como um anel ou uma cobra que morde seu próprio rabo. Eis como Kekule descreveu seu sonho naquela noite fatídica:

---

* N.T.: No original: "*In the future, will we all fiddle with our sleep, in order to learn better?*" *Fiddle with* indica uma atividade de manipulação não séria, tipo passatempo.

> De novo, os átomos estavam saltitando diante de meus olhos... O olho de minha mente, mais penetrante depois de tantas visões daquele tipo, conseguia, agora, distinguir estruturas maiores de aspecto multiforme: longas linhas às vezes mais acopladas entre si, todas juntando-se e entrelaçando-se como cobras. Mas olha! O que é isso? Uma das cobras tinha agarrado seu próprio rabo, e a forma rodopiava zombeteiramente diante de meus olhos.

E Kekule concluiu: "Aprendamos a sonhar, senhores, e então, quem sabe, aprenderemos a verdade".

Será que o sono pode mesmo aumentar nossa criatividade e nos levar à verdade? Embora os historiadores da ciência se dividam quanto à autenticidade do episódio do Ouroboros de Kekule, a ideia de uma incubação noturna tem grande aceitação entre os cientistas e artistas. O designer Philippe Stark contou de forma bem-humorada numa entrevista recente: "Toda noite, depois que largo meu livro... eu digo para minha mulher: 'Estou indo trabalhar'".[23] Eu mesmo, várias vezes, tive a experiência de descobrir ao acordar a solução para um problema difícil. Mas uma coleção de "causos" não vale como prova. É preciso partir para a experimentação – e foi isso, precisamente, que fizeram Jan Born e sua equipe.[24] Durante o dia, esses pesquisadores ensinaram a voluntários um algoritmo complexo, que exigia a aplicação de uma série de cálculos a um determinado número. Todavia, sem que os participantes soubessem, o problema continha um atalho desconhecido, um truque que permitia dispensar uma grande parte do cálculo. Antes de deitar, pouquíssimos sujeitos tinham percebido isso. Mas uma boa noite de sono fez com que dobrasse o número dos participantes que descobriram o atalho (ao contrário, aqueles que foram impedidos de dormir nunca tiveram esse momento *eureka*). Além disso, os resultados foram os mesmos independentemente da hora do dia em que os participantes foram testados. Portanto, o tempo transcorrido não foi o fator determinante: só o sono levou à intuição correta.

A consolidação noturna não se limita, portanto, a fortalecer o conhecimento previamente existente. As descobertas feitas durante o dia não somente são armazenadas, mas também recodificadas numa forma mais geral e abstrata. O *replay* neuronal noturno tem indubitavelmente um papel crucial nesse processo. Toda noite, as ideias flutuantes que juntamos de dia são reativadas centenas de vezes num ritmo acelerado, multiplicando as oportunidades para que nosso córtex acabe descobrindo uma regra que faz sentido. Além disso, a aceleração vinte vezes maior das descargas neurais comprime informações. A reapresentação em alta velocidade faz com que os neurônios que tinham sido ativados em longos intervalos durante a vigília agora se encontram adjacentes na sequência noturna. Esse mecanismo parece ideal para juntar, sintetizar, comprimir e "converter a informação bruta em conhecimento útil e passível de ser explorado" – o que é a definição de inteligência, segundo o figurão da inteligência artificial Demis Assabis.

Será que no futuro as máquinas inteligentes terão que dormir, como nós? A pergunta parece absurda, mas penso que, num certo sentido, merece resposta afirmativa: é provável que os algoritmos de aprendizado das máquinas venham a incorporar uma fase de consolidação semelhante àquilo que nós chamamos de sono. Na verdade, os cientistas da computação já idealizaram vários algoritmos de aprendizado que imitam o ciclo sono/vigília.[25] Esses algoritmos oferecem modelos inspiradores para a nova visão de aprendizado que eu defendo neste livro, na qual aprender consiste em construir um modelo gerativo interior do mundo exterior. Lembre-se que nosso cérebro contém enormes modelos internos, capazes de ressintetizar uma variedade de imagens mentais mais-verdadeiras-do-que-a-vida, diálogos realistas e deduções que fazem sentido. No estado de vigília, ajustamos esses modelos ao nosso ambiente: usamos os dados que recebemos do mundo exterior para selecionar o modelo que melhor combine com o mundo ao nosso redor. Durante esse estágio, o aprendizado é em primeiro lugar uma operação que se faz basicamente em sentido de baixo para cima (*bottom-up*): os sinais sensoriais inesperados que vão entrando, ao serem confrontados com as predições de nossos modelos internos, geram sinais de erros de predição, que sobem pela hierarquia cortical e ajustam os pesos estatísticos a cada passo, de modo que nossos modelos com funcionamento de cima para baixo (*top-down*) ganhem progressivamente em precisão.

A ideia nova é que, durante o sono, nosso cérebro trabalha na direção oposta: de cima para baixo. Durante a noite, usamos nossos modelos gerativos para sintetizar imagens novas, nunca antecipadas, e parte de nosso cérebro treina a si próprio usando esse leque de imagens criadas a partir do zero. Esse contexto de treinamento melhorado nos permite refinar nossas conexões ascendentes. Como os parâmetros do modelo gerativo e também suas consequências sensoriais são conhecidos, fica agora bem mais fácil descobrir a ligação entre eles. É assim que nos tornamos mais e mais eficientes em extrair as informações abstratas que se escondem atrás de um *input* sensorial específico: depois de uma noite boa de sono, a menor pista basta para identificar o melhor modelo mental da realidade, por mais abstrato que seja.

De acordo com essa ideia, os sonhos nada mais são do que um conjunto melhorado de imagens para treinamento: nosso cérebro se baseia em reconstruções interiores da realidade para multiplicar sua experiência necessariamente limitada do dia. O sono parece resolver um problema que todos os algoritmos de aprendizado são obrigados a encarar: a escassez de dados disponíveis para o treino. Para aprender, as redes neurais artificiais do momento precisam de conjuntos de dados enormes – mas a vida é curta demais, e nosso cérebro precisa conformar-se com a quantidade limitada de informações que consegue reunir durante o dia. O sono pode ser a solução que o cérebro encontrou para simular, num modo acelerado, inúmeros eventos que uma vida inteira não permitiria experienciar.

Durante esses experimentos mentais, esporadicamente fazemos descobertas. Não há nada de mágico nisso. À medida que trabalha, nosso motor de simulação mental esbarra às vezes em resultados inesperados – um pouco como o jogador de xadrez que, depois de dominar as regras, pode ficar por anos explorando suas consequências. Aliás, a humanidade deve às imagens mentais algumas de suas maiores descobertas científicas – como quando Einstein sonhou que estava cavalgando um fóton, por exemplo, ou quando Newton imaginou a lua caindo sobre a terra como uma maçã. O experimento mais famoso de Galileu – no qual ele teria deixado cair objetos da Torre de Pisa para provar que a velocidade em queda livre desses objetos não dependia de sua massa – provavelmente nunca aconteceu. Um experimento mental bastou: Galileu imaginou que alguém derrubava duas esferas, uma leve e outra pesada, do alto da torre; supôs que a mais pesada cairia mais depressa; e usou modelos mentais para mostrar que isso levava a uma contradição. Suponha, disse ele, que eu conecte as duas esferas por meio de um arame de massa insignificante. O sistema de duas esferas resultante, agora formando um único objeto, deveria cair ainda mais depressa. Mas isso é absurdo, porque a esfera mais leve, que cai menos depressa, deveria reduzir a velocidade da mais pesada. Essas contradições intermináveis levam a uma única possibilidade: todos os objetos caem na mesma velocidade, independentemente de sua massa.

Esse é o tipo de raciocínio que nosso simulador mental permite, de dia ou de noite. O próprio fato de que podemos inventar cenas mentais complexas como essa realça o extraordinário leque de algoritmos presentes em nosso cérebro. Naturalmente, aprendemos durante o dia, mas a reprise noturna multiplica nosso potencial. Isso pode, na verdade, ser um dos segredos da espécie humana, porque há dados sugestivos indicando que temos o sono mais pesado e o mais eficiente entre todos os primatas.[26]

SONO, INFÂNCIA E ESCOLA

E as crianças? Todos sabem que os bebês passam a maior parte do tempo dormindo e que o sono diminui com a idade. Isso é lógico: a primeira infância é um período privilegiado no qual nossos algoritmos de aprendizado têm uma carga de trabalho mais pesada. Na realidade, dados experimentais mostram que, para um mesmo período de tempo, o sono da criança é duas ou três vezes mais eficaz do que o de um adulto. Depois de um aprendizado intenso, crianças de 10 anos mergulham no sono profundo muito mais depressa do que um adulto. Suas ondas lentas são mais intensas e o resultado é claro: quando estudam uma sequência e mergulham no sono, acordam no dia seguinte lépidos e descansados e descobrem mais regularidades do que os adultos.[27]

A consolidação noturna já funciona durante os primeiros meses de vida. Bebês com menos de um ano se apoiam nela, por exemplo, quando aprendem uma palavra nova. Bebês que tiram uma soneca de apenas uma hora e meia guardam melhor as palavras que aprenderam poucas horas antes de cair no sono.[28] Acima de tudo, generalizam melhor essas palavras: quando os bebês ouvem pela primeira vez a palavra "cavalo", eles a associam somente com uma ou duas instâncias específicas desse animal, mas depois de terem dormido, seus cérebros conseguem associar a palavra com novos espécimes que nunca viram antes. Como Kekules no berço, esses pequenos cientistas fazem descobertas durante o sono e acordam com uma teoria muito melhor a respeito da palavra *cavalo*.

E as crianças em idade escolar? A pesquisa é igualmente clara: na pré-escola, até mesmo uma breve soneca durante a tarde fortalece a memória do que a criança aprendeu pela manhã.[29] Para um rendimento ótimo, o sono precisa acontecer dentro de algumas horas a partir do aprendizado. Mas esse rendimento só existe em crianças para quem as sonecas são um hábito regular. Como o cérebro regula naturalmente sua necessidade de sono de acordo com a estimulação do dia, não parece útil forçar as crianças a tirar sonecas, mas sim estimular isso para as que sentem a necessidade.

Infelizmente, com a TV, os telefones celulares e a parafernália da internet, o sono das crianças, como o dos adultos, está hoje ameaçado em todas as frentes. Quais são as consequências? Pode a privação do sono causar limitações de aprendizado específicas, que parecem estar surgindo? Por enquanto, isso são apenas hipóteses, mas há indícios preocupantes.[30] Por exemplo, um subconjunto de crianças hiperativas com problemas de atenção pode simplesmente estar sofrendo por uma falta crônica de dormir. Algumas sofrem de apneias que as impedem de chegar ao sono profundo – e basta desobstruir as vias respiratórias para eliminar não só seu déficit crônico de repouso, mas também o déficit de atenção. Experimentos recentes mostram mesmo que a estimulação elétrica do cérebro, por aumentar a profundidade das ondas profundas, pode mitigar o déficit de aprendizado em crianças hiperativas.

Vou ser claro: esses dados recentes ainda precisam ser replicados, e eu não estou negando de maneira alguma a existência de problemas de atenção verdadeiros (em crianças para as quais um treinamento da atenção, e às vezes o remédio Ritalina, podem ter efeitos muito positivos). Numa perspectiva educacional, porém, há poucas dúvidas de que melhorar a duração e a qualidade do sono pode ser uma intervenção eficaz para todas as crianças, particularmente para as que têm dificuldades de aprendizado.

Essa ideia foi testada em adolescentes. Por volta da puberdade, a cronobiologia mostra que o ciclo do sono muda: os adolescentes não sentem a necessidade de ir para a cama cedo, mas todo mundo sabe por experiência que eles têm muita dificuldade para levantar. Não é que eles não estejam dispostos, mas sim devido a uma simples consequência do enorme torvelinho hormonal e neural em andamento nas redes que controlam seu ciclo de sono e vigília.

Infelizmente, parece que ninguém informou os diretores de escolas, que continuam a exigir a presença dos estudantes de manhã cedo. O que haveria de ruim em mudar essa convenção arbitrária? A experiência foi feita, com resultados promissores: quando a primeira aula começa meia hora ou uma hora mais tarde, os adolescentes dormem mais, a presença nas classes aumenta, a atenção na matéria cresce e as notas disparam.[31] E a lista dos efeitos positivos poderia prosseguir: a American Academy of Pediatrics recomenda vigorosamente que se atrase o horário da aula como medida preventiva contra obesidade, depressão e acidentes (por exemplo: por guiar embriagados) dos adolescentes. Que o bem-estar geral, físico e mental das crianças pode ser melhorado tão facilmente, sem qualquer custo, constitui magnífico exemplo de adaptação do sistema educacional às limitações da biologia do cérebro.

Reconciliando educação com neurociência

A maior e mais importante dificuldade da ciência humana é alimentar e educar as crianças.

Montaigne, *Ensaios* (1580)

A pedagogia é como a medicina: uma arte, mas uma arte que se baseia – ou deveria basear-se – num conhecimento científico preciso.

Jean Piaget, "A pedagogia moderna" (1949)

N o final desta jornada, espero ter convencido você, leitor, de que, graças aos avanços recentes nas ciências da psicologia cognitiva, da neurociência, da inteligência artificial e da educação, possuímos hoje um conhecimento detalhado de como nosso cérebro aprende. Esse conhecimento não é óbvio, e a maioria de nossas ideias preconcebidas sobre aprendizado precisam ser descartadas:

- Não, os bebês não são tábulas rasas: em seu primeiro ano de vida, já possuem um vasto conhecimento de objetos, números, probabilidades, espaço e pessoas.
- Não, o cérebro da criança não é uma esponja que absorve obedientemente a estrutura de seu entorno. Lembre-se dos casos

de Felipe, contador de histórias brasileiro cego e paraplégico, ou de Nicholas Sunderson, o matemático cego que respondeu pela cátedra de Newton: esses casos mostram que mesmo que os *inputs* sensoriais estejam comprometidos ou ausentes, a criança continuará captando ideias abstratas.

- Não, o cérebro não é apenas uma rede de neurônios maleáveis aguardando ser moldada pelos *inputs* que recebe: todos os grandes feixes de fibras estão presentes desde o nascimento, e a plasticidade do cérebro, embora indispensável, em geral refina só os últimos milímetros de nossas conexões.

- Não, o aprendizado não acontece passivamente pela simples exposição aos dados ou às aulas; pelo contrário, a psicologia cognitiva e a neuroimagem nos mostram que as crianças são pequenos cientistas, que geram constantemente hipóteses novas, e que o cérebro é um órgão sempre em alerta, testando os modelos que projeta sobre o mundo exterior.

- Não, os erros não apontam os maus estudantes: cometer erros faz parte integrante do aprendizado, porque nosso cérebro só pode ajustar seus modelos quando descobre alguma discrepância entre aquilo que se imagina e a realidade.

- Não, o sono não é só um período de descanso: é parte integral de nosso algoritmo de aprendizado, um período privilegiado durante o qual o cérebro reproduz seus modelos em *loop* e intensifica a experiência do dia multiplicando-a por um fator de dez a cem.

- E não: as máquinas que aprendem hoje existentes não chegam perto, em nenhum aspecto, de ultrapassar o cérebro humano: nossos cérebros continuam sendo, pelo menos por enquanto, dentre todos os mecanismos de processamento da informação, os mais rápidos, os mais eficientes e os que gastam menos energia. Verdadeira máquina probabilística, o cérebro extrai com sucesso a maior quantidade de informação possível de cada momento do dia e a transforma num conhecimento abstrato e geral, de um modo que ainda não sabemos reproduzir nos computadores.

Na batalha titânica entre o chip de computador e o neurônio, entre a máquina e o cérebro, este ainda está levando a melhor. É verdade que, em princípio, não há nada na mecânica do cérebro que uma máquina não possa imitar. E todas as ideias aqui expostas já estão nas mãos dos cientistas da computação, cuja pesquisa se baseia abertamente na neurociência.[1] Na prática, porém, as máquinas ainda têm pela frente um longo caminho. Para melhorar, precisarão de muitos dos ingredientes que examinamos aqui: uma linguagem interna do pensamento que permita aos conceitos serem recombinados flexivelmente; algoritmos que raciocinem com distribuição de probabilidades; uma função de curiosidade; sistemas eficazes para administrar a atenção e a memória; e talvez um algoritmo de sono-e-vigília capaz de expandir o treinamento e de aumentar as chances de descoberta. Algoritmos como esses estão começando a aparecer, mas ainda ficam a uma distância de anos-luz do desempenho de um recém-nascido. O cérebro leva a melhor, e prevejo que assim será por longo tempo.

TREZE MENSAGENS QUE OTIMIZAM O POTENCIAL DAS CRIANÇAS

Quanto mais eu estudo o cérebro humano, mais fico impressionado. Mas também sei que seu desempenho é frágil, pois depende fortemente do ambiente em que se desenvolve. É excessivo o número de crianças que não desenvolvem todo seu potencial porque as famílias ou escolas não oferecem condições ideais para aprender.

As comparações internacionais são alarmantes: mostram que, nos últimos 15 ou 20 anos, os resultados dos sistemas escolares de muitos países ocidentais, incluindo minha pátria, a França, caíram, enquanto os de muitas cidades e países asiáticos – como Cingapura, Shangai e

Hong Kong – dispararam.[2] Na matemática, que costumava ser a maior força da França, os índices despencaram tão nitidamente entre 2003 e 2015 que agora meu país ocupa o último lugar na Europa na pesquisa Trends in International Mathematics and Science Study (TIMSS), que avalia os resultados dos estudantes de 15 anos em matemática e ciências.

Diante de resultados tão ruins, às vezes somos rápidos demais em apontar o dedo contra os professores. Na verdade, ninguém conhece as razões dessa decadência recente. A culpa é dos pais, das escolas ou da sociedade como um todo? Devemos acusar a falta de sono e de atenção? Os *videogames*? Qualquer que seja a causa, estou convencido de que os progressos da ciência do aprendizado podem ajudar a reverter essa tendência ruim. Sabemos atualmente muito mais sobre as condições que maximizam o aprendizado e a memória. Todos nós, pais e professores indistintamente, precisamos aprender a implementar essas condições na vida diária, em casa e na sala de aula.

Os resultados científicos que apresentei neste livro convergem para ideias simples e facilmente aplicáveis. Olhemos juntos para elas:

- **Não subestime as crianças**. Ao nascer, as crianças possuem um rico cabedal de competências essenciais e conhecimentos. Conceitos de objeto, sentido numérico, um dom para línguas, conhecimento das pessoas e de suas intenções...: esses e outros módulos cerebrais já estão presentes nas crianças pequenas, e essas habilidades fundamentais serão recicladas mais tarde nas aulas de física, matemática, linguagem e filosofia. É preciso explorar as primeiras intuições das crianças: cada palavra ou símbolo que aprendem, por mais abstratos que sejam, precisa conectar-se com um conhecimento anterior. Essa conexão é o que lhes dará um sentido.
- **Tire proveito dos períodos sensíveis do cérebro**. Nos primeiros anos de vida, bilhões de sinapses são criadas e destruídas diariamente. Essa atividade efervescente torna o

cérebro da criança particularmente receptivo, em especial para a aquisição da linguagem. Também teríamos que lembrar que a plasticidade se estende pelo menos até a adolescência. Durante todo esse período, a imersão numa língua estrangeira pode transformar o cérebro.

- **Enriqueça o ambiente.** Sábio no aprender, o cérebro da criança é o mais poderoso dos supercomputadores. Deveríamos respeitá-lo fornecendo-lhe os dados corretos desde cedo: jogos de palavras ou de construção, histórias, quebra-cabeças... Não hesitemos em manter conversas sérias com nossas crianças, nem em responder às suas perguntas, mesmo as mais difíceis, usando um vocabulário elaborado, e também explicar a elas aquilo que entendemos do mundo. Dando aos nossos pequenos um entorno enriquecido, sobretudo no que diz respeito às línguas, maximizamos seu crescimento cerebral e prolongamos sua plasticidade juvenil.

- **Revogue a ideia de que todas as crianças são diferentes.** A ideia de que cada criança tem um estilo de aprendizado diferente é um mito. A neuroimagem mostra que todos nós contamos com circuitos cerebrais e regras de aprendizado muito semelhantes. Os circuitos do cérebro para a leitura e a matemática são os mesmos em cada um de nós, inclusive nas crianças cegas – tirando uns poucos milímetros. Ao aprender, todos nós enfrentamos as mesmas barreiras, e as superamos graças aos mesmos métodos de ensino. As diferenças individuais, quando as há, residem antes no conhecimento existente nas crianças, na motivação e rapidez com que aprendem. Determinemos com cuidado o nível atual de cada criança, para poder escolher os problemas mais relevantes – mas, acima de tudo, certifiquemo-nos de que todas as crianças possam adquirir os fundamentos da linguagem, do letramento e da matemática de que qualquer pessoa precisa.

- **Preste atenção na atenção.** A atenção é a porta de entrada do aprendizado: praticamente, nenhuma informação será memorizada se não tiver sido inicialmente amplificada pela atenção e por um interesse consciente. Os professores precisariam se tornar craques em atrair a atenção dos alunos e direcioná-la para aquilo que interessa. Isso implica livrar-se cuidadosamente de qualquer fonte de distração: os livros de texto excessivamente ilustrados e as salas de aula exageradamente decoradas só distraem as crianças de suas tarefas prioritárias e as impedem de concentrar-se.

- **Mantenha as crianças ativas, curiosas, envolvidas e autônomas.** Os estudantes passivos não aprendem muito. Torne-os mais ativos. Envolva sua inteligência ao ponto de sua mente brilhar de curiosidade e gerar hipóteses o tempo todo. Mas não espere que descubram tudo por conta própria: guie-os através de um currículo estruturado.

- **Torne aprazível cada dia de aula.** Os circuitos da recompensa são moduladores indispensáveis para a plasticidade do cérebro. Ative-os recompensando qualquer esforço e tornando divertidas todas as horas de aula. Nenhuma criança é insensível a recompensas materiais – mas seus cérebros sociais respondem igualmente a sorrisos e estímulo. O sentimento de ser valorizado e a consciência do próprio progresso são recompensas em si e por si mesmas. Na outra direção, afaste a ansiedade e o estresse, que impedem o aprendizado – principalmente em matemática.

- **Apoie os esforços.** Uma experiência escolar prazerosa não é o mesmo que uma experiência "sem esforço". Pelo contrário, as coisas mais interessantes de aprender – leitura, matemática, ou tocar um instrumento – requerem anos de prática. A crença de que tudo vem fácil pode levar as crianças a pensar que são burrinhas se não forem bem. Explique a elas que todos os estudantes têm que dar duro e que, fazendo isso, todo mundo vai para frente. Adote uma mentalidade voltada para o crescimento, não uma mentalidade fixa.

- **Ajude os estudantes a aprofundar seu modo de pensar.** Quanto mais a fundo nosso cérebro processa as informações, melhor haveremos de lembrar. Nunca se satisfaça com um aprendizado superficial: sempre persiga uma compreensão mais profunda. E lembre-se das palavras de Henry Roediger: "Tornar as condições para aprender mais difíceis, exigindo que os estudantes invistam mais esforço cognitivo, leva frequentemente a uma retenção mais elevada".

- **Estabeleça objetivos de aprendizado claros.** Os estudantes aprendem melhor quando o propósito do aprendizado é formulado claramente para eles e quando podem notar que tudo que está à sua disposição converge para tal propósito. Explique claramente o que se espera deles e fique focado nesse objetivo.

- **Aceite os erros e corrija-os.** Para atualizar seus modelos mentais, as áreas de nosso cérebro precisam trocar mensagens de erro. O erro é, portanto, a condição mesma do aprendizado. Não devemos punir os erros, mas sim corrigi-los rapidamente, dando às crianças um retorno detalhado, mas livre de estresse. De acordo com a síntese da *Education Endowment Foundation*, a qualidade do *feedback* que os professores dão a seus alunos é a mais eficiente alavanca do progresso acadêmico.

- **Pratique regularmente.** O aprendizado baseado em uma única experiência não basta – as crianças precisam consolidar aquilo que aprenderam para tornar esse aprendizado automático, inconsciente e reflexivo. Essa rotinização libera nossos circuitos pré-frontais e parietais, permitindo que atuem em outras atividades. A estratégia mais eficaz consiste em distribuir nosso aprendizado um pouco em cada dia. O espaçamento do treino ou das sessões de estudo faz com que as informações fiquem impressas permanentemente na memória.

- **Deixe os estudantes dormir.** O sono é um ingrediente essencial de nosso algoritmo do aprendizado. Nossos cérebros são favorecidos toda vez que dormimos, mesmo que seja apenas um cochilo. Portanto, vamos nos empenhar para que as crianças durmam longa e profundamente. Para obter o maior retorno possível do trabalho noturno inconsciente de nosso cérebro, pode ser um truque de mestre estudar uma lição ou reler um problema bem na hora de cair no sono. E, como o ciclo do sono dos adolescentes se transforma, não os acordemos cedo demais.

Somente nos conhecendo melhor poderemos aproveitar ao máximo poderosos algoritmos que aparelham nosso cérebro. Todas as crianças se beneficiarão se dispuserem dos quatro pilares do aprendizado: atenção, envolvimento ativo, *feedback* de erro e consolidação. Quatro slogans os resumem eficazmente: "Concentre-se completamente", "participe da aula", "aprenda a partir de seus erros" e "pratique todo dia, tire proveito toda noite". Eis aí quatro mensagens muito simples que deveríamos guardar.

UMA ALIANÇA PARA AS ESCOLAS DE AMANHÃ

Como é possível harmonizar nosso sistema escolar com as descobertas das ciências cognitivas e do cérebro? Uma nova aliança é necessária. Assim como a medicina se baseia numa grande pirâmide de pesquisas biológicas e de criação de remédios, acredito que no futuro a educação se baseará cada vez mais em pesquisas lastreadas em evidências, incluindo experimentos de laboratório fundamentais, ao lado de testes feitos no nível da sala de aula e seus desdobramentos. Somente pela união de forças dos professores, pais e cientistas alcançaremos o meritório objetivo de recriar a curiosidade e a alegria de aprender em todas as crianças, para ajudá-las a otimizar seu potencial cognitivo.

Peritos na sala de aula, os professores respondem pela tarefa preciosa de educar nossos filhos, que logo terão nas mãos o futuro deste mundo. Ainda assim, em geral, deixamos os professores com recursos muito escassos para realizar esse propósito. Eles merecem maior respeito e maiores investimentos. Os professores enfrentam hoje desafios cada vez mais dramáticos, incluindo a redução dos recursos, o tamanho crescente das classes, o crescimento da violência e a implacável tirania dos currículos. Surpreendentemente, a maioria dos professores recebe uma formação profissional reduzida ou nula em ciência do aprendizado. Sinto que precisaríamos mudar urgentemente esse estado de coisas, porque possuímos hoje um conhecimento científico considerável acerca dos algoritmos de aprendizado do cérebro e das pedagogias mais eficientes. Espero que este livro possa proporcionar um pequeno passo rumo a uma revisão global dos programas de treinamento de professores, a fim de oferecer-lhes as melhores ferramentas da ciência cognitiva, adequadas ao compromisso com as crianças.

Espero que os professores também concordem que sua liberdade pedagógica não será de modo algum cerceada pelo crescimento da ciência de como o cérebro aprende. Ao contrário, um dos objetivos deste livro é permitir que os professores exerçam melhor essa liberdade. "Penso no herói", disse Bob Dylan, "como alguém que compreende o grau de responsabilidade que acompanha sua liberdade". A verdadeira criatividade pedagógica só pode provir do conhecimento completo do leque de estratégias disponíveis e da capacidade de escolher cuidadosamente entre elas, com pleno conhecimento de seu impacto sobre os estudantes. Os princípios que esmiucei ao longo deste livro são compatíveis com múltiplas abordagens pedagógicas, e muito pode ser feito para colocá-los em prática na sala de aula. Espero bastante da inventividade dos professores, porque é essencial para provocar o entusiasmo das crianças.

Em minha opinião, as escolas do futuro deveriam também reservar um espaço muito mais importante aos pais. Eles são os primeiros agentes do desenvolvimento da criança, e suas ações precedem e prolongam a escola. O lar é o espaço em que as crianças têm a oportunidade de expandir, pelo trabalho e pelos jogos, o conhecimento que adquiriram na escola. A família está aberta sete dias por semana e, portanto, melhor que a escola, pode tirar completo proveito da alternância entre o sono e a vigília, entre o aprendizado e a consolidação. As escolas deveriam dedicar mais tempo ao treinamento dos pais, porque essa é uma das intervenções mais eficazes: pais bem treinados podem ser inestimáveis parceiros de equipe para os professores e observadores perspicazes das dificuldades dos filhos.

Finalmente, os cientistas precisam juntar-se a pais e escolas no esforço de consolidar o campo crescente da ciência da educação. Comparada com o enorme progresso dos últimos 30 anos nas ciências cognitivas e do cérebro, a pesquisa educacional continua sendo uma área de estudos relativamente esquecida. As organizações de pesquisa deveriam incentivar cientistas a realizar projetos de pesquisa de grande envergadura em todas as áreas das ciências do aprendizado, desde a neurociência e a neuroimagem, até a neuropsicologia dos distúrbios do desenvolvimento, psicologia cognitiva e sociologia da educação. Passar do laboratório à sala de aula não é tão fácil como pode parecer, e nós carecemos muito de experimentos de larga escala feitos nas escolas. A ciência cognitiva pode contribuir para conceber e avaliar instrumentos educacionais inovadores.

Assim como a medicina tem por fundamento a biologia, o campo da educação precisa ter por fundamento um ecossistema de pesquisa sistemático e rigoroso que reúna professores, pacientes e pesquisadores, numa busca incessante por estratégias de aprendizado mais eficazes e baseadas em evidências.

Notas

As referências bibliográficas completas podem ser encontradas no item "Material complementar" na página do livro no site da Editora Contexto. Link: <https://www.editoracontexto.com.br/produto/e-assim-que-aprendemos--por-que-o-cerebro-funciona-melhor-do-que-qualquer-maqui/5105604>.

"Introdução"

[1] Ver os filmes *O milagre de Anne Sullivan* (1962) e *A linguagem do coração* (2014) e ler os livros: Arnould, 1900; Keller, 1903.
[2] Aprender a propósito do nematódeo *C. elegans*: Bessa, Maciel e Rodrigues, 2013; Kano et al., 2008; Rankin, 2004.
[3] Website da Education Endowment Foundation (EEF): educationendowmentfoundation.org.uk
[4] O cérebro mantém constantemente um registro da incerteza: Meyniel e Dehaene, 2017; Heilbron e Meyniel, 2019.

"Sete definições de aprender"

[1] Tente fazer você mesmo este experimento na exibição C3RV34U, que eu organizei na Cité des Sciences, o principal museu de ciências de Paris.
[2] Rede neural artificial LeNet: LeCun, Bottou, Bengio e Haffner, 1998.
[3] Visualização da hierarquia de unidades escondidas na rede neural do GoogLeNet: Olah, Mordvindsev e Schubert, 2017.
[4] Separação progressiva dos dez algarismos por uma rede neural artificial: Guerguiev, Lillicrap e Richards, 2017.
[5] Aprendizado e reforço: Mnih et al., 2015; Sutton e Barto, 1998.
[6] Rede neural artificial que aprende a jogar os *videogames* Atari: Mnih et al., 2015.
[7] Rede neural artificial que aprende a jogar Go: Banino et al., 2018; Silver et al., 2016.
[8] Aprendizado adversarial: Goodfellow et al., 2014.
[9] Redes neurais convolucionais: LeCun, Bangio e Hilton, 2015; LeCun et al. 1998.
[10] Algoritmo darwiniano de seleção natural: Dennett, 1996.

"Por que nosso cérebro aprende melhor do que as máquinas atuais"

[1] As redes neurais artificiais implementam prioritariamente as operações inconscientes do cérebro: Dehaene, Lau e Kouider, 2017.

[2] As redes neurais artificiais tendem a aprender regularidades superficiais: Jo e Bengio, 2017.

[3] Geração de imagens que confundem tanto os seres humanos quanto as redes neurais artificiais: Elsayed et al., 2018.

[4] Rede neural artificial que aprende a reconhecer os CAPTCHAs: George et al., 2017.

[5] Crítica da velocidade de aprendizado nas redes neurais artificiais: Lake, Ullmann, Tenenbaum e Goodman, 2017.

[6] Falta de sistematicidade nas redes neurais artificiais: Fodor e Pylyshyn,1988; Fodor e McLaughlin, 1990.

[7] A hipótese da língua do pensamento: Amalric, Want et al., 2017; Fodor, 1975.

[8] Aprender a fazer contas como programa de inferência: Piantadosi, Tenenbaum e Goodman, 2012; ver também Piantadosi, Tenenbaum e Goodman, 2016.

[9] Representações recursivas como uma especificidade da espécie humana: Dehaene, Meyniel, Wacongne, Wang e Pallier, 2015; Everaert, Huybregts, Chomsky, Berwick e Bolhuis, 2015; Hauser e Watumull, 2017.

[10] Capacidade própria dos seres humanos de codificar uma sequência elementar de sons: Wang, Uhrig, Jarraya e Dehaene, 2015.

[11] Aquisição das regras geométricas – lenta nos macacos, ultrarrápida nas crianças: Jiang et al., 2018.

[12] O cérebro humano consciente é parecido com uma máquina serial de Turing: Sackur e Dehaene, 2009; Zylberberg, Dehaene, Roelfsema e Sigman, 2011.

[13] Aprendizado rápido do sentido das palavras: Tannenbaum, Kemp, Griffiths e Goodman, 2011; Xu e Tannenbaum, 2007.

[14] Aprendizado de palavras baseado em atenção compartilhada: Baldwin et al.,1996.

[15] Conhecimento dos determinantes e outras palavras funcionais aos 12 meses: Cyr e Shi, 2013; Shi e Lepage, 2008.

[16] Princípio da exclusividade mútua no aprendizado das palavras: Carey e Bartlett, 1978; Clark, 1988; Markmanne Watchel, 1988; Markman, Wasow e Hansen, 2003.

[17] Confiança reduzida na exclusividade mútua, no caso dos bilíngues: Beyers-Heinlein e Werker, 2009.

[18] Rico, um cachorro que aprendeu centenas de palavras: Kaminski, Call e Fischer, 2004.

[19] Modelização de um "cientista artificial": Kemp e Tannenbaum, 2008.

[20] Descobrindo o princípio de causalidade: Goodman, Ullman e Tenenbaum, 2011; Tenenbaum et al., 2011.

[21] O cérebro como um modelo generativo: Lake, Salakhutdinov e Tannenbaum, 2015; Lake et al., 2017.

[22] A teoria das probabilidades é a lógica da ciência: Jaynes, 2003.

[23] Modelo bayesiano de processamento da informação no córtex: Friston, 2005. Para dados empíricos sobre a passagem hierarquizada no córtex de mensagens probabilísticas de erro, ver, por exemplo, Chao, Takaura, Wang, Fujii e Dehaene, 2018; Wacongne et al., 2011.

"O conhecimento invisível dos bebês"

[1] O conceito de objeto nos bebês: Baillargeon e DeVos, 1991; Kellman e Spelke, 1983.

[2] Rápida aquisição de como os objetos caem e do que basta para mantê-los apoiados: Baillargeon, Needham e DeVos, 1992; Hespos e Baillargeon, 1992.

[3] O conceito de número em bebês: Izard, Dehaene-Lambertz e Dehaene, 2018; Izard, Sann, Spelke e Streri, 2009; Starkey e Cooper, 1980; Starkey, Spelke e Gelman, 1990. Uma resenha detalhada dessas descobertas pode ser encontrada na segunda edição de meu livro *The Number Sense* (Dehaene, 2011).

[4] Conhecimento multimodal dos números em recém-nascidos: Izard et al., 2009.

[5] Adição e subtração de números pequenos em bebês: Koechlin, Dehaene e Mehler, 1997; Wynn, 1992.

[6] Adição e subtração de números grandes em bebês: McCrink e Wynn, 2004.

[7] A exatidão da noção de número vai ficando maior com a idade e a educação: Halberda e Feigenson, 2008; Piazza et al., 2010; Piazza, Pica, Izard, Spelke e Dehaene, 2013.

[8] A noção de número em pintinhos: Rugani, Fontanari, Simoni, Rogolin e Vallortigara, 2009; Rugani, Vallortigara, Priftis e Rigolin, 2015.

[9] Neurônios para números em animais não treinados: Diez e Nieder, 215; Viswanathan e Nieder, 2013.

[10] Evidências de imagens cerebrais e células únicas para neurônios de números em seres humanos: Piazza, Izard, Pinel, Le Bihan e Dehaene, 2004; Kutter, Bostroem, Elger, Mormann e Nieder, 2018.

[11] Conhecimento nuclear em bebês: Spelke, 2003.

[12] Raciocínio bayesiano em bebês: Xu e Garcia, 2008.

[13] A criança como um "cientista no berço": Gopnik, Meltzoff e Kuhl, 1999; Gopnik et al., 2004.

[14] Compreensão pelas crianças de probabilidades, recipientes e aleatoriedade: Denison e Xu, 2010; Gweon, Tenenbaum e Schulz, 2010; Kushnir, Xu e Wellman, 2010.

[15] Os bebês distinguem se um ser humano ou uma máquina tira coisas de um recipiente: Ma e Xu, 2013.

[16] O raciocínio logico em bebês de 12 meses: Cesana-Arlotti et al., 2018.

[17] Compreensão das intenções pelos bebês: Gergely, Bekkering e Király, 2002; Gergely e Csibra, 2003; ver tmbém Warneken e Tomasello, 2006.

[18] Bebês de dez meses inferem as preferências de outras pessoas: Liu, Ullman, Tenenbaum e Spelke, 2017.

[19] Bebês avaliam as ações de outras pessoas: Buon et al., 2014.

[20] Bebês distinguem ações intencionais e ações acidentais: Behne, Carpenter, Call e Tomasello, 2005.

[21] Processamento de faces por fetos ainda no útero: Reid et al., 2017.

[22] Reconhecimento da face na primeira infância e desenvolvimento de respostas corticais às faces: Adibpour, Dubois e Dehaene-Lambertz, 2018; Deen et al., 2017; Livingstone et al., 2017.

[23] Reconhecimento da face no primeiro ano de vida: Morton e Johnson, 1991.

[24] Os bebês preferem ouvir sua língua materna: Mehler et al.1988.

[25] "O bebê em meu ventre pulou de alegria", Lucas: 1:44.

[26] Ver meu *Consciousness and the Brain* (2014).

[27] Lateralização da língua e processamento da voz em bebês prematuros: Mahmoudzadeh et al., 2013.

[28] Segmentação da palavra em bebês: Hay, Pelucchi, Graf Estes e Saffran, 2011; Saffran, Aslin e Newport, 1996.

[29] Crianças pequenas detectam infrações gramaticais: Bernal, Dehaene-Lambertz, Millotte e Christophe, 2010.

[30] Limites dos experimentos de aprendizado linguístico em animais: ver, por exemplo, Penn, Holyoak e Povinelli, 2008; Terrace, Petitto, Sanders e Bever, 1979; Yang, 2013.

[31] Rápida emergência de uma língua em comunidades de surdos: Seghas, Kita e Özyürek, 2004.

"O nascimento de um cérebro"

[1] Neuroimagens da linguagem em bebês: Dehaene-Lambertz et al., 2006; Dehaene-Lambertz, Dehaene e Hertz-Pannier, 2002.

[2] Representação empirista do cérebro dos bebês: ver, por exemplo, Elman et al., 1996; Quartz e Sejnowski, 1997.

[3] Evolução das áreas corticais (Figura 7 do encarte em cores): Krubitzer, 2007.

[4] Hierarquia das respostas corticais à linguagem nos seres humanos: Lerner, Honey, Silbert e Hasson, 2011; Pallier, Devauchelle e Dehaene, 2011.

[5] Organização dos trechos da fibra cortical de maior extensão por ocasião do nascimento: Dehaene-Lambertz e Spelke, 2015; Dubois et al., 2015.

[6] Hipótese de um cérebro desestruturado que recebe as marcas do meio ambiente: Quartz e Sejnowski, 1997.

[7] O sistema nervoso periférico já está consideravelmente organizado aos dois meses de gestação: Belle et al., 2017.

[8] Subdivisão do córtex nas áreas de Brodmann: Amunts et al., 2010; Amunts e Zilles, 2015; Brodmann, 1909.

[9] Expressão precoce dos genes em áreas corticais delimitadas: Kwan et al., 2012; Sun et al., 2005.

[10] Primeiras origens das assimetrias do cérebro: Dubois et al., 2009; Leroy et al., 2015.

[11] Assimetrias do cérebro em canhotos e destros: Sun et al., 2012.

[12] Modelo das dobras corticais: Lefevre e Mangin, 2010.

[13] Células de grade em ratos: Banino et al., 2018; Brin et al., 2008; Fyhn, Molden, Witter, Moser e Moser, 2004; Hafting, Fyhn, Molde, Moser e Moser, 2005.

[14] Modelos de auto-organização de células de grade: Kropff e Treves, 2008; Shipston-Sharman, Solanka e Nolan, 2016; Widolski e Fiete, 2014; Yoom et al., 2013.

[15] Rápida emergência de células de grade, células de localização e células de direção da cabeça durante o desenvolvimento: Langston et al.,2010; Wils, Cacucci. Burgess e O'Keefe, 2010.

[16] Células de grade nos seres humanos: Doeller, Barry e Burgess, 2010, Nau, Navarro Schröder, Bellmund e Doeller, 2018.

[17] Navegação espacial na criança cega: Landau, Gleitman e Spelke, 1981.

[18] Rápida emergência de áreas corticais para faces, em oposição a lugares: Den et al., 2017; Livingstone et al., 2017.

[19] Sintonizações para números no córtex parietal: Nieder e Dehaene, 2009.

[20] Modelo auto-organizante de neurônios para números: Hannagan, Nieder, Viswanathan e Dehaene, 2017.

[21] Auto-organização baseada numa "máquina para jogos na cabeça": Lak et al., 2017.

[22] Genes e migração de células na dislexia: Galaburda, LoTurco, Ramus, Fith e Rosen, 2006.

[23] Anomalias de conectividade na dislexia; Darki, Peyrard-Janvid, Matsson, Kere e Klingberg, 2012; Hoeft et al.,2011; Niogie McCanliss, 2006.

[24] Indícios fonológicos que permitem prever a dislexia em crianças de seis meses: Lappanen et al., 2002; Lyytinen et al., 2004.

[25] Dislexia atencional: Friedman, Kerbel e Shvimer, 2010.

[26] Dislexia visual com erros "em espelho": McCloskey e Rapp, 2000.

[27] Curva de Bell para a dislexia; Shaywitz, Escobar, Shaywitz, Fletcher e Makuch, 1992.

[28] Comprometimentos cognitivos e neurológicos na discalculia: Butterworth, 2010; Iuculano, 2016.

[29] Perda de matéria cinzenta parietal em crianças prematuras com discalculia: Isaacs, Edmonds, Lucas e Gadian, 2001.

"O aporte da cultura"

[1] Hipóteses sinápticas de plasticidade do cérebro: Holtmaat e Caroni, 2016; Tekeuchi. Duszkiewicz e Morris, 2014.

[2] A música ativa os circuitos de recompensa: Salimpoor et al., 2013.

[3] Potenciação de longo prazo das sinapses: Bliss e Lømo, 2018.

[4] Aplisia, hipocampo e plasticidade sináptica: Pittinger e Kandel, 2003.

[5] Hipocampo e memória de lugares: Whitlock, Heynen, Shuler e Bear, 2006.

[6] Memória de sons assustadores em camundongos: Kim e Cho, 2017.

[7] Efeitos causais de mudanças sinápticas: Takeuchi et al., 2014.

[8] Natureza do engrama, a base neuronal de uma memória: Josselyn, Kölher e Frankland, 2015; Poo et al., 2016.

[9] Memória de trabalho e disparo sustentado: Courtney, Ungerleider, Keil e Haxby, 1997; Ester, Sprague e Serences, 2015; Goldman-Rakic, 1995; Kerkoerle, Self e Roelsema, 2017; Vogel e Machizawa, 2004.

[10] Memória de trabalho e mudanças sinápticas rápidas: Mongillo, Barak e Tsodysk, 2008.

[11] Papel do hipocampo na rápida aquisição de informação nova: Genzel et al., 2017; Lisman et al., 2017; Schapiro, Turk-Browne, Norman e Botvinik, 2016; Shohami e Turk-Browne, 2013.

[12] Deslocamento de um engrama de memória do hipocamnpo ao córtex: Kitamura et al., 2017.

[13] Criação de uma falsa memória em camundongos: Ramirez et al., 2013.

[14] Transformação de uma memória ruim em uma memória boa: Ramirez et al., 2015.

[15] Apagamento de uma recordação traumática: Kim e Cho, 2017.

[16] Criação de uma nova memória durante o sono: de Lavilléon et al., 2015.

[17] Recordação de ferramenta e símbolo em símios da espécie macaco: Iriki, 2005; Obayashi et al., 2001; Srihasam, Mandeville, Morocz Sullivan e Livingstone, 2012.

[18] Mudanças sinápticas distantes: Fitzsimonds, Song e Poo, 1997.

[19] Mudanças anatômicas devidas ao treinamento musical: Gaser e Schlaug, 2003; Oechslin, Geschwind e James, 2018; Schlaug, Jancke, Huang, Staiger e Steinmetz, 1995.

[20] Mudanças anatômicas devidas ao letramento: Carreiras et al., 2009, Thiebaut de Schotten, Cohen, Amemiya, Braga e Dehaene, 2014.

[21] Mudanças anatômicas decorrentes do aprendizado do malabarismo: Draganski et al., 2004; Gerber et al., 2014.

[22] Mudanças no cérebro em motoristas de taxi de Londres: Maguire et al., 2000, 2003.

[23] Mecanismos de memória não sinápticos no cerebelo: Johansson, Jirenhed, Rasmussen, Zucca e Hesslow, 2014; Rasmussen, Jirenhed e Hesslow, 2008.

[24] Efeitos sobre o cérebro do exercício físico e da nutrição: Prado e Dewey, 2014; Voss, Vivar, Kramer e van Praag, 2013.

[25] Déficits cognitivos em crianças com deficiências de vitamina B1 (tiamina): Fattal, Friedmann e Fattal-Valevski, 2011.

[26] Plasticidade do cérebro numa criança nascida sem o hemisfério direito: Muckli, Naumer e Singer, 2009.

[27] Transformação do córtex auditivo em córtex visual: Sur, Garranghty e Roe, 1988; Sur e Rubenstein, 2005.

[28] Hipótese de um cérebro desorganizado que recebe a marca do meio ambiente: Quartz e Sejnowski, 1997.

[29] Auto-organização de mapas visuais por ondas retinais: Goodman e Shatz, 1993; Shatz, 1996.

[30] Ajuste progressivo da atividade cortical espontânea: Berkes, Orbán, Lengyel e Fiser, 2011; Orbán, Berkes, Fiser e Lengyel, 2016.

[31] Resenha do conceito de períodos sensíveis: Werker e Hensch, 2014.

[32] Crescimento de neurônios corticais humanos: Conel, 1939; Courchesne et al., 2007.

[33] Superprodução e eliminação sináptica no decorrer do desenvolvimento: Rakic, Bourgeois, Eckenhoff, Zecevic e Goldman-Rakic, 1986.

[34] Diferentes fases de eliminação sináptica em humanos: Huttenlocher e Dabholkar, 1997.

[35] Mielização progressiva dos feixes corticais: Dubois et al, 2007, 2015; Flechsig, 1986.

[36] Aceleração de respostas visuais em bebês: Adibpour et al., 2018; Dehaene-Lambertz e Spelke, 2015.

[37] Lentidão do processamento consciente em bebês: Kouider et al., 2013.

[38] Período sensível para a visão binocular: Epelbaum, Milleret, Buisseret e Duffer, 1993; Fawcett, Wang e Birch, 2005; Hensch, 2005.

[39] Perda da capacidade de discriminar fonemas não nativos: Dehaene-Lambertz e Spelke, 2015; Maye, Werker e Gerden, 2002; Pena, Werker e Dehaene-Lambertz, 2012; Werker e Tees, 1984.

[40] Recuperação parcial da discriminação de /R/ e /L/ em falantes japoneses: McCandliss, Fiez, Protopapas, Conway e McClelland, 2002.

[41] A autonomia do córtex auditivo prediz a capacidade de aprender contastes estrangeiros: Golestani, Molko, Dehaene, Le Bihan e Pallier, 2007.

[42] Período sensível para a aquisição de segunda língua: Flege, Munro e MacKay, 1995; Hartshorne, Tenenbaum e Pinker, 2018; Johnson e Newport, 1989; Weber-Fox e Neville, 1996.

[43] Rápido declínio na velocidade do aprendizado da gramática da segunda língua por volta dos 17 anos de idade (análise de dados de alguns milhões de pessoas): Hartshorne et al., 2018.

[44] Período sensível para aquisição da língua em pessoas surdas com implante coclear: Friedmann e Rusou, 2015.

[45] Mecanismos biológicos na abertura e no fechamento de períodos sensíveis: Caroni, Donato e Muller, 2012; Friedman e Rusou, 2015; Werker e Hensch, 2014.

[46] Restauração da plasticidade do cérebro: Krause et al., 2017.

[47] Reorganização das áreas de linguagem em crianças adotadas: Pallier et al., 2003. Resultados semelhantes têm sido observados no domínio do reconhecimento da face: quando adotadas num país ocidental antes dos 9 anos, as crianças coreanas perdem a vantagem que é usualmente observada em reconhecer a própria raça (Sangrigoli, Pallier, Argenti, Ventureyra e de Schonen, 2005).

[48] Vestígio dormente da primeira língua em crianças adotadas: Pierce, Klein, Chen, Delcenserie e Genesee, 2014.

É ASSIM QUE APRENDEMOS

49 Conexões dormentes em corujas: Knudsen e Knudsen, 1990; Zheng e DeBello, 2000.

50 Efeito da idade de aquisição no processamento de palavras: Ellis e Lambon Ralph, 2000; Gerhand e Barry, 1999; Morrison e Ellis, 1995.

51 Bucharest Early Intervention Project: Almas et al., 2012; Berens e Nelson, 2015; Nelson et al., 2007; Sheridan Fox, Zeanah, McLaughlin e Nelson, 2012; Windsor, Moraru, Nelson, Fox e Zeanah, 2013.

52 Ética no Projeto Bucarest: Millum e Emanuel, 2007.

"Recicle seu cérebro"

1 Nabokov, 1962.

2 Dificuldades dos analfabetos no reconhecimento de figuras: Kolinsky et al., 2011; Kolinsky, Morais, Content e Cary, 1987; Szwed, Ventura, Querido, Cohen e Dehaene, 2012.

3 Dificuldades dos analfabetos no processamento de imagens espelhadas: Kolinsky et al., 2011, 1987; Pegado, Nakamura et al., 2014.

4 Dificuldades dos analfabetos em dar atenção a uma parte da face: Ventura et al., 2013.

5 Dificuldades dos analfabetos em reconhecer e lembrar palavras faladas: Castro-Caldas, Petersson, Reis, Stone-Elander e Ingvar, 1998; Morais, 2017; Morais, Bertelson, Cary e Alegria, 1986; Morais e Kolinsky, 2005.

6 Impacto da educação aritmética: Dehaene, Izard, Pica e Spelke, 2006; Dehaene, Izard, Spelke e Pica, 2008; Piazza et al., 2013; Pica, Lemer, Izard e Dehaene, 2004.

7 Contagem e aritmética entre os indígenas da Amazônia: Pirahã: Frank, Everett, Fedorenko e Gibson, 2008; Munduruku: Pika et al., 2004; Tsimane: Piantadosi, Jara-Ettinger e Gibson, 2014.

8 Aquisição do conceito de linha numérica: Dehaene, 2003; Dehaene et al., 2008; Siegler e Opfer, 2003.

9 Hipótese da reciclagem neuronal: Dehaene, 2005, 2014; Dehaene e Cohen, 2007.

10 Evolução por duplicação dos circuitos do cérebro: Chakraborty e Jarvis, 2015; Fukuchi-Shimogori e Grove, 2001.

11 Conhecimento confinado num sub-espaço neuronal: Galgali e Mante, 2018; Golub et al., 2018; Sadtler et al., 2014.

12 Codificação unidimensional no córtex parietal: Chafee, 2013; Fitzgerald et al., 2013.

13 Papel do córtex parietal na comparação de *status* sociais: Chiao, 2010.

14 Codificação bidimensional arbitrária no córtex entorrinal: Yoon et al., 2013.

15 Codificação de um espaço bidimensional por células de grade: Constantinescu, O'Reilly e Behrens, 2016.

16 Codificação de árvores sintáticas na área de Broca: Musso et al., 2003; Nelson et al., 2017; Pallier et al., 2011.

17 A noção de número, Dehaene, 2011.

18 Neurônios de número em animais não treinados: Diez e Nieder, 2015; Viswanathan e Nieder, 2013.

19 Efeito do treinamento sobre neurônios de números: Viswanathan e Nieder, 2015.

20 Aquisição de numerais arábicos em macacos: Diester e Nieder, 2007.

21 Relação entre a adição, a subtração e os movimentos de atenção espacial: Knops, Thirion, Hubbard, Michel e Dehaene, 2009; Knops, Viarouge e Dehaene, 2009.

22 Imagens por ressonância magnética funcional de matemáticos profissionais: Amalric e Dehaene, 2016, 2017.

23 Imagens cerebrais do processamento de número em bebês: Izard et al., 2018.

24 Imagens por ressonância magnética da matemática inicial em pré-escolares: Cantlon, Brannon, Carter e Pelphrey, 2006; Cantlon e Li, 2013 mostram que as áreas corticais para a linguagem e o número já estão ativas quando uma criança de 4 anos assiste a partes do programa *Vila Sésamo*, e sua atividade prediz as habilidades da criança em linguagem e matemática.

25 Matemáticos cegos: Amalric, Denghien e Dehaene, 2017.

26 Reciclagem do córtex occipital para a matemática em cegos: Amalric, Denghien et al., 2017; Kanjlia, Lane, Feigenson e Bedny, 2016.

27 Processamento da linguagem no córtex occipital dos cegos: Amedi, Raz, Pianka, Malach e Zohary, 2003; Bedny, Pascual-Leone, Dodell-Feder, Fedorenko e Saxe, 2011; Lane, Kanjlia, Omaky e Bedny, 2015; Sabbah et al., 2016.

332

[28] Debate sobre a plasticidade cortical nos cegos: Bedny, 2017; Hannagan, Amedi, Cohen, Dehaene-Lambertz e Dehaene, 2015.

[29] Mapas retinotópicos nos cegos: Bock et al., 2015.

[30] Reciclagem do córtex visual nos cegos: Abboud, Maidenbaum, Dehaene e Amedi, 2015; Amedi et al., 2003; Bedny et al., 2011; Mahon, Anzellotti, Schwarzbach, Zampini e Caramazza, 2009; Reich, Szwed, Cohen e Amedi, 2011; Striem-Amit e Amedi, 2014; Strnad, Peelen, Bendy e Cramazza, 2013.

[31] A conectividade prediz a função no córtex visual: Bouhali et al., 2014; Hannagan et al., 2015; Saygin et al., 2012, 2013 e 2016.

[32] Efeito de distância na comparação de números: Dehaene, 2007; Dehaene, Dupoux e Mehler, 1990; Moyer e Landauer, 1967.

[33] Efeito de distância na decisão se dois números são diferentes: Dehaene e Akhavein, 1995; Diester e Nieder, 2010.

[34] Efeito de distância quando se verificam problemas na adição e na subtração: Green e Parkman, 1972; Pinheiro-Chagas, Dotan, Piazza e Dehaene, 1917.

[35] Representação mental dos preços: Dehaene e Marques, 2002; Marques e Dehaene, 2004.

[36] Representação mental da paridade: Dehaene, Bossini e Giraux, 1993; números negativos: Blair, Rosenberg-Lee, Tsang, Schwartz e Menon, 2012; Fischer, 2003; Gullick e Wolford, 2013; frações: Jacob e Nieder, 2009; Siegler. Thompson e Schneider, 2011.

[37] Linguagem do pensamento na matemática: Amalric, Wang et al., 2017; Piantadosi et al., 2012, 2016.

[38] Ver meu livro *Reading in the Brain* (Os neurônios da leitura), 2009.

[39] Mecanismos cerebrais do reconhecimento invariante das palavras escritas: Dehaene et al., 2001, 2004.

[40] Conexões entre a área da forma da palavra visual e as áreas de linguagem: Bohuali et al., 2014; Saygin et al., 2016.

[41] Pesquisa por imagens do cérebro dos analfabetos: Dehaene et al., 2010; Dehaene, Cohen, Morais e Kolinski, 2015; Pegado, Comerlato et al., 2014.

[42] Especialização do córtex visual primitivo para a leitura: Chang et al., 2015; Dehaene et al., 2010; Szwed, Quiao, Jobert, Dehaene e Cohen, 2014.

[43] O letramento compete com o processamento da face pelo hemisfério esquerdo: Dehaene et al., 2010; Pegado, Camerlato et al., 2014.

[44] Desenvolvimento da leitura e reconhecimento da face: Dehaene-Lambertz, Monzalvo e Dehaene, 2018; Dundas, Plaut e Behrman, 2013; Li et al., 2013; Monzalfo, Fluss, Billard, Dehaene e Dehaene-Lambertz, 2012.

[45] Atividade insuficiente evocada por palavras e faces em crianças disléxicas: Monzalvo et al., 2012.

[46] Indicador universal de dificuldades de leitura: Rueckl et al., 2015.

[47] Competição entre palavras e a faces – nocaute ou bloqueio?: Dehaene-Lambertz et al., 2018.

[48] Aprendizado da leitura na idade adulta: Braga et al., 2017; Cohen, Dehaene, McCormic, Durant e Zanker, 2016.

[49] Deslocamento da área da forma visual da palavra em músicos: Mongelli et al., 2017.

[50] Respostas reduzidas para as faces nos matemáticos: Mongelli et al., 2017.

[51] Numerosos efeitos de longo prazo de uma educação na primeira infância: ver o programa Abecedarian (Campbell et al., 2012, 2014; Martin, Ramey e Ramey, 1990), o programa Perry para a pré-escola (Heckman, Moon, Pinto, Savelyev e Yarviz, 2010; Schweinhart, 1993) e o Jamaican Study (Gertler et al., 2014; Grantham, McGregor, Powell, Walker e Himes, 1991; Walker, Chang, Powell e Grantham-McGregor, 2005).

[52] Fala dirigida à criança e aumento do vocabulário; Shneidman, Arroyo, Levine e Galdin-Meadow, 2013; Shneidman e Goldin-Meadow, 2012.

[53] Resposta aumentada à fala em decorrência de leitura de histórias de pais para filhos: Hutton et al., 2015, 2017. Ver também Romeo et al., 2018.

[54] Vantagens do bilinguismo precoce: Bialystok, Craig, Green e Gollan, 2009; Costa e Sebastián-Gallés, 2014; Li, Ligault e Litcofsky, 2014.

[55] Benefícios de um ambiente enriquecido: Donato, Rampani e Caroni, 2013; Knudsen et al.,2000; van Praag, Kempermann e Gage, 2000; Voss et al., 2013, Zhu et al., 2014.

333

"A atenção"

[1] Atenção nos camundongos: Wang e Krauzlis, 2018.

[2] Atenção nas redes neurais artificiais: Bahdanau, Cho e Bengio, 2014; Cho, Courville e Bengio, 2015.

[3] Atenção para figuras legendadas no aprendizado por redes neurais artificiais: Xu et al., 2015.

[4] A falta de atenção reduz fortemente o aprendizado: Ahissar e Hochstein, 193.

[5] Aprendizado reduzido na ausência de atenção e atitude consciente: Seitz, Lefebvre, Watanabe e Jolicoeur, 2005; Watanabe, Nanez e Sasaki, 2001.

[6] Ignição pré-frontal e acesso à consciência: Dehaene e Changeux, 2011; van Vugt et al., 2018.

[7] Acetilcolina, dopamina, plasticidade do cérebro e alteração dos mapas corticais: Bao, Chan e Merzenich, 2001; Froemke, Merzenich e Schreiner, 2007; Kilgard e Merzenich, 1998.

[8] Equilíbrio entre inibição e excitação, e recuperação da plasticidade do cérebro: Werker e Hensch, 2014.

[9] Ativação dos circuitos de ativação e alerta pelos *videogames*: Kopp et al., 1998.

[10] Efeitos positivos do treinamento por *videogames*: Bavelier et al., 2011; Cardoso-Leite e Bavalier, 2014; Green e Bavelier, 2003.

[11] Treinamento cognitivo que usa *videogames*: ver nosso software de matemática em www.thenumber-race.com e www.thenumbercatcher.com; para a aquisição da leitura, visite grapholearn.fr.

[12] Orientação para a atenção espacial: Posner, 1994.

[13] Amplificação devida à atenção: Çukur, Nishimoto, Huth e Gallant, 2013; Desimone e Duncan, 1995; Kastner e Ungerleider, 2000.

[14] Cegueira devida à falta de atenção: Mack e Rock, 1998; Simons e Chabris, 1999.

[15] Piscadela atencional: Marois e Ivanoff, 2005; Sergent, Baillet e Dehaene, 2005.

[16] Itens que não são objeto de atenção produzem pouco ou nenhum aprendizado: Leong, Radulescu, Daniel, DeWoskin e Niv, 2017.

[17] Experimento com adultos sobre atenção dada a letras ou palavras como um todo. Yoncheva, Blau, Maurer e McCandiss, 2010.

[18] Estudos educacionais sobre a leitura por soletramento *versus* leitura por palavras como um todo: Castles, Rastle e Nation, 2018; Ehri, Nunes, Stahl e Willows, 2001; National Institute of Child Helth and Human Development, 2000; ver também Dehaene, 2009.

[19] Organização do controle executivo no córtex pré-frontal: D'Esposito e Grossmann, 1996; Koechlin, Ody e Kouneiher, 2003; Rouault e Koechlin, 2018.

[20] Expansão pré-frontal na espécie humana: Elston, 2003; Sakai et al., 2011; Schoenemann, Shechan e Glotzer, 2005; Smaers, Gómes-Robles, Parks e Sherwood, 2017.

[21] Hierarquia pré-frontal e controle metacognitivo: Fleming, Weil, Nagy, Dolan e Rees, 2010; Koechlin et al., 2003; Rouult e Koechlin, 2018.

[22] Espaço de trabalho neural global: Dehaene e Changeux, 2011; Dehaene, Changeaux, Naccache, Sackur e Sergent, 2006; Dehaene, Kersberg e Changeaux, 1998; Dehaene e Naccache, 2001.

[23] Gargalo central: Chun e Marois, 2002; Marti, King e Dehaene, 2015; Marti, Sigman e Dehaene, 2012; Sigman e Dehaene, 2008.

[24] Inconsciência do atraso da tarefa dual: Corallo, Sackur, Dehaene e Sigman, 2008; Marti et al., 2012.

[25] Debate sobre a capacidade de dividir a atenção e executar duas tarefas em paralelo: Tombu e Jolicoeur, 2004.

[26] Uma sala de aula excessivamente decorada distrai os alunos: Fisher, Godwin e Seltman, 2014.

[27] O uso de aparelhos eletrônicos na classe reduz o desempenho na avaliação. Glass e Kang, 2018.

[28] O erro A-não-B e o desenvolvimento do córtex pré-frontal: Diamond e Doar, 1989; Diamond e Goldman-Rakic, 1989.

[29] Desenvolvimento do controle executivo e percepção de números: Borst, Poirel, Pineau, Cassotti e Houdé, 2013; Piazza, De Feo, Panzeri e Dehaene, 2018; Poirel et al., 2012.

[30] Efeito do treinamento de números no córtex pré-frontal: Viswanathan e Nieder, 2015.

[31] Papel do controle executivo no desenvolvimento cognitivo e emocional: Houdé et al., 2000; Isingrini, Perrotin e Souchay, 2008; Posner e Rothbart, 1998; Sheese, Rothbart, Posner, White e Fraundorf, 2008; Siegler, 1989.

[32] Efeitos do treinamento sobre o controle executivo e a memória de trabalho: Diamond e Lee, 2011; Habibi, Damasio, Ilari, Elliott, Sachs e Damasio, 2018; Jaeggi, Buschkuehl, Jonides e Shah, 2011; Klingberg, 2010; Moreno et al., 2011; Olesen, Westerberg e Klingberg, 2004; Rueda, Rothbart, McCandliss, Saccomanno e Posner, 2005.

[33] Estudos randomizados de pedagogia Montessori: Lillard e Else-Quest, 2006; Marshall, 2017.

[34] Efeitos do treinamento musical sobre o cérebro: Bermudez, Lerch, Evans e Zatorre, 2009; James et al., 2014; Moreno et al., 2011.

[35] Relação entre controle executivo, córtex pré-frontal e inteligência: Duncan, 2003, 2010, 2013.

[36] Efeitos do treinamento sobre a inteligência fluida: Au et al., 2015.

[37] Impacto da adoção sobre o QI: Duyme, Dumaret e Tomkiewicz, 1999.

[38] Impacto da educação sobre o QI: Ritchie e Tucker-Drob, 2018.

[39] Efeitos do treinamento cognitivo sobre a concentração, a leitura e a aritmética: Bergman-Nutley e Klingber, 2014; Blair e Raver, 2014; Klingberg, 2010; Spencer-Smith e Klingberg, 2015.

[40] Correlação entre a memória de trabalho e os escores matemáticos subsequentes: Dumontheil e Klingberg, 2011; Gathercole, Pickering, Knight e Stegmann, 2004; Geary, 2011.

[41] Treinamento simultâneo da memória de trabalho e da linha de números: Nemmi et al., 2016.

[42] Aprender chinês com uma babá, mas não com um vídeo: Kuhl, Tsao e Liu, 2013.

[43] Atenção compartilhada e postura pedagógica: Csibra e Gergely, 2009; Egyed, Király e Gergely, 2013.

[44] Apontar para o objeto e memória da identidade do objeto: Yoon, Johnson e Csibra, 2008.

[45] Pseudoensino nos suricatos: Thornton e McAuliffe, 2006.

[46] Cópia de ações inteligentes *versus* subserviente em bebê de catorze meses: Gergely et al. 2002.

[47] Conformismo social na percepção: ver, por exemplo, Bond e Smith, 1996.

"O envolvimento ativo"

[1] Experimento clássico, comparando gatinhos ativos e passivos: Held e Hein, 1963.

[2] Aprendizado estatístico de sílabas e palavras: Hay et al., 2011; Saffran et al., 1996; ver também a pesquisa em andamento no laboratório de G. Dehaene-Lambertz sobre o aprendizado durante o sono em recém-nascidos.

[3] Efeito da profundidade do processamento de palavras sobre a memória explícita: Craik e Tulving, 1975; Jakobi e Dallas, 1981.

[4] Memória para sentenças: Auble e Franks, 1978; Auble, Franks e Soraci, 1979.

[5] "Tornando mais difíceis as condições para aprender...": Zaromb, Karpicke e Roediger, 2010.

[6] Neuroimagens do efeito do processamento de palavras sobre a memória: Kapur et al. 1994.

[7] A ativação dos circuitos pré-frontais-hipocampais durante o aprendizado incidental prediz a memória subsequente: Brewer, Zhao, Desmond, Glover e Gabrieli, 1998; Paller, McCary e Wood, 1988; Sederberg et al., 2006; Sederberg, Kahana, Howard, Donner e Madsen, 2003; Wagner et al., 1998.

[8] Memória para palavras conscientes e inconscientes, Dehaene et al., 2001.

[9] Aprendizado ativo de conceitos físicos: Kontra, Goldin-Meadow e Beilock, 2012; Kontra, Lyons, Fischer e Bellock, 2015.

[10] Comparação do ensino expositivo tradicional com o aprendizado ativo: Freeman et al., 2014.

[11] Fracasso da aprendizagem por descoberta e estratégias pedagógicas correlatas: Hattie, 2017; Kirschner, Sweller e Clark, 2006; Kinschner e van Merriënboer, 2013; Mayer, 2004.

[12] Para somar os números de 1 a 100, junte 1 com 100, 2 com 99, 3 com 98 e assim por diante. Cada um desses pares soma 101, e há cinquenta deles, portanto o total é 5050.

[13] Orientação instrucional em vez de apenas por descoberta: Mayer, 2004.

[14] Lendas urbanas na educação: Kirschner e van Merriënboer, 2013.

[15] O mito dos estilos de aprendizado: Pashler, McDaniel, Rohrer e Bjork, 2008.

[16] Variações na quantidade de leitura no primeiro ano do ensino fundamental: Anderson, Wilson e Fielding, 1988.

[17] Curiosidade na primeira infância e sucesso acadêmico: Shah, Weeks, Richards e Kaciroti, 2018.

[18] Neurônios dopaminérgicos sensíveis a informações novas: Bromberg-Martin e Hikosaka, 2009.

[19] Busca pela novidade em ratos: Bevins, 2001.
[20] Neuroimagens da curiosidade: Gruber, Gelman e Ranganath, 2014; ver também Kang et al., 2009.
[21] O riso como uma emoção epistêmica exclusiva dos seres humanos: Hurley, Dennett e Adams, 2011.
[22] Riso e aprendizado: Esseily, Rat-Fischer, Somogyi, O'Regan e Fagard, 2016.
[23] Avaliação das teorias psicológicas da curiosidade: Loewenstein, 1994.
[24] Curva em U invertido da curiosidade: Kang et al., 2009; Kidd, Piantadosi e Aslin, 2012, 2014; Loewenstein, 1994.
[25] Curiosidade num robô: Gottlieb, Oudeyer, Lopes e Barantes, 2013; Kaplan e Oudeyer, 2007.
[26] O efeito de Goldilocks em bebês de oito meses: Kidd et al., 2012, 2014.
[27] Metacognição em crianças pequenas: Dehaene et al., 2017; Goupil, Roand-Monnier e Kouider, 2016; Lyons e Ghetti, 2011.
[28] Estereótipos de gênero e raça em matemática: Spencer, Steele e Quinn, 1999; Steele e Aronson, 1995.
[29] Estresse, ansiedade, desalento aprendido e a incapacidade de aprender: Caroni et al., 2012; Donto et al., 2013; Kim e Diamond, 2002; Noble, Norman e Farah, 2005.
[30] O ensino explícito pode matar a curiosidade: Bonawith et al., 2011.

"O *feedback* de erros"

[1] Grothendieck, 1986.
[2] A meta-análise de John Hattie dá ao *feedback* uma amplitude de efeito de 0,73 do desvio padrão, o que faz do *feedback* um dos moduladores mais poderosos do aprendizado.
[3] Regra de aprendizado de Rescorla-Wagner: Rescorla e Wagner, 1972.
[4] Para uma crítica detalhada do aprendizado associativo, ver Balsam e Gallistel, 2009; Gallistel, 1990.
[5] Bloqueio do condicionamento animal: Beckers, Miller, De Houwer e Urushihara, 2006; Fanselow, 1998; Waelti, Dickinson e Schultz, 2001.
[6] A surpresa aumenta o aprendizado e a exploração das crianças: Stahl e Feigenson, 2015.
[7] Sinais de erro no cérebro: Friston, 2005; Naatanen, Paavilainen, Rinne e Alho, 2007; Schultz, Dayan e Montague, 1997.
[8] A surpresa, como reflexo da violação de uma predição: Strauss et al., 2015; Todorovic e De Lange, 2012.
[9] Hierarquia de sinais de erro locais e globais: Bechinstein et al., 2009; Strauss et al., 2015; Uhrig, Dehaene e Jarraya, 2014. Wang et al., 2015.
[10] Surpresa diante de uma figura inesperada: Mayer e Olson, 2011.
[11] Surpresa devido a uma violação semântica: Curran, Tucker, Kutas e Posner, 1993; Kutas e Federmeier, 2011; Kutas e Hillyard, 1980.
[12] Surpresa devido a uma violação gramatical: Friederici, 2002; Hahne e Friederici, 1999; mas veja-se também Steinhauer e Drury, 2012 para uma discussão crítica.
[13] Erro de predição na rede da dopamina: Pessiglione, Seymour, Frandin, Dolan e Frith, 2006; Schultz et al., 1997; Waelti et al., 2001.
[14] Importância de um *feedback* de alta qualidade na escola: Hattie, 2008.
[15] Aprendizado por ensaio e erro em adultos *versus* adolescentes: Palinteri, Kilford, Coricelli e Blakemore, 2016.
[16] Pennac, D. (11 de fevereiro de 2017). Daniel Pennac: "J'ai été d'abord et avant tout professeur". *Le Monde*, acessado em lemonde.fr.
[17] Síndrome da ansiedade causada pela matemática: Ashcraft, 2002; Lyons e Beilock, 2012; Maloney e Beilock, 2012; Young, Wu e Menon, 2012.
[18] Efeito sobre a plasticidade sináptica do condicionamento pelo medo: Caroni et al., 2012; Donato et. al. 2013.
[19] Mentalidade fixa e mentalidade voltada para o crescimento: Claro, Paunesku e Dweck, 2016; Dweck, 2016; Rattan, Savani, Choug e Dweck, 2015. Note-se, porém, que o tamanho desses efeitos e, também, sua relevância prática para a escola foram questionados recentemente: Sisk, Burgoyne, Su, Butler e Macnamara, 2018.

[20] Efeito considerável da prática da recuperação no aprendizado: Carrier e Pashler, 1992; Karpicke e Roedinger, 2008; Roedinger e Karpicke, 2006; Szpunar, Kahn e Schacter, 2013; Zaromb e Roediger, 2010. Para uma resenha excelente da eficácia relativa das várias técnicas de aprendizado, ver Dunlosky, Rawson, Marsh, Nathan e Willingham, 2013.

[21] Fazer juízos de memória retrospectiva facilita o aprendizado: Robey, Dougherty e Buttaccio, 2017.

[22] A prática da recuperação facilita a aquisição do vocabulário de língua estrangeira: Carrier e Pashler, 1992; Lindsey, Shroyer, Pashler e Mozer, 2014.

[23] Espaçar o aprendizado melhora a retenção pela memória: Cepeda et al., 2009; Cepeda, Pashler, Vul, Wixted e Rohrer, 2006; Schmidt e Bjork, 1992.

[24] Imagens cerebrais dos efeitos do espaçamento: Bradley et al., 2015; Callan e Schweighofer, 2010.

[25] Efeitos de aumentar progressivamente o tempo entre lições: Kang, Lindsey, Mozer e Pashler, 2014.

[26] O embaralhamento dos problemas matemáticos melhora o aprendizado: Rohrer e Taylor, 2006, 2007.

[27] O *feedback* melhora a memória também em tentativas corretas: Butler, Karpicke e Roedinger, 2008.

"A consolidação"

[1] Passar da leitura serial para a leitura paralela quando se aprende a ler: Zoccolotti et al., 2005.

[2] Neuroimagem longitudinal da aquisição da leitura: Dehaene-Lambertz et al., 2018.

[3] Contribuição do córtex parietal para uma leitura proficiente, somente para palavras degradadas: Cohen, Dehaene, Vinckier, Jobert e Montavont, 2008; Vinckier et al., 2006.

[4] Reconhecimento visual de combinações frequentes de letras: Binder, Medler, Westbury, Liebenthal e Buchanan, 2006; Dehaene, Cohen, Sigman e Vinckier, 2005; Grainger e Whitney, 2004; Vinckier et al., 2007.

[5] Sintonizando o córtex visual inicial com a percepção das letras: Chang et al., 2015; Dehaene et al., 2010; Sigman et al., 2005; Szwed et al., 2011, 2014.

[6] Leitura inconsciente: Dehaene et al., 2001, 2004.

[7] Automatização da aritmética: Ansari e Dhital, 2006; Rivera, Reiss, Eckert e Menon, 2005. O hipocampo também parece contribuir fortemente para a memória dos fatos aritméticos: Qin et al., 2014.

[8] O sono interrompe a curva do esquecimento: Jenkins e Dallenbach, 1924.

[9] O sono REM melhora o aprendizado: Karni, Tanne, Rubenstein, Askenasy e Sagi, 1994.

[10] O sono e a consolidação do aprendizado recente: Huber, Ghilardi, Massimini e Tononi, 2004; Stickgold, 2005; Walker, Brakefield, Hobson e Stickgold, 2003; Walker e Stickgold, 2004.

[11] Expressão exagerada do gene zif-268 durante o sono: Ribeiro, Goyal, Mello e Pavlides, 1999.

[12] Repetição neuronal durante a noite: Ji e Wilson, 2007; Louie e Wilson, 2001; Skaggs e McNaugton, 1996; Wilson e McNaughton, 1994.

[13] Atividade de decodificação pelo cérebro, durante o sono: Chen e Wilson, 2017; Horikawa, Tamaki, Miyawaki e Kamitani, 2013.

[14] Teorias das funções de memória do sono: Diekelmann e Born, 2010.

[15] A reprise do sono facilita a consolidação da memória: Ramanhatan, Gulati e Ganguly, 2015; ver também Norimoto et al., 2018, sobre o efeito direto do sono na plasticidade sináptica.

[16] Reativação do córtex e do hipocampo durante o sono nos seres humanos: Horikawa et al., 2013; Jiang et al., 2017, Peigneux et al., 2004.

[17] Sono com aumento da onda lenta e melhora do desempenho posterior ao sono: Huber et al., 2004.

[18] Neuroimagem dos efeitos do sono sobre o aprendizado motor: Walker, Stickgold, Alsop, Gaab e Schlaug, 2005.

[19] Aumentar as oscilações lentas durante o sono melhora a memória: Marshall, Helgdóttir, Mölle e Born, 2006; Ngo, Martinetz, Born e Mölle, 2013.

[20] Cheiros podem enviesar a consolidação da memória durante o sono: Rasch, Büchel, Gais e Born, 2007.

[21] Sons podem enviesar a reprise durante o sono e melhorar a memória posterior a ele: Antony, Gobel, O'Hare, Robert e Paller, 2012; Bendor e Wilson, 2012; Rudoy, Voss, Westerberg e Pallet, 2009.

[22] Nada de aprender fatos novos durante o sono: Bruce et al., 1970; Emmons e Simon, 1956. Contudo, um estudo muito recente sugere que, durante o sono, podemos aprender a associação entre um som e um cheiro (Arzi et al., 2012).

[23] Gaszi, M. (8 de junho de 2018). Philippe Starck: "I coundn't care less about my life". *The Guardian*, theguardian.com.

[24] Intuição matemática durante o sono: Wagner, Gais, Haider, Verleger e Born, 2004.

[25] Algoritmos de aprendizado do tipo sono+vigília: Hinton, Dayan, Frey e Neal, 1995; Hinton, Osindero e Teh, 2006.

[26] Hipótese de que a função de memória do sono pode ser mais eficiente nos seres humanos: Samson e Nunn, 2015.

[27] Maior eficácia do sono nas crianças do que nos adultos: Wilhelm et al., 2013.

[28] Os bebês generalizam o sentido das palavras depois de dormir: Friedrich, Wilhelm, Born e Friederici, 2015; Seehagen, Konrad, Herbert e Schneider, 2015.

[29] Efeito positivo dos cochilos em crianças da pré-escola: Kurdziel, Duclos e Spencer, 2013.

[30] Déficit de sono e distúrbios da atenção: Avior et al., 2013; Histcock et al., 2015; Prehn-Kristensen et al., 2014.

[31] Efeitos benéficos de retardar o horário de aulas para adolescentes: American Academy of Pediatrics, 2014; Dunster et al. 2018.

"Conclusão: reconciliando educação com neurociência"

[1] Inteligência artificial inspirada pela neurociência e pela ciência cognitiva: Hassabis, Kumaran, Summerfield e Botvinick, 2017; Lake et al., 2017.

[2] Ver o PISA (Program for International Student Assessment, oecd.org/pisa-fr); o TIMSS (Trends in International Mathematics and Science Study) e o PIRLS (Progress in International Reading Literacy Study,timssandpirls.bc.edu).

Agradecimentos

Muitos encontros fizeram com que este livro crescesse. Há 25 anos, Michael Posner e Bruce McCandliss, então na Universidade do Oregon, foram os primeiros a me convencer de que a ciência cognitiva poderia ser relevante para a educação. Devo muito às reuniões científicas que eles organizaram com a ajuda de Bruno della Chiesa e da Organization for Economic Cooperation and Development (OECD). Na década seguinte, um maravilhoso grupo de amigos sul-americanos – Marcela Peña, Sidarta Ribeiro, Mariano Sigman, Alejandro Maiche e Juan Valle Lisboa – tomaram a frente na formação de uma inteira geração de jovens cientistas nos inesquecíveis encontros anuais da Latin American School for Education, Cognitive and Neural Sciences. Sou eternamente grato a eles, bem como à Fundação James S. McDonnel e a seus dirigentes, John Bruer e Susan Fitzpatrick, por dar-me a oportunidade de participar em todas essas iniciativas.

Outra pessoa que compartilhou essas experiências estimulantes foi minha esposa e colega, Ghislaine Dehaene-Lambertz. Temos discutido o desenvolvimento do cérebro e, paralelamente, a educação de nossos filhos por 32 anos. Não é preciso dizer que devo tudo a ela, incluindo sua leitura meticulosa das páginas que precedem.

Outro aniversário já ocorreu: faz 34 anos que passei a fazer parte dos laboratórios de Jacques Mehler e Jean-Pierre Changeux. A influência deles sobre o meu pensamento é imensa, e eles reconhecerão neste livro muitos de seus assuntos favoritos – caso também de muitos outros colegas e amigos, como Lucia Braga, Laurent Cohen, Naama Friedman, Véronique Izard, Régine Kolinsky, José Morais, Lionel Naccache, Christophe Pallier, Mariano Sigman, Elizabeth Spelke e Josh Tenenbaum.

Agradeço também a meu caro amigo Antonio Battro, que me estimulou ininterruptamente a prosseguir em minha pesquisa sobre a mente, o cérebro e a educação. Devo a ele ter-me apresentado Nico, um artista de personalidade notável, que me permitiu gentilmente reproduzir algumas de suas pinturas aqui. Obrigado também a Yoshua Bengio, Alain Chédotal, Guillaume e David Dehaene, Molly Dillon, Jessica Dubois, György Gergely, Eric Knudsen, Leah Krubitzer, Bruce McCandliss, Josh Tenenbaum, Fei Xu e Robert Zatorre, pela permissão para reproduzir as muitas figuras apresentadas neste livro.

Eu gostaria de agradecer também a todas as instituições que, ao longo dos anos, apoiaram minha pesquisa com perfeita lealdade, em particular o Institut National de la Santé et de la Recherche Médicale (INSERM), o Commmissariat à l'Énergie Atomiqeu et aux Énergies Alternatives (CEA), o Collège de France, aUniversité Paris-Sud, o European Research Council (ERC) e a Bettencourt Shueller Foundation. Graças a todas essas instituições pude cercar-me de estudantes e colaboradores enérgicos e brilhantes: são numerosos demais para que eu possa nomeá-los aqui, mas se reconhecerão na longa lista de publicações da bibliografia. Uma menção especial vai para

Anna Wilson, Dror Dotan e Cassandra Potier-Watkins, com quem criei softwares educacionais e preparei intervenções em salas de aula.

Jean-Michel Blanquer, o ministro da Educação Nacional da França, me honrou com sua confiança propondo que eu presidisse seu primeiro Conselho Científico, um desafio provocador pelo qual lhe agradeço do fundo do coração. Sou grato a todos os membros desse Conselho, incluindo Esther Duflo, Michel Fayol, Marc Gurgand, Caroline Huron, Elena Pasquinelli, Franck Ramus, Elizabeth Spelke e Jo Ziegler, e o meu secretário-geral Nelson Vallejo-Gomez, por sua dedicação e por tudo aquilo que tem me ensinado.

Este trabalho se beneficiou muito do olhar crítico de minhas revisoras na Editora Viking: Wendy Wolf e Terezia Cicel. E não teria chegado às mãos delas sem a incessante ajuda de meus agentes, John e Macx da Brockman Inc. Obrigado por seu constante apoio e inestimável *feedback*.

Yallingup, Austrália, 7 de abril de 2019.

Créditos das imagens

I - ENCARTE EM CORES

Figura 1: copyright © de Nicolás Sainz Trápaga. Reproduzido mediante permissão.

Figura 2, parte superior: a partir do Google Brain Team. "Using Machine Learning to Explore Neural Network Achitecture". *Google AI Blog* (2017). https://ai.googleblog.com/2017/05/using-machine-learning-to-explore.html.

Figura 2, parte inferior: a partir de Olah, Chris, Alexander Mordvintsev e Ludwig Schubert. "Feature Visualization, *Distill* (2017). https://distill.pub/2017/feature-visualization/. Licenciado mediante a Creative Commons Attribution License CC-BY 4.0

Figura 3, lado direito: a partir de Guerguiev, Jordan, Timothy P. Lillicrap e Blake A. Richards. "Towards deep learning with segregated dendrites". *ELife*, 6, e22901, (2017). https://elifesciences.org/articles/22901. Licenciado mediante a Creative Commons Attribution License CC-BY40.

Figura 3, lado esquerdo: a partir do database MNIST de algarismos escritos à mão. LeCun, Yann, Corinna Cortes e Christopher J. C. Burges. http://yann.lecun.com/exdb/mnist/.

Figura 4: derivada das figuras 2 e 3 de Kemp, Charles e Joshua B. Tenenbaum. "The discovery of structural form". *Proceedings of the National Academy of Sciences of the United States of America*, 105 (31), 10687-10692(2008). https://www.pnas.org/content/105/31/10687.short. Copyright © 2008 da National Academy of Sciences, U.S.A.

Figura 5, parte superior esquerda: cortesia do Laboratório de Fei Xu.

Figura 5, parte superior direita: cortesia de Moira Dillon e Elizabeth Spelke.

Figura 6, parte superior: cortesia de G. Dehaene-Lambertz e J. Dubois.

Figura 6, parte inferior: redesenhada a partir de dados presentes em Dehaene-Lambertz, Ghislaine, Lucie Hertz-Pannier, Jessica Dubois, Sébastien Mériaux, Alexis Roche, Mariano Sigman e Stanislas Dehaene. "Functional organization of perysilvian activation during presentation of sentences in preverbal infants". *Proceedings of the National Academy of Sciences of the United States of America*, 103 (38), 14240-14245, (2006). https://www.pnas.org/content/103/38/14240. Copyright © 2006 da National Academy of Sciences, U.S.A.

Figura 7: modificação autorizada de uma figura gentilmente disponibilizada por Leah Krubitzer. Para uma resenha da pesquisa correspondente, ver Krubitzer, Leah. "The Magnificent Compromise: Cortical Field Evolution in Mammals". *Neuron* , 56(2), 201-208, (2007).

Figura 8, parte superior: modificação autorizada de uma figura gentilmente disponibilizada por Alain Chédotal. Ver Belle, Morgane, David Godefroy, Gérard Couly, Samuel A. Malone, Francis Collier, Paolo Giacobini e Alain Chédotal. "Tridimensional Visualization and Analysis of Early Human Development". *Cell*, vol. 169 (1), 161-173.e12, (2017). https://doi.org/10.1016/j.cell.2017.03.008.

Figura 8, parte inferior: cortesia de G. Dehaene-Lambertz e J. Dubois

Figura 9: a partir das figuras 1 e 7 de Amunts, Katrin, Marianne Lenzen, Angela D. Friederici, Axel Schleicher, Patricia Morosan, Nicola Palomero-Gallagher e Karl Zilles. "Broca's Region: Novel Organizational Principles and Multiple Receptor Mapping". *PLoS Biology* 8(9). e1000489 (2010). https://journals.plos.org/plosbiology/article?id=101371/journal.pbio.1000489. Licenciado mediante a Creative Commons Attribution License CC-BY 4.0.

Figura 10, lado superior direito: foto da autoria de David Hablützel, extraida de Pexels.

Figura 10, parte inferior: reimpressa mediante permissão da Springer Nature. *Nature.* Hafting, Torkel, Marianne Fyhn, Sturla Molden, May Britt Moser e Edvard I. Moser. "Microstructure of a spatial map in the entorhinal cortex". Copyright © 2005.

Figura 10, parte superior esquerda e parte central: Copyright© de Stanislas Dehaene.

Figura 11: derivada da figura 2 de Muckli, Lars, Marcus J. Naumer e Wolf Singer. "Bilateral visual field maps in a patient with only one hemisphere". *Proceedings of the National Academy of Sciences of the United States of America*, 106 (31), 13034-13039, (2009). https://www.pnas.org/content/106/31/132034.

Figura 12: adaptada de Amalric, Marie e Stanislas Dehaene. "Origins of the brain networks for advanced mathematics in expert mathematicians. *Proceedings of the National Academy of Sciences of the United States of America*, vol. 113 (18), 4909-4917, (2016). https://www.pnas.org/content/early/2016 /04/06/1603205113.

Figura 13, parte inferior: adaptada de Amalric, Marie, Isabelle Denghien e Stanislas Dehaene. "On the role of visual experience in mathematical development: Evidence from blind mathematicians." *Developmental Cognitive Neuroscience*, vol.30, páginas 314-323 (2018). https:// www.sciencedirect.com/science/article/pii/s187829316302201?via%3Dihub. Licenciado mediante a Licença Internacional Creative Commons Non-Commercial-No-Derivatives 4.0 CC-BY-NC-ND 4.0. https://creativecommons.org//licenses/by-nc-nd/4.0/.

Figura 14: figura criada pelo autor a partir de dados publicados em Dehaene, Stanislas, Felipe Pegado, Lucia W. Braga, Paulo Ventura, Gilberto Nunes Filho, Antoinette Jobert, Ghislaine Dehaene-Lambertz, Régine Kolinsky, José Morais e Laurent Cohen. "How Learning to Read Changes the Cortical Networks for Vision and Language". *Science*, vol. 330, número 6009, páginas 1359-1364, (2010), https:// science.sciencemag.org/content/330/6009q359.

Figura 15, parte superior: cortesia de G. Dehaene-Lambertz.

Figura 15, parte inferior: figura criada pelo autor a partir de dados por enquanto inéditos e também de dados contidos em Montalvo, Karla, Joel Fluss, Catherine Billard, Stanislas Dehaene e Ghislaine Dehaene-Lambertz, "Cortical networks for vision and language in dyslexic and normal children of variable socio-economic status". *Neuroimage*, vol. 61(1), páginas 258-274 (2012). https: //doi.org/10.1016/j.neuroimage.2012.02.035.

Figura 16, parte superior: adaptação de uma figura de Bruce Blaus, Blausen.com staff. "Medical gallery of Blausen Medical 2014". *WikiJournal of Medicine* 1(2), (2014). doi:10.15347/wjm/2014.010. Licenciado mediante a Licença Internacional Creative Commons Attribution-Share Alike 4.0 (CCBY-SA 4.0).

Figura 16, parte inferior: baseada em Kilgard, Michael P. e Michael Merzenich. "Cortical Map Reorganization Enabled by Nucleus Basalis Activit". *Science*, vol. 279, número 5357 (1998), páginas 1714-8. Reimpresso mediante permissão de AAAS.

Figura 17: figura criada pelo autor, a partir de dados publicados em Bekinschtein, Tristan A., Stanislas Dehaene, Benjamin Rohaut, François Tadel, Laurent Cohen e Lionel Naccache, "Neural signature of the conscious processing of auditory regularities". *Proceedings from the National Academy of Sciences U.S.A*, vol. 106 (5), páginas 1672-1677, (2009). https://doi.org/10.1073/pnas.0809667106; e Strauss, Melanie, Jacobo D. Sitt, Jean-Remi King, Maxime Elbaz, Leila Azizi, Marco Buiatti, Lionel Naccache, Virginia van Wassenhove e Stanislas Dehaene, "Disruption of hierarchical predictive coding during sleep". *Proceedings of the National Academy of Sciences of the United States of America*, vol. 112 (11), E1353-1362 (2015). https://doi.org/101073/pnas.1501026112.

Figura 18, lado esquerdo: adaptada de Dehaene-Lambertz, Ghislaine, Karla Monzalvo e Stanislas Dehaene. "The emergence of the visual word form: Longitudinal evolution of category-specific ventral visual areas during reading acquisition ". *PLoS Biology* 16(3), e2004103, (2018). https://journals.plos.org/plosbiology/article?id=10.1371/journal.pbio.2004103. Licenciado mediante a licença Creative Commons Attribution CC-BY 4.0.

Figura 18, lado direito: redesenhada a partir de Zoccolotti, Pierluigi, Maria de Duca, Enrico Di Pace, Filippo Gasperini, Anna Judica & Donatella Spinelli. "Word length effect in early reading and in developmental dyslexia". *Brain and Language*, vol. 93(3), páginas 369-373, (2005). https://www.sciencedirect.com/science/article/abs/pii/S0093934X04002792?via%3Dihub.

Figura 19: redesenhada pelo autor a partir de Chen, Zhe e Matthew A. Wilson, "Deciphering Neural Codes of Memory during Sleep". *Trends in Neuroscience*, vol. 40(5), páginas 260-275, (2017). https://doi.org/10.1016/j.tins.2017.03.005.

II – PÁGINAS INTERNAS

Figura da página 37, parte inferior: copyright © de Stanislas Dehaene.

Figura da página 76: derivada da figura 1 de Tenenbaum, Joshua, B., Charles Kemp, Thomas L. Griffiths e Noah D. Goodman, "How to Grow a Mind: Statistics, Structure and Abstraction". *Science*, vol.331(6022), páginas 1279-1285, (2001), https://science.sciencemag.org/content/331/6022/1279.

Figura da página 94: copyright © de Stanislas Dehaene.

Figura da página 128, lado esquerdo: adaptada a partir de Cajal y Ramón, Santiago. The Croonian Lecture: La Fine Structure des Centres Nerveux. *Proceedings of the Royal Society of London* (1894), https://archive.org/details/ohiltrans09891650/page/n17,

Figura da página 128, no alto à direita: cortesia de Philip Buttery.

Figura da página 128, parte inferior à direita: copyright © de Stanislas Dehaene.

Figura da página 151: *The Postnatal Development of Human Cerebral Cortex*, Volumes I-VIII, por Jesse LeRoy Conel, Cambridge, Mass.: Harvard University Press, Copyright © 1939, 1941, 1947, 1951, 1955, 1959, 1963, 1967, pelo Reitor e Conselheiros do Harvard College. Renovações em 1967, 1969, 1975, 1979, 1983, 1987 e 1991.

Figura da página 156, parte superior: os painéis superiores foram redesenhados, respectivamente, a partir de dados disponíveis em Flege, James E., Murray, J. Munro e Ian R. A. MacKay, "Factors affecting strenght of perceived foreign accent in a second language". *Journal of the Acoustical Society of America*, 97(5), 3125-3134 (1995); Johnson, J. S. e E. L. Newport, "Critical period effects in second language learning: The influence of maturational state on the acquisition of English as a second language". *Cognitive Psychology*, 21(1), 60-99, (1989) https://psycnet. apa.org/record/1989-18581-001; e Hartshorne, J. K., J. B. Tenenbaum e S. Pinker. "A critical period for second language acquisition: Evidence from 2/3 million English speakers". *Cognition*, 177, 263-277, (2018). https://www.ncbi.nlm.nih.gov/pubmed/29729947.

Figura da página 156, parte inferior: adaptada a partir da figura 3 de Pierce, Lara J., Denise Klein, Jen-Kai Chen, Audrey Delcenserie e Fred Genesee. "Mapping the unconcious maintenance of a lost first language". *Procededings of the National Academy of Sciences of the United States of America*, vol. 111(48) , páginas 17314-17319 (2014). https://www.pnas.org/content/111/48/17314.

Figura da página 163, parte superior: foto cedida gentilmente por Eric Knudsen.

Figura da página 163, parte inferior: derivada das figuras 2 e 3 de Knudsen, Eric I., Weimin Zheng e William M. DeBello, "Traces of learning in the auditory localization pathway". *Proceedings of the National Academy of Sciences of the United States of America*, vol. 97(22) , páginas 11815-11820, (2000). https://www.pnas.org/content/97/22/11815. Copyright © 2000 da National Academy of Sciences, U.S.A.

Figura da página 167, parte superior: Copyright © 2001 de Michael Carroll. Reproduzida mediante permissão.

Figura da página 167, parte inferior: adaptada a partir da figura 1 de Almas, Alisa N., Kathryn A. Degnan, Anca Radulescu, Charles A. Nelson III, Charles H. Zeanah e Nathan A. Fox, "Effects of early intervention and the moderating effects of brain activity on institutionalized children's social skills at age 8". *Proceedings of the National Academy of Sciences of the United States of America*, vol. 109, Suppl. 2, páginas 17228-17231, (2012). https://www.pnas.org/content/109/Supplement_2/17228.

Figura da página 189: figura criada pelo autor, a partir de dados publicados em Dehaene, Stanislas, Felipe Pegado, Lucia W. Braga, Paulo Ventura, Gilberto Nunes Filho, Antoinette Jobert, Ghislaine Dehaene-Lambertz, Régine Kolinsky, José Morais e Laurent Cohen, "How Learning to Read Changes the Cortical Networks for Vision and Language", *Science*, vol. 330(6009), páginas1359-1364, (2010). https://doi.org/10.1126/science.1194140.

Figura da página 192: figura adaptada a partir de Dehaene-Lambertz, Ghislaine, Karla Monzalvo e Stanislas Dehaene (2018). "The emergence of the visual word form: Longitudinal evolution of category-specific ventral visual areas during reading acquisition". *PLoS Biology*, vol. 16(3), e2004103, (2018). https://journals.plos.org/plosbiology/article?id=101371/journal.pbio.2004103. Licenciado mediante a Creative Commons Attribution License CC-BY 4.0.

Figura da página 208: a partir de Xu, Kelvin, Jimmy Ba, Ryan Kiros, Kyunghyun Cho, Aaron Courville, Ruslan Salakhutdinov, Richard Zemel e Yoshua Bengio. "Show, Attend and Tell: Neural Image Caption Generation with Visual Attention". ArXiv:1502.03044 [Cs], (2015). Acessado em http://arxiv.org/abs/1502.03044.

Figura da página 218: figura composta pelo autor, a partir de gráficos gentilmente disponibilizados por Bruce McCandliss, baseados por sua vez em dados informados em Yoncheva, Y. N., Blau,V. C., Maurer, U. e McCandliss, B. D. "Attentional Focus During Learning Impacts N170 ERP Responses to an Artificial Script". *Developmental Neuropsychology*, 35(4), 423-445, (2010), https://www.ncbi.nlm.nih.gov/pmc/articles/PMC4365954/.

Figura da página 229, parte superior: Copyright © de Stanislas Dehaene.

Figura da página 229, parte inferior: adaptada mediante permissão de Robert Zatorre, a partir de dados disponíveis em Bermudez, Patrick, Jason P. Lerch, Alan C. Evans e Robert Zatorre, "Neuroanatomical Correlates of Musicianship as Revealed by Cortical Thickness and Voxel-Based Morphometry", *Cereb Cortex*, vol. 19(7), páginas 1583-1596, (2009), https://academic.oup.com/cercor/article/19/7/1583 317010

Figura da página 235, parte superior: composta pelos autores (sic) com base em fotografias fornecidas como cortesia por György Gergely. Os dados são de Egyed, Katalin, Ildikó Király e György Gergely, "Communicating Shared Knowledge in Infancy", *Psychological Science*, vol. 24(7), páginas 1348-1353, (2013). https://journals.sagepub.com/doi/10.1177/0956797612471952.

Fígura da página 235, parte inferior: composta a partir de dados obtidos em Gergely, György, Harold Bekkering e Ildikó Király. "Rational Imitation in preverbal infants". *Nature*, vol. 415(6873), página 755, (2002), https://www.nature.com/articles/415755a.

Figura da página 262: adaptada da figura 3 de Kaplan, Frederic e Pierre-Yves Oudeyer. "In Search of the Neural Circuits of Intrinsec Motivation". *Frontiers in Neuroscience* 1(1), 225, (2007). https://www.frontiersin.org/articles/10.3389/neuro,01.1.1.1017.2007/full. Copyright © 2007 de Kaplan e Oudeyer. Trata-se de um artigo de livre acesso sujeito a um acordo de licença exclusiva entre os autores e a Frontiers Research Foundation, que permite um uso, uma distribuição e uma reprodução irrestritos em qualquer mídia, desde que os autores e o editor original recebam os créditos. Licenciado mediante a Licença Creative Commons Attribution CC-BY 4.0.

Figura da página 291: Copyright © de Stanislas Dehaene.

A Attribution 4.0 International (CC BY 4.0) pode ser encontrada em https://creativecommons.org/licenses/by/4.0/.

A Attribution–ShareAlike 4.0 International (CC BY-SA 4.0) pode ser encontrada em https://creativecommons.org/licenses/by-sa/4.0/.

O autor

Stanislas Dehaene é neurocientista e matemático, professor no Collège de France e diretor do INSERM-CEA Cognitive Neuroimaging Unit, centro de pesquisa francês especializado em cognição humana. Especialista em leitura, aprendizado e educação, o autor ganhou diversos prêmios, como o Grete Lundbeck European Brain Research Prize, considerado o Nobel da neurociência. É autor de quatro livros e de mais de 300 artigos científicos em renomadas publicações internacionais.

GRÁFICA PAYM
Tel. [11] 4392-3344
paym@graficapaym.com.br